BAYREUTHER GEOWISSENSCHAFTLICHE ARBEITEN

Herausgeber der Schriftenreihe:
Die Professoren des Instituts für Geowissenschaften
der Universität Bayreuth

Schriftleiter:
Prof. Dr. Rolf Monheim

Band 18

WIRTSCHAFTSGEOGRAPHIE

von

BAYREUTH

von

Jörg Maier
Stefan Pruschwitz - Andreas Rösch - Wolfgang Weber

Bayreuth 1995

Verlag: Naturwissenschaftliche Gesellschaft Bayreuth e.V.

Gedruckt mit finanzieller Unterstützung der Universität Bayreuth

Anschriften der Verfasser:

Prof. Dr. Jörg Maier
Lehrstuhl Wirtschaftsgeographie
und Regionalplanung
Universität Bayreuth
95 440 Bayreuth

cand.rer.reg. Stefan Pruschwitz
Lehrstuhl Wirtschaftsgeographie
und Regionalplanung
Universität Bayreuth
95 440 Bayreuth

Dipl.-Geogr. Andreas Rösch
Lehrstuhl Wirtschaftsgeographie
und Regionalplanung
Universität Bayreuth
95 440 Bayreuth

Dr. rer.nat. Wolfgang Weber
Lehrstuhl Wirtschaftsgeographie
und Regionalplanung
Universität Bayreuth
95 440 Bayreuth

Alle Rechte vorbehalten.
Ohne ausdrückliche Genehmigung der Herausgeber ist es nicht gestattet, das Werk oder Teile daraus nachzudrucken oder auf photomechanischem Wege zu vervielfältigen.
Anfragen bezüglich Drucklegung von wissenschaftlichen Arbeiten sind an die Herausgeber zu richten. Tauschverkehr ist grundsätzlich möglich.

Bestellung durch den Buchhandel oder direkt bei:
Bayreuther Geowissenschaftliche Arbeiten
c/o Naturwissenschaftliche Gesellschaft Bayreuth e.V.
Universität Bayreuth
95 440 Bayreuth
Telefax 0921/55-2231

ISSN-Nr.:0933-9418
ISBN-Nr.:3-9802268-4-0

Vorwort

Im Jahre 1994 feierte die Stadt Bayreuth ihr 800-jähriges Jubiläum. Dies wäre sicherlich Anlaß gewesen, eine Stadtgeographie, wie sie etwa Schaffer für Augsburg (1986) vorgelegt hat, zu verfassen. Dabei stand allerdings, wie häufig bei stadtgeographischen Arbeiten, das soziale oder genauer sozialgeographische Element der Betrachtungen, ausgehend von Analysen einzelner sozialgeographischer Gruppen bis hin zu daraus sich ergebenden Entwicklungsprozessen und Viertelsbildungen, im Mittelpunkt. LICHTENBERGER (1993) erweiterte neuerdings diese Überlegungen zur Sozialgeographie und Stadtökologie durch die Einbeziehung der Idee des Produktlebenszyklus in Gestalt eines Zyklusmodells der Stadtentwicklung in Verbindung mit Stadterweiterung, -verfall und -erneuerung, auch den Städtebau und die Stadtentwicklungspolitik integrierend. Da ein solcher Ansatz in den Wirtschaftswissenschaften zur modellhaften Darstellung von Marktphasen verwendet wird, bedeutet dies - auf eine Stadt übertragen -, daß ein neuer Zyklus ihrer Entwicklung durch veränderte Parameter in technischer, politischer, rechtlicher, wirtschaftlicher und damit auch städtebaulicher Hinsicht ausgelöst wird.

Besteht hier schon ein direkter Bezug zum Teilaspekt wirtschaftsgeographischer Analysen und wird dieser Gedanke zu verschiedenen Teilen der folgenden Darstellungen auch weiter verfolgt, so wird dies für die Stadt Bayreuth noch deutlicher, wenn man nach dem time-lag von Entwicklungsabläufen zwischen den großen Städten und Mittelstädten wie etwa Bayreuth fragt. Da es sich nach BARTELS (1980) bei der Wirtschaftsgeographie um eine "Wissenschaft von der räumlichen Struktur und Organisation der Wirtschaft und/oder der Gesellschaft sowie von deren Entwicklungsprozessen" handelt, umfaßt diese weitgefaßte Definition den Raum als Forschungsprojekt sowie die wirtschaftlichen und gesellschaftlichen Organisationsformen im Raum. Sie beinhaltet gleichzeitig die Notwendigkeit einer Erfassung und Darstellung der Einflußfaktoren wirtschaftlichen und gesellschaftlichen Handelns.

Diese gilt es folglich bei einer wirtschaftsgeographischen Betrachtung zu betonen, wohl wissend, damit nur einen Teilaspekt der Lebenswelten mit einbezogen zu haben.

Dank der Bemühungen zahlreicher Studenten und Mitarbeiter, insbesondere jedoch der Hilfestellung der Herren Andreas Türk und Roland Weidmann, die durch ihre Luftbilder maßgeblich zur Illustration des Bandes beitragen, konnte doch ein recht breites Spektrum von Erscheinungsformen hiermit vorgestellt werden.

Bayreuth, den 13. März 1995   Prof. Dr. J. Maier

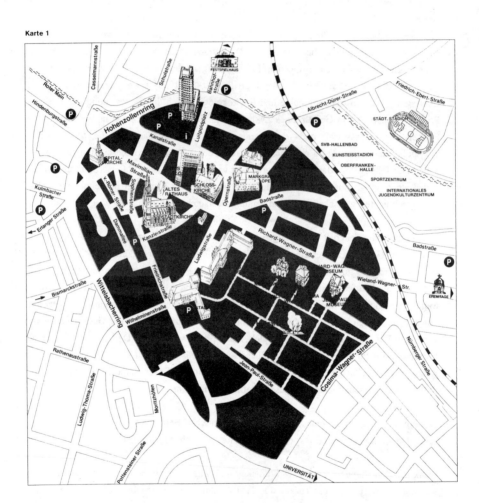
Karte 1

	Seite
Vorwort	V
Inhaltsverzeichnis	VII
Bildnachweis	XI
Abbildungsverzeichnis	XI
Tabellenverzeichnis	XII
Kartenverzeichnis	XIV

1. Einführung: Stadtentwicklung und angewandte Wirtschaftsgeographie 1

1.1 Das Forschungsobjekt Stadt in der Wirtschaftsgeographie 1
1.2 Kommunale Wirtschaftsförderung und Stadtmarketing 3
1.3 Bayreuth als Oberzentrum in Oberfranken: Funktion und Ausstrahlungsbereich 8

2. Stadtentwicklung Bayreuths unter verschiedenen stadtentwicklungspolitischen Leitbildern 17

2.1 Ausgangspunkt der Betrachtungen Ende der 60-er Jahre: Vollbeschäftigung, Infrastrukturausbau und Mobilitätsbedürfnisse 17
2.2 Universitätsgründung und Sportstättenbau - Flächennutzungsplanung in den 70-er Jahren 21
2.3 Einzelhandelsgroßprojekte, wachsender Wohnungsbedarf und Umweltpolitik - Stadtentwicklung in den 80-er Jahren 26
2.4 Wiedervereinigung und ihre Auswirkungen Ende der 80-er Jahre: Hotelbau-Boom und Gewerbestandort-Erweiterung 28

3. Grundelemente wirtschaftlicher Entwicklung der Stadt Bayreuth 33

3.1 Bevölkerungsentwicklung und -struktur der Stadt Bayreuth 33
   3.1.1 Entwicklungsphasen und ihre Einflußgrößen 33
   3.1.2 Räumliche Verteilung und ihre Veränderung 36
   3.1.3 Struktur der Bevölkerung nach Alter, sozialer Schichtung, regionaler Herkunft und Beschäftigung 37

3.2 Bedeutung und Funktion des Umlandes 47
   3.2.1 Bevölkerungsentwicklung und -struktur im Landkreis Bayreuth 47

3.2.2 Suburbanisierung, oder: die zunehmende Verflechtung Bayreuths mit dem Umland ... 50
3.2.3 Heinersreuth und Hummeltal als zwei Fall-Studien der Stadt-Rand-Wanderung ... 52
3.2.4 Versorgung im Einzelhandelsbereich als Beispiel für räumliche Konkurrenz und Chancen zur Eigenentwicklung ... 58

3.3 Kultur und Kultureinrichtungen in Bayreuth ... 60
3.3.1 Richard-Wagner-Festspiele als Basis und Flaggschiff ... 61
3.3.2 Kultureinrichtungen im Überblick ... 66
3.3.3 Oberfrankenhalle und Studio-Bühne als Beispiele für das breite Spektrum von Kultur und Sport ... 67

3.4 Die Universität Bayreuth als neuer Impuls für wirtschaftliche und soziale Entwicklungen ... 70
3.4.1 Entwicklung und Strukturen ... 71
3.4.2 Studenten und Hochschulbeschäftigte ... 77
3.4.3 Wirtschaftliche Bedeutung für Stadt und Region ... 78
3.4.4 Faktor für Standortattraktivität und sozialen Wandel ... 85

4. Wirtschaftsstruktur und Strukturwandel ... 87

4.1 Begriff, Thesen und ihre Anwendungen auf Bayreuth ... 87

4.2 Landwirtschaft - Intensivbewirtschaftung und zunehmende Freizeitfunktion ... 92
4.2.1 Veränderungen in den letzten 20 Jahren ... 93
4.2.2 Strukturen und räumliche Verteilung ... 98
4.2.3 Vollerwerbsbetrieb Böhner in Meyernreuth und Ponyhof Fürsetz als Fallbeispiele ... 101

4.3 Industrie - Spezialisierung und Innovation ... 105
4.3.1 Entwicklung der Industrie in den letzten 25 Jahren ... 105
4.3.2 Strukturen und räumliche Wirkung ... 110
4.3.3 Die Brauerei Gebrüder Maisel und die Wiessner GmbH als Beispiele bedeutsamer Industriebranchen ... 112
4.3.4 Industriebrachen und ihre Nachfolgenutzungen am Beispiel eines innenstadtnahen Areals ... 119

4.4 Handwerk - Prototyp der kleinen und mittleren Betriebe sowie deren Strukturwandel ... 125
4.4.1 Entwicklung und Strukturwandel ... 125
4.4.2 Innerstädtische Verteilung und Probleme ... 130
4.4.3 Bau- und Ausbaugewerbe sowie Nahrungs- und Genußmittelbranche als klassische Schwerpunkte ... 132

4.5 Dienstleistungen als ein Ziel wirtschaftlichen Strukturwandels 139
    4.5.1 Entwicklung bevölkerungs- und wirtschaftsnaher Dienstleistungen 139
    4.5.2 Bayreuth als Zentrum öffentlicher und halböffentlicher Verwaltung 142
    4.5.3 Entwicklung und Struktur der Fach- und Allgemeinärzte als Beispiel privater
        Dienstleistungen 142

4.6 Einzelhandel - maßgeblicher Entwicklungsfaktor oder Sorgenkind der Entwicklung 146
    4.6.1 Entwicklung des Einzelhandels in Zeiten des "wheel of retailing" 146
    4.6.2 Einzelhandel als Bestimmungselement der Stadtentwicklung in der Innenstadt 157
    4.6.3 Ausgewählte Branchen: "Bekleidung" als relativ häufiger und "Feinkost" als
        selten auftretender Repräsentant des Bayreuther Einzelhandels 161
    4.6.4 Die Rolle der Stadtteilzentren: Das Beispiel des Stadtteils St. Georgen 165

4.7 Exkurs: Arbeitsplatzdynamik und Unternehmensgründungen 166

4.8 Tourismus und Sport als Entwicklungsfaktoren 175
    4.8.1 Fremdenverkehr in Bayreuth 176
    4.8.1.1 Entwicklung und derzeitige Situation 176
    4.8.1.2 Hotels und Gaststätten in Bayreuth 181
    4.8.2 Innerstädtische Verteilung von Freizeit- und Sporteinrichtungen im Überblick 186

**5. Stadtentwicklung auf Stadtteilebene - Teil des Ganzen oder eigenständige
    Strukturen und Entwicklung 189**

5.1 Stadtteilentwicklung als dezentrale Entwicklungspolitik 189

5.2 Innenstadt als Beispiel gesellschaftlicher Bewertung 190
    5.2.1 Nutzungswandel in der Bayreuther Innenstadt 190
    5.2.2 Gegenwärtige Situation 193
    5.2.3 Funktionale Schwerpunkte der zukünftigen Stadtentwicklung 195

5.3 Innenstadterweiterung oder Tertiärisierung innerstädtischer Wohn- und Gewerbe-
    standorte am Beispiel der Richard-Wagner-Straße und des "Neuen Wegs" 198
    5.3.1 Die Richard-Wagner-Straße 198
    5.3.2 Das Gebiet des "Neuen Wegs" 204

5.4 Gewachsene Nebenzentren am Beispiel der Stadtteile Altstadt und St. Georgen 209
    5.4.1 Der Stadtteil Altstadt 209
    5.4.2 Der Stadtteil St. Georgen 213

5.5 Sozialstrukturen, Wohnverhältnisse am Beispiel der Wohnviertel Grüner Hügel,
    Saas und Roter Hügel 216
    5.5.1 Der Grüne Hügel 218
    5.5.2 Der Stadtteil Saas 220
    5.5.3 Der Rote Hügel 224

5.6 Das Image der Stadtteile Altstadt, St. Georgen, Grüner Hügel und Saas 226

6. Zukünftige Stadtentwicklung und Visionen **229**

6.1 Rolle von Szenarien und Visionen in der Stadtentwicklungspolitik 229
6.2 Problemstellung für Bayreuth, oder "Global denken, lokal handeln!" 230
6.3 Stärken der Stadt Bayreuth, insbesondere in bezug auf die oberzentralen Einrichtungen 232
6.4 Leitbilder und Visionen für die zukünftige Entwicklung des Oberzentrums Bayreuth 232
6.5 Strategien und Maßnahmen zur Umsetzung der Konsens-Vision 240
   6.5.1 Förderung konkreter Maßnahmen - das Beispiel der Teilbranche Medizintechnik als mittel- bis langfristiges Ansiedlungskonzept 240
   6.5.2 Ausgewählte Konzepte und Maßnahmen im Bereich der Dienstleistungen 241
   6.5.3 Bildungs- und Qualifizierungsansatz im Bereich der Ernährungswissenschaften 243
   6.5.4 Maßnahmen im Bereich Wohnen 244

7. Zusammenfassung **247**

Literaturverzeichnis .... **XVII**

Bildnachweis

Bild 2, 3, 4, 5, 7, 10, 13, 14, 15, 19, 21, 22 Andreas Türk, Bayreuth

Bild 1, 6, 16, 17, 18, 20 Weidmann KG, Bindlach

Bild 8: Familie Böhner, Meyernreuth

Bild 9: Familie Stemmler, Fürsetz

Bild 11: Brauerei Gebr. Maisel

Bild 12: Wiessner GmBH

Abbildungsverzeichnis

...........Seite

Abb. 1:	Umsatzentwicklung der Bayreuther Industriebetriebe und Handwerksbetriebe mit 10 und mehr Beschäftigten	16
Abb. 2:	PKW-Bestand 1950 - 1989	18
Abb. 3:	Entwicklung der Einwohnerzahlen 1820 - 1990	33
Abb. 4:	Bevölkerungsentwicklung der Stadt Bayreuth 1967 bis 1992, Saldo aus Wanderungen und natürlicher Bevölkerungsentwicklung	34
Abb. 5:	Bevölkerungsstruktur nach Alter und Geschlecht, Stand 1990	37
Abb. 6:	Staatsbürgerschaft der ausländischen Mitbürger Bayreuths (Stand: 31.12.1991)	41
Abb. 7:	Ausländeranteil an der Bevölkerung in der Stadt Bayreuth	42
Abb. 8:	Beschäfigte nach Wirtschaftssektoren der Stadt Bayreuth 1987	44
Abb. 9:	Beschäftigte nach Wirtschaftszweigen 1987 in der Stadt Bayreuth	45
Abb. 10:	Bevölkerungsbewegung im Lkr. Bayreuth 1980 - 1993	49
Abb. 11:	Entwicklung der Einwohnerzahl der Gemeinde Hummeltal 1939 bis 1990	55
Abb. 12:	Bildungsniveau, ausgeübter Beruf der befragten Festspielbesucher 1992	64
Abb 13:	Monatliche Nettoeinkommen der befragten Festspielbesucher 1992	64
Abb. 14:	Entwicklung der Studentenzahlen der Universität Bayreuth 1975/76 - 1994/95	72
Abb. 15:	Zahl der Studienanfänger pro Semester der Universität Bayreuth nach Studiengängen	73
Abb. 16:	Anzahl der Studenten nach Studiengängen an der Universität Bayreuth	74
Abb. 17:	Standortvor- und -nachteile des Wirtschaftsstandortes Bayreuth	90
Abb. 18:	Entwicklung der Betriebszahlen in der Landwirtschaft Bayreuths seit 1949	94
Abb. 19:	Landwirtschaftliche Betriebe in Bayreuth nach Betriebsgrößenklassen 1979 - 1992	95

Abb. 20a: Flächennutzung in landwirtschaftlichen Betrieben, Vergleich 1971 und 1991 97
Abb. 20: Branchenstruktur der heimatvertriebenen Unternehmen 108
Abb. 21: Nutzungsabhängige Parzellierung der NSB-Fläche 124
Abb. 22: Gliederung der Handwerksbetriebe in der Stadt Bayreuth 1825 125
Abb. 23: Gliederung der Handwerksbetriebe in der Stadt Bayreuth 1991 126
Abb. 24: Entwicklung der Handwerksbetriebe in der Stadt Bayreuth 1979 - 1992 127
Abb. 25: Entwicklung des Vollhandwerks in Bayreuth 129
Abb. 26: Entwicklung der Handwerkslehrlinge in der Stadt Bayreuth 130
Abb. 27: Anzahl der Lehrlinge im Handwerk in der Stadt Bayreuth 1991 132
Abb. 28: Berufe im Bau- und Ausbaugewerbe 133
Abb. 29: Beschäftigte pro Betrieb im Bau- und Ausbaugewerbe in Bayreuth 134
Abb. 30: Höchster beruflicher Ausbildungsabschluß der Existenzgründer 171
Abb. 31: Berufliche Stellung vor der Selbständigkeit 172
Abb. 32: Wirtschaftszweig nach Altersklassen 173
Abb. 33: Altersklassen der Extistenzgründer 174
Abb. 34: Frauenanteil an den Altersklassen 175
Abb. 35: Jahreszeitliche Konzentration der Gästeübernachtungen 1987 178
Abb. 36: Entwicklung des Städtetourismus in Bayreuth, Bamberg, Hof und Coburg 1988 bis 1993 179
Abb. 37: Durchschnittliche Aufenthaltsdauer und durchschnittliche Auslastung im Städtetoruismus in BT, BA, HO, und CO 180
Abb. 38a: Mitarbeiterzahl nach Betriebsgrößenklasse im Raum Bayreuth 1993 186
Abb. 38: Das Image der Stadtteile Altstadt, St. Georgen, Grüner Hügel und Saas 227
Abb. 39: Soziale Kontakte in den Stadtteilen 228
Abb. 40: Schnittstellen zukünftiger Strategien und Maßnahmen 239

Tabellenverzeichnis:

Tab. 1: Anteil der Arbeitsstätten an ausgewählten Wirtschaftsbereichen in der Stadt Bayreuth 1961, 1970 und 1987 11
Tab. 2: Die regionale Verteilung der Beschäfigten der Universität Bayreuth und der Regierung von Oberfranken 13
Tab. 3: Flächenzuwachs der Stadt Bayreuth durch Eingemeindungen 1972 - 1978 24
Tab. 4: Fläche und Einwohner der Gemeinde Heinersreuth 1994 52
Tab. 5: Bevölkerungsentwicklung der Gemeinde Heinersreuth 1900 - 1994 53
Tab. 6: Verteilung der Beschäftigten nach Wirtschaftssektoren in der Gemeinde Heinersreuth 1987 53

Tab. 7:	Kapazitäten der kulturellen Einrichtungen der Stadt Bayreuth	66
Tab. 8:	Entwicklung der Gesamtbesucherzahl in ausgewählten Kultureinrichtungen	67
Tab. 9:	Stadtgebiet Bayreuth nach Art der Flächennutzung 1980 - 1990	96
Tab. 10:	Erwerbstätige der kreisfreien Städte nach Wirtschaftsbereichen im Jahr 1991	105
Tab. 11:	Die Entwicklung der Industriebetriebe mit 10 und mehr Beschäftigten in der Stadt Bayreuth von 1957 - 1990	107
Tab. 12:	Die noch extistierenden Unternehmen Heimatvertriebener in Bayreuth 1987	109
Tab. 13:	Beschäftigte im Verarbeitenden Gewerbe in der Stadt Bayreuth in den Jahren 1988 und 1992	110
Tab. 14:	Größe der Industriebetriebe in Bayreuth 1991 nach der Zahl der Beschäftigten	110
Tab. 15:	Branchenstruktur der Bayreuther Industriebetriebe 1991	111
Tab. 16:	Entwicklung der Zahl der Dienstleistungsbetriebe in Bayreuth nach Branchen 1970 - 1989	140
Tab. 17:	Entwicklung der Zahl der Allgemein- und Fachärzte in Bayreuth 1970 - 1989	142
Tab. 18:	Der Versorgungsgrad der Bevölkerung mit Ärzten in Bayreuth 1970 und 1989	143
Tab. 19:	Betriebe und Umsätze im Lebensmitteleinzelhandel 1970 - 1990	146
Tab. 20:	Kaufkraft und Zentralität der Stadt Bayreuth	153
Tab. 21:	Vergleich der Umsätze ausgewählter Sortimente in den vier (damals möglichen) Oberzentren Oberfrankens	154
Tab. 22:	Marktpotentiale und Umsatzpotentiale 1989 und 2000	154
Tab. 23:	Zusätzlich benötigte Verkaufsflächen im Einzelhandel der Stadt Bayreuth im Jahre 2000	155
Tab. 24:	Distributionsstruktur im Bekleidungsmarkt 1988	162
Tab. 25:	An- und Abmeldungen von Betrieben in der Stadt Bayreuth 1989 - 1992	168
Tab. 26:	Survivorquote im Handwerk	169
Tab. 27:	Survivorquote der im Handelsregister eingetragenen Betriebe	169
Tab. 28:	Höchster allgemeinbildenter Schulabschluß	172
Tab. 29:	Entwicklung des Fremdenverkehrs in Bayreuth von 1979 - 1990	177
Tab. 30:	Zahl der Beschäftigten im Hotel- und Gaststättengewerbe des Raumes Bayreuth 1993	184
Tab. 31:	Nutzung der Geschoßflächen im Untersuchungsgebiet	201
Tab. 32:	Geschoßflächeninanspruchnahme durch Einzelhandelsnutzung im Untersuchungsgebiet nach Branchen	202
Tab. 33:	Anzahl der Dienstleistungsbetriebe im Gebiet "Neuer Weg" in Bayreuth nach Branchen 1987	205

Kartenverzeichnis

Karte 1:	Übersichtskarte Stadt Bayreuth	VI
Karte 2:	Bayreuth - ein Oberzentrum, Einzugsbereich der Berufseinpendler nach Bayreuth 1987	12
Karte 3:	Neuansiedlungen in den Branchen Industrie und Hotellerie in Bayreuth seit 1989	29
Karte 4:	Bevölkerungsentwicklung Bayreuths auf der Ebene der Stadtbezirke im Zeitraum von 1970 - 1987	35
Karte 5:	Altersstruktur der Bevölkerung in den Untersuchungsgebieten St. Georgen, Saas, Altstadt und Grüner Hügel auf kleinräumiger Basis	38
Karte 6:	Bevölkerungsstruktur nach dem höchsten allgemeinen Schulabschluß in den Untersuchungsgebieten St. Georgen, Saas, Altstadt und Grüner Hügel auf kleinräumiger Basis	39
Karte 7:	Anteil der ausländischen Bevölkerung 1987 in den Untersuchungsgebieten St. Georgen, Saas, Altstadt und Grüner Hügel auf kleinräumiger Basis	43
Karte 8:	Erwerbsstruktur der Bevölkerung nach der Stellung im Beruf in den Untersuchungsgebieten St. Georgen, Saas, Altstadt und Grüner Hügel auf kleinräumiger Basis	46
Karte 9:	Veränderung der Bevölkerung im Landkreis Bayreuth 1981 - 1990	48
Karte 10:	Kulturelle Einrichtungen der Stadt Bayreuth nach Standort, Art und Besucherzahl 1992	65
Karte 11:	Zur Raumwirksamkeit der Universität Bayreuth, Hauptwohnsitze der Studenten der Universität Bayreuth im WS 1978/79	75
Karte 12:	Regionale Ausstrahlungskraft der Universität Bayreuth, Heimatanschriften der Studenten im Sommersemester 1992	76
Karte 13:	Wohnstandorte der Studierenden an der Universität Bayreuth in der Stadt Bayreuth 1993	80
Karte 14:	Wohnstandorte der Hochschulbediensteten in Bayreuth 1994	82
Karte 15:	Wohnstandorte der Bediensteten der Universität Bayreuth in Oberfranken 1986	83
Karte 16:	Veränderung der landwirtschaftlichen Betriebe ab 20 ha im Landkreis Bayreuth zwischen 1979 und 1989	99
Karte 17:	Landwirtschaft in der Stadt Bayreuth nach Betriebsarten und -größen 1992	100
Karte 18:	Industrie in der Stadt Bayreuth nach Branchen und Beschäftigten 1992	113
Karte 19:	Bisherige Nutzung der Gebäude auf der NSB-Fläche	121
Karte 20:	Handwerk in der Stadt Bayreuth nach Standorten und Gruppen 1992	131
Karte 21:	Standorte und Beschäftigte der Dienstleistungsbetriebe ohne	

	Erwerbscharakter, öffentliche Dienstleistungen, Behörden	141
Karte 22:	Der Einzugsbereich des Klinikums Bayreuth 1988	144
Karte 23:	Einzugsgebiet des Einzelhandels in der Stadt Bayreuth	156
Karte 24:	Standorte des Einzelhandels im Stadtkern von Bayreuth 1983	158
Karte 25:	Einzelhandel in der Innenstadt von Bayreuth nach Branchen und Verkaufsflächen 1992	159
Karte 26:	Einzelhandel im Stadtteil St. Georgen nach Branchen und Verkaufsflächen 1992	167
Karte 27:	Situation des Beherbergungswesens in der Stadt Bayreuth 1993	182
Karte 28:	Sport- und Freizeiteinrichtungen sowie gastronomisches Angebot in der Stadt Bayreuth 1992	185
Karte 29:	Strukturwandel in Bayreuth, Das Beispiel der Richard-Wagner-Straße, Gebäudenutzung im Parterre 1992	194
Karte 30:	Strukturwandel in Bayreuth, Das Beispiel der Richard-Wagner-Straße, Gebäudenutzung im 1. Stock	200
Karte 31:	Strukturwandel in Bayreuth, Das Beispiel der Richard-Wagner-Straße, Gebäudenutzung im 2. Stock	202
Karte 32:	Dienstleistungsstandorte im Stadtteil "Neuer Weg"	206
Karte 33:	Hausnutzungskartierung im Untersuchungsgebiet Altstadt 1990	210
Karte 34:	Hausnutzungskartierung im Untersuchungsgebiet St. Georgen 1990	215
Karte 35:	Hausnutzungskartierung im Unteruchungsgebiet Grüner Hügel 1990	217
Karte 36:	Hausnutzungskartierung im Untersuchungsgebiet Saas 1990	222

1. Einführung: Stadtentwicklung und angewandte Wirtschaftsgeographie

1.1 Das Forschungsobjekt Stadt in der Wirtschaftsgeographie

Die vorliegende Studie beschäftigt sich in erster Linie mit den Veränderungen der Stadtentwicklung und den unterschiedlichen Wirtschaftsstrukturen in der Stadt Bayreuth im vergangenen Vierteljahrhundert. So lange ist es her, seit Wolfgang TAUBMANN die letzte umfassende geographische Analyse der Stadt Bayreuth und ihres Umlandes (im Jahre 1968) vorgelegt hat[1]. Anläßlich der 800-Jahr-Feier der Stadt Bayreuth im Jahr 1994 soll im folgenden der Versuch unternommen werden, eine Stadtanalyse aus der Sichtweise einer angewandten Wirtschaftsgeographie durchzuführen.

Bei der Wirtschaftsgeographie handelt es sich um ein Teilgebiet einer umfassenden Geographie des Menschen mit engen Verbindungen zu den Wirtschaftswissenschaften, zur Raumwirtschaftslehre, zur Regionalökonomie und zur Raumordnungspolitik. Nach BARTELS (1980) ist es eine "Wissenschaft von der räumlichen Struktur und Organisation der Wirtschaft und/oder der Gesellschaft sowie von deren Entwicklungsprozessen". Diese weitgefaßte Definition umfaßt einmal die Betonung räumlicher Struktur- und Prozeßanalysen, den Raum als Forschungsobjekt sowie die wirtschaftlichen und gesellschaftlichen Organisationsformen im Raum. Sie beinhaltet gleichzeitig die Notwendigkeit einer Erfassung und Darstellung der Einflußfaktoren wirtschaftlichen und gesellschaftlichen Handelns und - nicht zuletzt - den Hinweis auf die Grundelemente räumlicher Analysen: Lage, Distanz und Funktionsbezogenheit. Die Definition signalisiert damit die in den letzten Jahren als typisch, weil allgemein anerkannt, angesehene integrierte Betrachtungsweise des Faches innerhalb der Stadt- und Regionalforschung.

Die erste Blütezeit der Wirtschaftsgeographie lag zwischen den beiden Weltkriegen, mit einer Herausarbeitung einer eigenständigen Disziplin im "Grenzbereich zwischen Geographie und Nationalökonomie". Nach dem 2. Weltkrieg wurde die Entwicklung durch die Hinwendung zum Funktionalismus, insbesondere von CHRISTALLER (Zentrale-Orte-Theorie) und OTTREMBA geprägt. Der daraus entwickelte feldtheoretische Ansatz stellt auch heute noch einen wichtigen Teil in den meisten wirtschaftsgeographischen Arbeiten dar (z.B. Stadt-Umland-Verflechtungen, Kunden-Einzugsbereiche, Regionalisierung), mit Brücken zu regional- und landesplanerischen Aufgabenstellungen und zur regionalen Marktforschung. Von der verfahrenstechnischen Seite brachte der funktionale Ansatz, unterstützt durch die Sozialgeographie,

---

1 Taubmann, W., Bayreuth und sein Verflechtungsraum; Forschungen zur deutschen Landeskunde, Band 163; Bad Godesberg 1968

die Einbeziehung statistischer Verfahren der Datenerhebung und -auswertung sowie der empirischen Sozialforschung.

Neue Forschungswege liegen vor allem im Bereich entscheidungsorientierter Überlegungen (etwa im Bereich der Industriegeographie zum Thema Unternehmerverhalten und Standortentscheidungen sowie des räumlichen Handelns oder zum Verhältnis Staat und Unternehmen), im Übergang damit zur Raumwirtschaftslehre und zur Wohlfahrtstheorie (Welfare Geography) vor. So zeigte sich in den 60-er und 70-er Jahren eine verstärkte Orientierung an Themen theoretischer Erklärungen der räumlichen Ordnung und Wirtschaft bis hin zum Versuch einer Verknüpfung von Regionalökonomie und Wirtschaftsgeographie. In den 70-er Jahren rückten menschliche Gruppen als Träger der Raumgestaltung stärker in den Blickpunkt. Untersucht wurden z.B. die innerstädtische Mobilität und deren Beziehung zur räumlichen Verteilung sowie Bedürfnis- und Lebenszyklen bestimmter Sozialgruppen.

Andere Forschungsthemen der wirtschafts- bzw. sozialgeographischen Stadtforschung bildete die Analyse der Formen städtischen Lebens, die sog. Gemeindetypisierung urbanisierter Lebensformen oder die Urbanisierung als sozialgeographischer Prozeß. Im Rahmen der Untersuchungen zur innerstädtischen Gliederung erforschte z.B. GANSER bereits 1966 das Wahlverhalten der Bevölkerung. Mitte der 70-er Jahre dienten dann Faktoren- und Clusteranalysen zur sozialräumlichen Gliederung.

Von den Forschungsschwerpunkten her kann seit 15 Jahren die Orientierung auf planungsbezogene Studien festgestellt werden. Sicherlich zählt die Beschreibung und Analyse von Standortqualitäten bzw. die Bewertung einzelner Standortfaktoren (Standortpotential-Analytik) ebenso wie die Studien zum Verhalten räumlicher Entscheidungsträger (Standortentscheidungs-Analytik) oder zu den Wirkungen von Standorten in ökonomischer, sozialer, politischer und ökologisch-umweltplanerischer Hinsicht (Standortwirkungs-Analytik) zu den Kernbereichen der Wirtschaftsgeographie. Die Anwendung auf Fragen der Raumordnung, Raumordnungspolitik und Raumplanung kommt in zahlreichen Arbeiten für und in der Orts- und Stadtplanung (etwa zur Stadtsanierung), in der Regional- und Landesplanung bzw. in der Arbeitsmarktforschung zum Ausdruck, ebenso in der Beteiligung an der Diskussion um die Erfassung regionaler Unterschiede, der Auseinandersetzung zwischen Verdichtungsräumen und peripheren Räumen. Daher ist auch das Engagement für die Regionalpolitik und regionale Förderpolitik verständlich. Diese regionale Betrachtungsweise läßt sich weiter disaggregieren, von der regionalen auf die kommunale Ebene, auf den Bereich der Stadt. Die angewandte Stadtforschung drückt sich insbesondere in ihrer Orientierung an Planungsproblemen der Praxis aus. Diese Probleme werden als Forschungsgegenstand aufgegriffen, mit wissenschaftlichen Methoden untersucht und einer Problemregelung zugeführt. Die Problemregelungsvorschläge werden daraufhin der Planungspraxis zur Verfügung gestellt, ohne dabei den wissenschaftlichen Charakter und die Kritikfähigkeit einzubüßen. Somit verweilt die angewandte Stadtgeographie nicht in der Analyse und Beschreibung von Ist-Zuständen, sondern stellt in einem folgenden Schritt auch Überlegungen dahingehend an, was sein sollte (Soll-Zustand), verbunden mit wertenden Stellungnahmen bzw. einem normativen Grundverständnis.

1.2 Kommunale Wirtschaftsförderung und Stadtmarketing

Die Erklärung der räumlichen Wirkung wirtschaftender Akteure ist eines der wichtigsten Arbeitsfelder der Wirtschaftsgeographie. Einer dieser Akteure ist die Kommune. Ihr obliegt in gewissem Maße die Steuerung der wirtschaftlichen Aktivitäten innerhalb ihres Wirkungsbereiches. Die Schaffung und der Erhalt von Arbeitsplätzen und damit das Ziel der Wohlfahrtsvorsorge ist der Auslöser für das Eingreifen der Kommune in den wirtschaftlichen Aktionskreis einer Stadt. Zur Bewältigung dieser Aufgabe agiert in vielen Gemeinden die kommunale Wirtschaftsförderung. Dabei wird unter kommunaler Wirtschaftsförderung "die zur Daseinsvorsorge zählende Aufgabe der Gemeinden, Städte und Landkreise" verstanden, "die durch eine Schaffung bzw. Verbesserung der Standortbedingungen für die Wirtschaft das wirtschaftliche und soziale Wohl der Bevölkerung in den Gemeinden und im Kreis sichert und steigert" [2].

Das Aufstellen von Zielen im Bereich der kommunalen Wirtschaftsförderung ist von ausschlaggebender Bedeutung, da die wirtschaftliche Entwicklung jeder Gemeinde bzw. Stadt mit spezifischen Problemsituationen konfrontiert ist und somit unterschiedliche Schwerpunkte gesetzt werden müssen. Da kommunale Wirtschaftsförderung als integrierter Bestandteil der Stadtentwicklung verstanden werden muß, sind dementsprechend die Ziele möglichst widerspruchsfrei aus übergeordneten allgemeinen Zielen dieser Stadtentwicklungspolitik abzuleiten, wobei ebenfalls eine Abstimmung mit übergeordneten Planungsstufen (Bund/Land) erfolgen sollte [3].

Leider sind bislang in vielen Städten die Ziele einer Stadtentwicklungspolitik noch nicht zufriedenstellend erarbeitet worden, so daß oftmals ausschließlich das Ziel der Wohlfahrtsmaximierung [4] oder auch die Steigerung der Lebensqualität, ohne jedoch eine weitere Konkretisierung vorzunehmen, als Ausgangspunkt weiterer Überlegungen heranzuziehen ist. In diesem

---

[2] Knemeyer, F. L., Kommunale Wirtschaftsförderung, in: Deutsche Verwaltungsblätter 1981; S. 243
[3] DONI, W., Die Bedeutung der Wirtschaftsförderung als Teil kommunaler Entwicklungsplanung - Ziele und Maßnahmen, in: DIfU Hrsg.), Aufgaben und Probleme kommunaler Wirtschaftsförderung, Tagungsbericht Berlin, 1975, S. 11
[4] Vgl. Schneider, O., Möglichkeiten und Grenzen der kommunalen Wirtschaftspolitik, Hohenheim 1975, S. 64 f.

Zusammenhang stellt sich jedoch die Frage, was überhaupt zu einer Maximierung der Wohlfahrt oder zur Steigerung der Lebensqualität innerhalb einer Stadt beiträgt. Es müssen folglich weitere Oberziele (Handlungsmaximen) formuliert werden, die der Zielfestlegung der einzelnen Funktionsbereiche einer Stadt, wie hier der kommunalen Wirtschaftsförderung, einen "Rahmen" vorgeben. Sind derartige Handlungsmaximen von seiten der Stadtentwicklungspolitik nicht vorgegeben worden, besteht von seiten der kommunalen Wirtschaftsförderung die Notwendigkeit, bei der weiteren Zielformulierung vorab eine Operationalisierung dieser abstrakt-generellen Ziele vorzunehmen. Hierbei ergibt sich zwangsläufig die Gefahr, daß zum einen die Konkretisierung zu sehr unter wirtschaftlichen Gesichtspunkten vorgenommen wird und zum anderen die einzelnen Referate der Kommunalverwaltung in ihrer Zielformulierung erheblich voneinander abweichen.

Die am häufigsten angeführten Ziele im Bereich der kommunalen Wirtschaftsförderung sind die Sicherung bestehender und die Schaffung neuer Arbeitsplätze, die Stärkung der Wirtschafts- und Finanzkraft und die Sicherung und Schaffung einer möglichst ausgewogenen Wirtschaftsstruktur. Darüber hinaus werden aber auch Ziele wie Erhaltung und Verbesserung der Standortbedingungen mit angeführt, doch dienen sie eher als ein Mittel zur Realisierung der erstgenannten Ziele.

Traditionelles Ziel der kommunalen Wirtschaftspolitik war und ist es, Unternehmen mit möglichst hohem Ertrag zur Ansiedlung zu bewegen. Nachdem in den 80-er Jahren die Chancen dazu erheblich gesunken sind, gewann auch die weit bedeutsamere Bestandspflegepolitik und die Schaffung eines positiven Investitionsklimas für Unternehmensneugründungen an Bedeutung. Mit den neuen Chancen des einheitlichen Europäischen Binnenmarktes sowie in Zusammenhang mit der Grenzöffnung, wurde die Idee der Ansiedlungspolitik wieder belebt. Dabei steht eine Stadt wie Bayreuth in Konkurrenz zu anderen Standorten, sowohl in Oberfranken als auch in den neuen Bundesländern, die gerade in bezug auf die Ausweisung von Fördergebieten einen in Zeiten rezessiver Tendenzen in der Wirtschaft kaum zu schlagenden Standortvorteil gegenüber Standorten in den alten Bundesländern haben. Die Standortwahl von Unternehmen wird heute aber auch in zunehmendem Maße von "weichen" Standortfaktoren, wie lokales Kultur- und Freizeitangebot, vorhandene Grün- und Naherholungsbereiche und anderen Faktoren beeinflußt. Die traditionelle Wirtschaftsförderung ist demnach gehalten ihre Denkweisen zu öffnen, um den fachlich eingeschränkten Handlungsrahmen zu erweitern und ihn an die heutigen Anforderungen der Wirtschaftsförderung anzupassen. Vor allem die rückläufige Bevölkerungsentwicklung, die schwankende Binnennachfrage, ein erhöhter Konkurrenzdruck durch die Niedriglohnländer, aber auch der zunehmende nationale Konkurrenzkampf um Neuansiedlungen sind Rahmenbedingungen, die im Bereich der kommunalen Wirtschaftsförderung Berücksichtigung finden müssen.

Heute wird zunehmend die Auffassung vertreten, daß eine nachhaltige Verbesserung des lokalen Wirtschafts- und Arbeitsplatzpotentials nur durch eine Stabilisierung des bereits vorhandenen Betriebspotentials und eine qualitative Veränderung der Standortstruktur erreicht werden kann. Bestandspflege darf ihrer Zielsetzung nach nicht "statisch" aufgefaßt werden, sie muß sich vielmehr um die Förderung von Entwicklungsprozessen bemühen. Somit müssen bei den bestehenden Unternehmen die jeweils schlechtesten Faktoren ihres Umfeldes verbessert werden, um dadurch Wachstumsprozesse auszulösen, d.h. es muß ein Umdenken von bislang quantitativen Kategorien neuer Betriebe und Betriebsteile zur qualitativen Verbesserung der Produktionsfaktoren erfolgen. In diesem Zusammenhang steht vor allem die Förderung von Innovationen und von Auslagerungen im Vordergrund. Die kommunalen Wirtschaftsförderungsämter müssen den Unternehmen bei der Überwindung von Engpässen helfen, die sie an der Verwendung von Innovationspotentialen hindern (Technologietransfer). Hierbei sind geeignete Beratungsinstrumente unerläßlich.

In Bayreuth wird eher eine "Wachstumspolitik" betrieben, wenn auch nicht "um jeden Preis". Es soll vor allem verhindert werden, daß die wirtschaftlichen Entwicklungen eine Stagnation erfahren, da sich die Bedürfnisse der Einwohner weiter erhöhen und spezialisieren werden. Andererseits wird von seiten des Amtes für Wirtschaftsförderung der Stadt Bayreuth darauf hingewiesen, daß Bayreuth keine Industriestadt werden kann, da eine derartige Strategie schon allein daran scheitern würde, daß Bayreuth nicht genügend Flächen zur Verfügung stellen könnte. Darauf aufbauend sollen von seiten der kommunalen Wirtschaftsförderung geeignete Standortbedingungen geschaffen und bestehende weiter ausgebaut werden. Ferner wird der Schaffung und Erhaltung von Arbeitsplätzen absolute Priorität eingeräumt.

Es wäre jedoch falsch, kommunale Wirtschaftspolitik isoliert von anderen Teilgebieten der Kommunalpolitik zu betreiben. Der Komplex Stadt kann in seiner Vielschichtigkeit mit einem großen Unternehmen mit verschiedenen Betriebsbereichen verglichen werden, dessen Führung ein ganzheitliches Konzept benötigt. Die Zusammenführung der unterschiedlichen Teilbereiche wie Wirtschaftsförderung, Kultur, Verkehr, Fremdenverkehr, Stadtplanung u.a. kann durch ein Stadtmarketing-Konzept erfolgen, das das Ziel einer Koordination der Stadtentwicklung verwirklicht. Der Begriff Stadtmarketing beinhaltet ein "institutionalisiertes Zusammenwirken von öffentlichen und privaten Trägern" als Konzept für eine künftige Stadtentwicklung und zur Lösung der städtischen Probleme. Es umfaßt die Aktivierung und Koordination des sog. endogenen Entwicklungspotentials, um die Kommunen für alle Bürger, Bewohner des Umlandes und Besucher sowie für Unternehmen noch attraktiver zu machen und bestimmte Austauschvorgänge mit ausgewählten Zielgruppen zu bewirken.

Ausgangspunkt einer Stadtmarketing-Konzeption ist eine vorurteilsfreie Situationsanalyse bzw. Analyse der Stärken und Schwächen der Stadt. Nach einer Festlegung der Leitvorstellungen und Ziele für die Stadtentwicklung werden dann Strategien und Maßnahmen zur Umsetzung der Leitvorstellungen und Ziele entwickelt. Fortlaufende Kontrollen ermöglichen Aussagen über den Zielerreichungsgrad und sind wiederum Ausgangspunkt für eine kritische Fortschreibung der Leitvorstellungen und Ziele.
Zur Ausführung und Umsetzung des Städtemarketing-Konzeptes stehen entsprechend dem privatwirtschaftlichen Marketing Maßnahmen aus vier verschiedenen Instrumentenbereichen, dem Marketing-Mix, zur Verfügung:

- Die Produktpolitik stellt den Kern des Marketing dar. Ihre Maßnahmen betreffen die Ausgestaltung des "Produktes Stadt". Im engeren Sinne sind dazu alle unmittelbar durch die kommunale Verwaltung handhabenden Gestaltungsmöglichkeiten der Strukturen einer Stadt hinzuzurechnen, also beispielsweise Investitionen in die Infrastruktur, in Gebäude und Anlagen, die Stadt- und Bauleitplanung, Sanierungsmaßnahmen der kommunalen Wirtschaftspolitik und vieles mehr. Dazu gehören auch die kommunalen Dienstleistungen und Veranstaltungen. Im weiteren Sinne zählen dazu jene Bestandteile und Facetten der Stadt, die durch kommunale Aktivitäten nur indirekt oder kaum beeinflußt werden können, wie z.B. das architektonische Erscheinungsbild der Stadt, die in der Stadt produzierten Güter und angebotenen Dienstleistungen, die Atmosphäre in der Stadt, die Mentalität der Bevölkerung u.a..

- Die Kommunikationspolitik umfaßt alle kommunikativen Äußerungen, die durch die (oder unter Einfluß der) Stadtpolitik bzw. Stadtverwaltung zustande kommen. Hier stehen die kommunale Öffentlichkeitsarbeit und die Werbeaktivitäten im Vordergrund, ergänzt durch Promotionsaktionen wie Stadtjubiläen, Stadt- und Bürgerfeste oder Stadtwettbewerbe, ferner Städtepartnerschaften und neuerdings Kultursponsoring. Besondere Publizitätswirkung erzielen außerdem erfolgreiche Unternehmen und auch Sportvereine, die den Namen der Stadt in ihrer Bezeichnung führen. Nicht zu vergessen sind die vielfältigen, engagierten persönlichen Kontakte und Beziehungen der politischen und administrativen Kommunalverwaltung zu den Ziel- und Anspruchsgruppen, die wesentlich zu der Erreichung von Marketing-Zielen beitragen können.

Die Kommunikationswirkung der Identität einer - allgemein ausgedrückt - Organisation nach innen und nach außen wird seit Ende der 70-er Jahre im Bereich des privaten Unternehmensmarketing bewußt genutzt. Mit dem Konzept der Corporate Identity (CI) versuchen die Unternehmen, durch eine strategisch geplante und operativ eingesetzte Selbstdarstellung ein geschlossenes und widerspruchsfreies Bild gegenüber den Mitarbeitern und den Kunden bzw. der allgemeinen Öffentlichkeit abzugeben. Dies bedeutet, daß das Unternehmen durch eine Reihe von Maßnahmen, dem "Identitäts-Mix", eine eigene, unverwechselbare Identität vermitteln möchte, um dadurch letztendlich die Produktivität und den Markterfolg zu vergrößern. In zunehmendem Maße beginnen nun auch Städte, das CI-Konzept des Unternehmensmarketing auf sich zu übertragen und in das Städtemarketing-Konzept zu integrieren. Werden die besonderen Rahmenbedingungen der Kommune beachtet, so ist dies grundsätzlich möglich. Die Identität der Stadt wird insbesondere von jenen Bestandteilen geprägt, die für sie typisch sind und die sie von anderen Städten unterscheiden. Dazu gehören beispielsweise der Name der Stadt, die Sitten und Gebräuche sowie die Mentalität und Sprache, die Denkweise und Ideen ihrer Bewohner, darüber hinaus ihre Geschichte, Gestalt, Strukturen u.v.m..

Ein solches CI-Konzept sieht zur Stärkung der Stadtidentität Maßnahmen in drei Bereichen vor:

- das Stadtdesign, bei dem zum Beispiel durch Signets oder Farbgestaltung ein einheitliches Erscheinungsbild geschaffen werden soll. Aber auch die städtebauliche und architektonische Gestaltung einer Stadt soll zur visuellen Identität der Stadt beitragen,

- die Stadtkultur, die sich in Sitten und Gebräuchen, in der Mentalität der Bewohner, aber auch im "Umgangsstil der Verwaltung und der Einrichtungen der Stadt mit den Bürgern und den verschiedenen Zielgruppen" ausdrückt,

- die Stadtkommunikation, die alle auf die Stadt bezogene kommunikativen Äußerungen beinhaltet, so die städtische Öffentlichkeitsarbeit oder Veranstaltungen wie Stadtfeste, Jubiläen oder Ausstellungen.

Mit diesen Maßnahmen soll die Identifikation der Zielgruppen mit der Stadt ermöglicht, deren Vertrauen zur Stadt gefestigt, der Bekanntheitsgrad der Stadt erhöht sowie ein einzigartiges Profil der Stadt geschaffen werden. Somit ist das CI-Konzept nicht nur nach innen auf die Bürger der Stadt, sondern auch nach außen auf die Profilierung der Stadt im Städtewettbewerb gerichtet.

- Die Distributionspolitik konzentriert sich beim Stadtmarketing auf die Erreichbarkeit der Stadt für ihre auswärtigen Anspruchsgruppen. Diesen kommt aufgrund der steigenden Mobilitätsbereitschaft der Bevölkerung eine zunehmend wichtigere Rolle zu. Für ein erfolgreiches Städtemarketing hat daher die möglichst gute Einbindung der Stadt in Nah- und Fernverkehrsnetze von Straße, Schiene und Luftweg einen hohen Stellenwert.

Das angestrebte Selbstverständnis der Kommunen, sich in der Rolle eines Unternehmens zu sehen, bedeutet neben dem Wandel von "Verwalten" zum "Managen" die Abkehr vom hoheitlichen Über-Unter-Ordnungsverhältnis des öffentlichen Sektors (Kommune) zum privaten Sektor (Bürger und Wirtschaft). Damit gibt andererseits die Kommune ihre abgehobene Sonderstellung in der örtlichen Gemeinschaft auf. Diese Denkhaltung erleichtert es der Kommune, mit dem privaten Sektor in einer partnerschaftlichen Zusammenarbeit Aufgaben und Projekte auszuführen. Als "Public-Private-Partnership" (PPP) wird diese stadtentwicklungspolitische Strategie schon seit den 30-er Jahren in den USA und seit gut zehn Jahren in Großbritannien praktiziert. Durch eine in gemeinsamen Gremien oder Organisationen institutionalisierte oder auf Vereinbarungen beruhende vorübergehende Zusammenarbeit kann eine Kommune privates Engagement, Kapital sowie private Erfahrungen und Beziehungen zur Unterstützung der Stadtentwicklung über das sonst mögliche Maß hinaus mobilisieren.

Obwohl es vielfältige Möglichkeiten der Zusammenarbeit zwischen Wirtschaft und Kommune gibt, müssen öffentlich-private Partnerschaften nicht auf den kommerziellen Bereich beschränkt bleiben. Ebenso sind gemeinsame Projekte mit privaten Institutionen, Vereinen und Bürgergruppen denkbar, um Initiativen im Bildungs-, Kultur-, Freizeit- oder Umweltbereich zu verwirklichen.

Der Marketinggedanke und dessen Umsetzung hat bislang erst teilweise Berücksichtigung in der Verwaltungsarbeit der Stadt Bayreuth gefunden. Mit dem Begriff Städtemarketing wird vor allem "Produktmarketing" assoziiert, doch zeigt sich, daß die Chancen eines ganzheitlichen Marketing-Konzeptes in Bayreuth noch nicht erkannt wurden.

1.3 Bayreuth als Oberzentrum in Oberfranken: Funktion und Ausstrahlungsbereich

Die Einstufung Bayreuths als Oberzentrum wurde von verantwortlichen Politikern lange Jahre als vorrangiges Ziel der Kommunalpolitik angesehen. In der Fortschreibung des Landesentwicklungsprogrammes (LEP) Bayern 1994 wurde nun Bayreuth zusammen mit Bamberg, Coburg und Hof vom Status des möglichen Oberzentrums zum Oberzentrum aufgestuft.

Das LEP definiert die Aufgabe zentraler Orte wie folgt: "Zentrale Orte sollen als Mittelpunkt des wirtschaftlichen, sozialen und kulturellen Lebens ihrer jeweiligen Verflechtungsbereiche entwickelt und gesichert werden. Sie sollen die Versorgung mit Gütern und Dienstleistungen unterschiedlicher Stufen gewährleisten. Ferner sollen sie bei der Entwicklung der Siedlungsstruktur zu einer gesunden Verdichtung beitragen und einer ungesunden Verdichtung entgegenwirken. Für die Wirtschaft sollen zentrale Orte attraktive Standortvoraussetzungen bieten."

(LEP 1994, A IV 1.1). Mit Hilfe eines netzartig angelegten Systems zentraler Orte verschiedener Rangigkeit soll der dem Raumordnungsgesetz zugrundegelegten und im LEP als Ziel (LEP 1994, A I 1.) formulierten Aufgabe der "Erhaltung und Schaffung gleichwertiger und gesunder Lebens- und Arbeitsbedingungen in allen Landesteilen" entsprochen werden. Die zentralen Orte werden dabei nach der Bedeutung und der Eigenart ihrer jeweiligen Verflechtungsaufgaben eingestuft. Die Diskussion um die Aufwertung Bayreuths vom möglichen Oberzentrum zu Oberzentrum wurde vor allem vor sich ändernden Rahmenbedingungen für die 90-er Jahre und das nächste Jahrhundert geführt. Der gemeinsame Europäische Binnenmarkt mit der damit verbundenen Verschärfung kommunaler Konkurrenzen, die Wiedervereinigung und die offenen Grenzen zur heutigen Tschechischen Republik mit zunehmenden Ansiedlungs- und Standortkonkurrenzen in grenznahen Städten und Gemeinden sowie ein sich langsam veränderndes kommunales Selbstverständnis, das marktwirtschaftliche Mechanismen in die Kommunalpolitik integriert (Stichwort: Stadtmarketing), lassen in Bayern eine Bündelung der materiellen und finanziellen Ressourcen auf Mittel- und Oberzentren erwarten. Es gilt daher die Attraktivität des eigenen Standortes - hier der Stadt Bayreuth - gegenüber potentiellen Konkurrenten zu erhöhen. Die Aufwertung zum Oberzentrum ist deshalb für eine Mittelstadt wie Bayreuth von Bedeutung, weil sich hieraus die Möglichkeit ergibt, mit Unterstützung des Landes Bayern, die Ausstattung an zentralen Einrichtungen den Anforderungen an ein Oberzentrum anzupassen und somit die Attraktivität des Standortes Bayreuth zu steigern. Im LEP werden Oberzentren wie folgt definiert: "Oberzentren sollen als Schwerpunkte von überregionaler Bedeutung die Bevölkerung ihres Oberbereiches mit Gütern und Dienstleistungen des spezialisierten, höheren Bedarfs versorgen" (LEP 1994, A IV 1.).

Bei der Ausweisung von Oberzentren im ländlichen Raum in den 90-er Jahren steht die zunehmende kommunale Konkurrenz im Vordergrund, gerade auch für Bayreuth, das mit seiner grenznahen Lage besonders von dieser Konkurrenzsituation betroffen ist. Das Zentrale-Orte-Konzept muß daher auch als Instrument der materiellen Bestandssicherung und -pflege begriffen werden. In den Oberzentren der ländlichen Räume kommt darüber hinaus der Aspekt der kommunalen und regionalen Entwicklungspolitik hinzu, d.h. Oberzentren im ländlichen Raum sollten Zentren der regionalen Entwicklungspotentiale und der regionalen Entwicklungsdynamik insbesondere im wirtschaftlichen Bereich sein (vgl. LEP 1994, A IV, 1.3). Aus kommunalpolitischer Sicht dient die Ausweisung als Oberzentrum als Ansatz zur wirtschaftlichen und bevölkerungsstrukturellen Aufwertung und Vorwärtsstrategie. Unter Nutzung marketingpolitischer Instrumente kann damit

- das zielgruppenspezifische Marketing des Ausstattungsstandards und der Standortpotentiale,
- die Erhöhung des Bekanntheitsgrades, und
- die Erhöhung des Imagewertes des Oberzentrums verbunden sein.

Um den Ausstrahlungs- bzw. Verflechtungsbereich des möglichen Oberzentrums Bayreuth im Hinblick auf eine diskutierte Aufwertung zum Oberzentrum zu untersuchen, wurde 1990 überprüft, inwieweit die Zentralität der Stadt Bayreuth den Anforderungen des LEP genügte. Im folgenden werden die wichtigsten Ergebnisse dieser Arbeit, die gleichzeitig auch die wichtigsten Strukturkennzeichen der Stadt markieren, zusammengefaßt:

Die Bewertung der zentralörtlichen Bedeutung der Stadt Bayreuth im Bereich <u>Bevölkerung und Siedlungsstruktur</u> kann wie folgt geschehen:

* Die Zahl der Wohnbevölkerung hat sich zwischen 1970 und 1994 um 12,5 % erhöht, was für Oberzentren im allgemeinen, für solche im strukturschwachen, grenznahen Raum keineswegs eine Selbstverständlichkeit ist.

* Der Nah- und Mittelbereich von Bayreuth hat sich seit 1970 entscheidend vergrößert; wurde 1970 von einem Nahbereich von 88.900 Einwohnern, von einem Mittelbereich von 148.200 Einwohnern und von einem Oberbereich von 260.000 Einwohnern (vgl. BStLU, a.a.O., S. 92) ausgegangen, so umfaßt allein der Nahbereich mit dem Landkreis Bayreuth heute bereits knapp 100.000 Einwohner.

* Die relativ günstige Struktur der Bevölkerung mit einem hohen Anteil junger Erwerbstätiger läßt eine hohe Entwicklungsdynamik vor allem im wirtschaftlichen und kulturellen Teil auch für die restlichen 90-er Jahre sowie das erste Dezenium des nächsten Jahrhunderts erwarten.

* Die Analyse der Wanderungsbewegungen zeigt, daß das mögliche Oberzentrum Bayreuth als Standort für Zuwanderungen zunehmend attraktiv wird, wobei es sich - im Gegensatz zu manch anderen Oberzentren - nicht vorwiegend um Altersruhesitz-Wanderungen handelt, sondern die Zuwanderung junger, hochqualifizierter Personengruppen im Vordergrund steht (selbstverständlich spielt die Universität dabei eine wichtige Rolle).

* Der seit Mitte der 80-er Jahre intensiv zu beobachtende Prozeß der Suburbanisierung stellt ebenfalls einen Hinweis auf die zentralörtliche Bedeutung von Bayreuth dar, wobei damit auch der Ausbau und die Erweiterung eines funktionalen Verflechtungsbereiches verbunden ist.

Die Analyse der quantitativen Bestandssituation und des qualitativen Spektrums im <u>Bildungswesen</u> einerseits sowie die Betrachtung der Entwicklung des schulischen und beruflichen Bildungswesens in den vergangenen 10 Jahren weist darauf hin, daß die Stadt Bayreuth im Bereich der Bildungszentralität oberzentralen Anforderungsprofilen in jeder Weise genügt. Die Grundstrukturen der Arbeitszentralität in der Stadt Bayreuth können wie folgt stichpunktartig und zusammengefaßt dargestellt werden:

- Die Entwicklung der Zahl der Arbeitsstätten zwischen 1961 und 1987 zeigt neben einem Anstieg der Gesamtzahl der Arbeitsstätten und Arbeitsplätze eine Abnahme der Zahl der Arbeitsstätten im produzierenden Gewerbe bei einer gleichzeitigen Zunahme im privaten Dienstleistungsbereich und in den Organisationen ohne Erwerbscharakter (vgl. Tab. 1).

Tab. 1 Anteil der Arbeitsstätten an ausgewählten Wirtschaftsbereichen in der Stadt Bayreuth 1961, 1970 und 1987 in %

Jahr	Produzierendes Gewerbe	Private und öffentliche Dienstleistungen
1961	27,3	64,7
1970	23,8	67,3
1987	17,1	71,9

Quelle: Ergebnisse der letzten Volkszählung 1987, München 1988

- Bezogen auf die Erwerbstätigkeit der Bevölkerung nach ihrer Stellung im Beruf bestätigt sich der Strukturwandel, zählten doch 1987 (letzte Volkszählung) 7,1 % zu der Gruppe der Selbständigen, 16 % zur Gruppe der Beamten, 42 % zur Gruppe der Angestellten und 33 % zur Gruppe der Arbeiter.

- Einen durchaus im bundesdeutschen und bayerischen Trend liegenden Aspekt bei der Analyse der Arbeitszentralität betrifft den Rückgang der Beschäftigten im Produzierenden Gewerbe, nahm die Zahl der Beschäftigten seit dem Jahr 1971 auf 7.416 im Jahr 1987 und 6.778 im Jahr 1994 ab, was einem Rückgang von 6 %-Punkten entspricht.

Aus der Analyse des Berufseinpendlerbereichs von Bayreuth 1987 (letzte Berufszählung), wird im Vergleich zur Situation 1970 aus Karte 2 ersichtlich, daß der Berufspendler-Einzugsbereich von Bayreuth nicht nur beträchtlich an Intensität und Reichweite gewonnen hat, sondern daß der räumliche Attraktivitätsbereich weit ausgreifender ist als etwa der von Bamberg. So wird der größte Teil der Planungsregion 6 (Oberfranken-Ost) abgedeckt, mit etwas geringer werdenden Werten im Landkreis Wunsiedel i.F., jedoch kommt andererseits der westliche Teil der Planungsregion Nördliche Oberpfalz, bis Pressath und Erbendorf, hinzu.

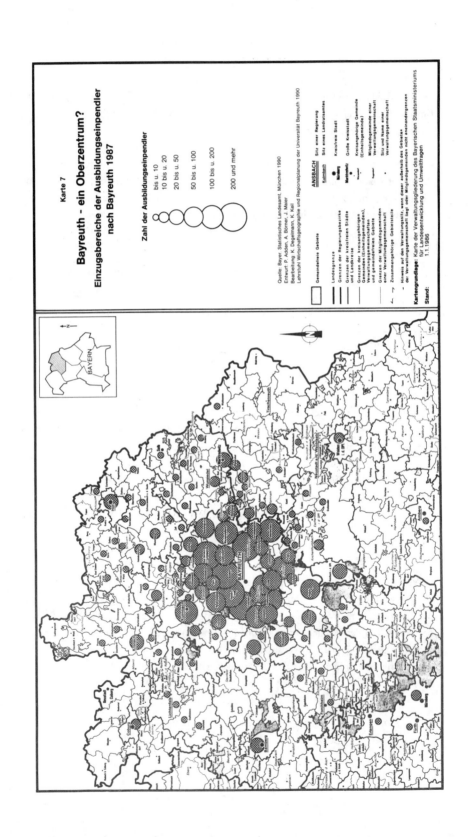

Die Analyse der Einzugsbereiche ausgewählter "zentraler" Einrichtungen in Bayreuth macht deutlich, daß die Universität Bayreuth (rd. 1.449 Beschäftigte, Stand 1.12.1993) und die Regierung von Oberfranken (610 Beschäftigte einschl. des Bezirks Oberfranken[5] zu den größten Arbeitgebern in Bayreuth zählen. Die Arbeitszentralität der Stadt kann anhand der Einzugsbereiche dieser beiden Institutionen erneut gut überprüft werden (vgl. Tab. 2).

Tab. 2 Die regionale Verteilung der Beschäftigten der Universität Bayreuth und der Regierung von Oberfranken (Anteil in %)

Wohnstandort	Universität Bayreuth	Regierung von Oberfranken
Oberfranken (ohne Stadt und Landkreis Bayreuth)	8,0	16,1
Landkreis Bayreuth	14,0	31,4
Stadt Bayreuth	68,0	47,4
Oberpfalz	1,0	4,1
Sonstige Wohnstandorte	9,0	1,0

Quelle: Sonderauswertung aus Statistische Daten der Universität Bayreuth und der Regierung von Oberfranken, Bayreuth 1988/89

Die regionale Verteilung in Verbindung mit der kleinräumigen Verteilung innerhalb Oberfrankens macht deutlich, daß die Universität als Arbeitgeber für die gesamte Planungsregion Oberfranken-Ost Bedeutung hat, reicht doch der regionale Einzugsbereich im Norden bis Hof, im Osten bis Bischofsgrün und Kemnath sowie im Süden bis Pegnitz. Im Westen werden sogar Gebiete über die Planungsregion 5 hinaus bis nach Bamberg erreicht. Eine durchaus vergleichbare Struktur wird beim Einzugsbereich der Regierung von Oberfranken ersichtlich. Der Einzugsbereich der Regierung erstreckt sich - im Vergleich zur Universität Bayreuth - noch weit stärker nach Westen und Norden, kommen doch immer noch ca. 10 % der Beschäftigten aus den Landkreisen Coburg, Lichtenfels und Bamberg. Im gewerblichen Bereich ergaben sich folgende Ergebnisse:

- Die Zahl der Beschäftigten und der Betriebe in der Industrie ist in Bayreuth bereits seit Beginn der 60-er Jahre rückläufig, was auf einen erfolgreichen Strukturwandel vom Produzierenden Gewerbe hin zum Dienstleistungsbereich hindeutet. 1987 waren 31,7 % der Erwerbstätigen im Produzierenden Gewerbe tätig. Bis 1992 verringerte sich ihr Anteil auf 26,9 %. Für den tertiären Sektor war für den gleichen Zeitraum ein Anstieg von 67,2 % auf 72,3 % zu beobachten. Die arbeitsmarktstrukturelle Zentralität weist dabei auf einen Bedeutungsgewinn des tertiären Sektors ebenso hin wie die Betrachtung der Mobilität der gewerblichen Betriebe,

---

[5] Anm.: davon 535 in Bayreuth, 75 im Landkreis; z.Z. beurlaubte Beschäftigte sind nicht berücksichtigt, Stand: 14.9.1994

zeigt sich doch im Zeitraum zwischen 1972 und 1988 sowie, und insbesondere, nach der Wiedervereinigung 1989 bis heute (1994) eine deutliche Zunahme im Bereich des tertiären Sektors.

- Die Branchenstruktur in der Industrie in Bayreuth belegt, daß es sich bislang nur bedingt um wachstumsintensive Branchen handelte, ist doch der Bereich der Konsumgüterindustrie relativ hoch. Dennoch ist es gerade in den 80-er Jahren gelungen, neue Industriebetriebe, etwa im Bereich der kunststoffverarbeitenden Industrie sowie eine Reihe kleinerer und mittlerer Unternehmen im Bereich der Industrie und des Handwerks anzusiedeln. Nicht nur die Ansiedlungserfolge in den vergangenen Jahren, sondern auch die zunehmende Zahl von Unternehmensgründungen im gewerblichen und Dienstleistungsbereich und nicht zuletzt die durch die Öffnung der Grenzen neu entstandenen Standortvorteile lassen darauf schließen, daß im gewerblichen Bereich Bayreuth eine positive Entwicklung in den 90-er Jahren nehmen wird. So war nach der Öffnung der Grenzen 1989 im folgenden Jahr ein sprunghafter Anstieg der Gewerbeanmeldungen (1989: 442, 1990: 606) festzustellen. 1991 ging die Zahl der Gewerbeanmeldungen zwar auf 486 zurück, aber bereits 1992 zeigte sich, mit 549 Einträgen, daß der Trend nach oben weist. Ähnlich wie die Zahl der Gewerbeanmeldungen zeigt sich der Verlauf der Gewerbeabmeldungen, die 1990 mit 418 Abmeldungen die durch die Grenzöffnung bedingte Sonderkonjunktur dokumentieren.[6]

- Wesentlich erscheint darüber hinaus, daß für die Entwicklung von Industrie und Gewerbe in den 90-er Jahren in Bayreuth auch die entsprechenden Rahmenbedingungen gegeben sind, stellt doch die, wenn auch begrenzte, jedoch noch vorhandene Flächenverfügbarkeit einen großen Standortvorteil dar, zumal dieser Faktor in einer Reihe von Städten und Gemeinden zum Engpaßfaktor schlechthin geworden ist.

Für die Diskussion um das Oberzentrum Bayreuth sollte gerade auch für andere Oberzentren der Landesplanung erkannt werden, daß der tertiäre Sektor gegenüber den 70-er Jahren erheblich an Bedeutung gewonnen hat und eine positive Entwicklung im Dienstleistungsbereich sowohl aus strukturpolitischer als auch aus regionalwirtschaftlicher Sicht eine stabile Wirtschaftsentwicklung in den 90-er Jahren gewährleisten dürfte. Nicht übersehen werden sollte in diesem Zusammenhang, daß der tertiäre Sektor in den 80-er und 90-er Jahren nicht nur bei der Bruttowertschöpfung ständig an Bedeutung gewinnt, sondern auch die höchsten Arbeitsplatzzuwächse aufweist, so daß bei der Ausweisung von Oberzentren gerade die Entwicklungstendenzen im Dienstleistungsbereich eine höhere Bedeutung erfahren sollten.

---

6 Quelle: Daten des Ordnungsamtes Bayreuth

Über die Struktur des Einzelhandels läßt sich ferner festhalten, daß Bayreuth hinsichtlich quantitativ bestimmbarer Größen im Einzelhandel sicherlich die Kennzeichen eines Oberzentrums aufweist, was an der positiven Entwicklung der Einzelhandelsumsätze ebenso wie an dem großen regionalen Einzugsbereich deutlich wird. Schwächen und damit verbunden auch Kaufkraftabflüsse bestehen allerdings in diesem Zusammenhang im Bereich der qualitativen Ausstattung des Einzelhandel. Wobei neben dem Einzelhandelsverband mit Maßnahmen im Bereich der Fort- und Weiterbildung sowie der Diskussion marketingpolitischer Strategien für den Bayreuther Einzelhandel insbesondere die Stadt Bayreuth in Gestalt eines innerstädtischen Einzelhandels-Entwicklungskonzeptes entsprechende Hilfestellungen und Vorleistungen sowie Impulse für eine Aufwertung des Einzelhandels geben könnte.

Faßt man die Bewertung der Verkehrszentralität zusammen, so zeigt sich, daß

- im Bereich des Schienenverkehrs Bayreuth sicherlich nur bedingt oberzentralen Anforderungen im Bereich der Anbindungsqualität gerecht wird. Bedingt durch die Öffnung der Grenzen zur ehemaligen DDR und zur ehem. CSFR ist jedoch eine Verbesserung der Anbindung sowohl in Nord-Süd-Richtung als auch in Ost-West-Richtung zu erwarten. Die Einführung des Pendolino mit seinem Stundentakt hat die regionale Anbindungsqualität erheblich verbessert.
- Im Bereich des Straßenverkehrs ist die Anbindungsqualität von Bayreuth als zufriedenstellend bis gut zu bezeichnen. Die Erweiterung der A 9 wird trotz mancher Belastungen von Anliegern für die Stadt insgesamt eine weitere Verbesserung der Anbindung darstellen.
- Einen besonderen Vorteilswert hinsichtlich der Bedeutung als Oberzentrum weist Bayreuth durch den Flugplatz auf, was gerade im Vergleich mit anderen möglichen Oberzentren in Bayern (z.B. Ingolstadt) als eindeutiger Vorteil gewertet werden muß.

Angesichts der hohen Bedeutung Bayreuths als Festspielstadt Richard Wagners überrascht es nicht, daß die Stadt eine hohe kulturelle Zentralität besitzt, wobei für unterschiedliche kulturelle Interessen eine Reihe von Einrichtungen zur Verfügung stehen. Zwar könnte als Defizit angesehen werden, daß Bayreuth kein stehendes Theater aufweist, jedoch sollte diesem Aspekt angesichts der zunehmenden Mobilität der Bevölkerung und der Forderung nach kommunaler Zusammenarbeit (Netzwerke) im Interesse der Bündelung kommunaler Finanzen innerhalb einer Region in den 90-er Jahren nicht mehr das hohe Bedeutungsgewicht zukommen. Gleichwohl soll hier jedoch darauf hingewiesen werden, daß drei Bühnen (zwei davon mit eigenem Haus) in Bayreuth vorhanden sind und auch von der Stadtverwaltung finanziell unterstützt werden. Ebenso kann auf das Symphonische Orchester der Städtischen Musikschule verwiesen werden.

Was andererseits den lange Zeit stark geförderten Sportbereich angeht, so wird aus dem Einzugsbereich der "Sportstadt Bayreuth" deutlich, daß auch hier die Bedeutung Bayreuths für die gesamte Planungsregion Oberfranken-Ost gegeben ist, belegt doch u.a. die Analyse des Einzugsbereichs des größten Freibades in Bayreuth (Kreuzsteinbad), daß die Attraktivität die Landkreise Kulmbach, Teile von Hof, Wunsiedel i.F. ebenso umfaßt wie den westlichen Teil der nördlichen Oberpfalz.

Auch im Bereich des Fremdenverkehrs zeichnet sich eine hohe Entwicklungsdynamik ab. Ausgehend von 20.000 Übernachtungen 1993 lassen sich derzeit verstärkt Bemühungen zur Aktivierung des Städtetourismus sowie - in Zusammenarbeit mit verschiedenen oberzentralen Einrichtungen in Bayreuth - des Kongreß- und Tagungsreiseverkehrs beobachten. Die Errichtung eines kleinen Kongreßzentrums für spezielle Marktsegmente im Tagungs- und Kongreßreiseverkehr ist mittelfristig geplant, schon heute erfüllt das 1992 errichtete Arvena-Hotel als privater Anbieter auf diesem Sektor diese Aufgabe. Wie überhaupt ist der Beherbergungssektor jener, der durch die Wiedervereinigung den größten quantitativen Auftrieb erfahren hat.

Aufgewertet wurde, bedingt durch die neuen Rahmenbedingungen des Verhältnisses zum Europäischen Binnenmarkt und vor allem in bezug auf die Wiedervereinigung und Grenzöffnung gegenüber der heutigen Tschechischen Republik, besonders die Rolle Bayreuths im "Ost-West-Verhältnis", was zur landesplanerischen Aufwertung zum Oberzentrum zusätzlich beitrug.

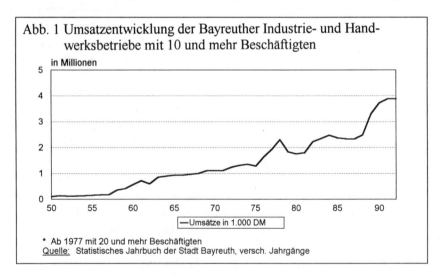

Abb. 1 Umsatzentwicklung der Bayreuther Industrie- und Handwerksbetriebe mit 10 und mehr Beschäftigten

* Ab 1977 mit 20 und mehr Beschäftigten
Quelle: Statistisches Jahrbuch der Stadt Bayreuth, versch. Jahrgänge

2. Stadtentwicklung Bayreuths unter verschiedenen stadtentwicklungspolitischen Leitbildern

2.1 Ausgangspunkt der Betrachtungen Ende der 60-er Jahre: Vollbeschäftigung, Infrastrukturausbau und Mobilitätsbedürfnisse

Die Auswirkungen des Zweiten Weltkrieges waren in Bayreuth noch weit in die 50-er Jahre zu bemerken. Die Aufnahme von ca. 17.000 Flüchtlingen aus den ostdeutschen Gebieten und das Ausmaß der Zerstörung der Stadt durch Bomben bedingten in diesen Jahren eine akute Wohnungs- und Nahrungsmittelnot. Die Schließung der Grenzen zur Sowjetischen Besatzungs Zone und zu Böhmen hin bedeutete für die Bayreuther Wirtschaft den Verlust traditioneller Rohstoffbezugs- und Absatzgebiete. Die Folge war bis Mitte der 50-er Jahre eine hohe strukturelle Arbeitslosigkeit, die erst im allgemeinen wirtschaftlichen Aufschwung der 60-er Jahre abgebaut werden konnte. Abb. 1 zeigt die Entwicklung des Industrieumsatzes in der Stadt Bayreuth. Ab Mitte der 50-er Jahre ist deutlich die Aufwärtsentwicklung dieser Kennziffer zu beobachten. Die Integration der Flüchtlinge in das Wirtschaftsleben der Stadt spielte während des Aufschwungs eine wichtige Rolle: Zum einen standen damit der Industrie die dringend benötigten Arbeitskräfte zur Verfügung, zum anderen wurde durch den Aufbau der "Flüchtlingsindustrien" die Branchenstruktur erweitert und damit gestärkt. Beispiele für solche Betriebsgründungen in Bayreuth sind u.a. die Firma Markgraf und Riedl-Sportmoden.

Aufgrund der positiven wirtschaftlichen Entwicklung stieg in den 60-er Jahren der gewerbliche Flächenbedarf rasch an. Hinzu kam das steigende Mobilitätsbedürfnis der Bevölkerung. Steigende Einkommen und die Ausbreitung des Pkw als Verkehrsmittel waren der Auslöser für das stetig zunehmende Verkehrsaufkommen, das sich schnell zu einem der dringendsten städtebaulichen Probleme entwickelte.

In der Stadtentwicklungspolitik sah man deshalb, und nicht nur in Bayreuth als prägendes Element einer "modernen Stadt" ab Mitte der 60-er Jahre, die Errichtung und den Ausbau leistungsfähiger Verkehrsstraßen als eine entscheidende Voraussetzung für Wachstum und Wohlstand einer Stadt an. Nicht zuletzt war dies auch durch den Anstieg der Bevölkerung, die Zunahme der Arbeitsplätze und die Zahl der Kraftfahrzeuge in der Stadt notwendig. So waren 1950 2.424 Kraftfahrzeuge in Bayreuth gemeldet, während es 1965 19.554 waren. Heute sind es sogar 36.341 Kraftfahrzeuge, d.h. rein statistisch gesehen, verfügt jeder zweite Einwohner Bayreuths über ein eigenes Kfz.[7] Den dramatischen Anstieg in den vergangenen Jahrzehnten verdeutlicht Abb. 2.

---

[7] vgl. Statistisches Jahrbuch der Stadt Bayreuth (Hrsg.), 1993, S. 231

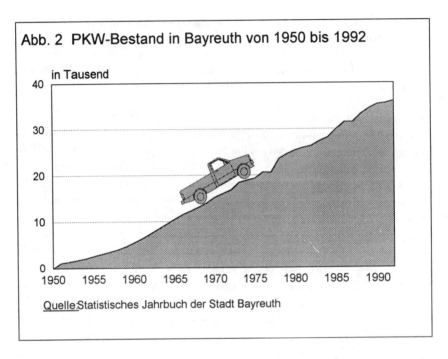

Abb. 2 PKW-Bestand in Bayreuth von 1950 bis 1992

Quelle: Statistisches Jahrbuch der Stadt Bayreuth

Dies veränderte in deutlicher Weise das Stadtbild Bayreuths. So wurde 1964 mit dem Bau der Albrecht-Dürer-Straße begonnen, dem drei Jahre später der Bau der Wieland-Wagner-Straße als neue Ausfallstraße nach Südosten folgte. Rechtzeitig zu den Richard-Wagner-Festspielen 1968 wurde der erste Teilabschnitt des geplanten Stadtkernrings - der zunächst nur 675 m lange Hohenzollernring zwischen Wieland-Wagner-Straße und Josephsplatz - eröffnet. Mit der stückweisen Fertigstellung des Rings in den 70-er Jahren wurde in Bayreuth schließlich das typische Verkehrskonzept eines Systems von Radial- und Ringstraßen mit Verbindungsstraßen zu den etwas abgelegeneren Stadtteilen verwirklicht. Verbunden damit war die Einbetonierung des Mainbetts (vor allem wegen des Hochwasserschutzes) und die Errichtung der ersten Tiefgarage am späteren Rathaus mit damals 180 Parkstellplätzen. Bild 1 gibt einen Eindruck der Situation, wie sie sich zu Begin der 90-er Jahre darstellte.

Parallel zu dieser stadtentwicklungspolitischen Philosophie, in ihrer Einseitigkeit der Berücksichtigung des Pkw's als Verkehrsmittel schon eine Planungsideologie, sind im Städtebau die mit neuen Bautechniken möglichen Großprojekte und Demonstrativ-Vorhaben zu sehen. In Bayreuth zählen dazu neben dem (neuen) Rathaus vor allem das Ypsilon-Haus und die Wohnkomplexe am Meranierring (vgl. Bild 2).

Bild 1 Die autogerechte Stadt im Bereich des Neuen Rathauses

Bild 2 Das Y-Haus als Ausdruck einer funktionalen Planungsphilosophie

Bild 3 Neuere Entwicklungen im Industriegebiet-Nord

Ein weiterer wichtiger Faktor für die Stadtentwicklung in dieser Zeit war der einsetzende Strukturwandel im Einzelhandel. Traditionelle Strukturen im Einzelhandel wurden durch Änderungen im Käuferverhalten (bedingt nicht zuletzt durch neue Kühlmöglichkeiten) und neue Organisationsstrukturen der Betriebe aufgebrochen. Selektion, Konzentration und Flächenexpansion sowie die einsetzende Spezialisierung im Non-Food-Bereich sind seit etwa 30 Jahren im Einzelhandel dominierende Prozesse. Ende der 60-er Jahre entstanden Verbrauchermärkte und SB-Warenmärkte in Dimensionen bis 5.000 qm Verkaufsfläche vor allem in peripheren Standorten (auf der "grünen Wiese"). Vorrangig waren gute Erreichbarkeit und das Discountprinzip. Rationalisierungsmaßnahmen in den Märkten sowie eine z.T. aggressive Einkaufs- und Verkaufspolitik führten zu einem sich verschärfenden Konkurrenzkampf unter den großen Einzelhandelsketten, der sich schließlich zuungunsten kleinerer und mittlerer Einzelhandelsbetriebe, besonders in der Innenstadt auswirkte. In Bayreuth entstanden in dieser Zeit neue Betriebsformen in der Casselmannstraße und im Industriegebiet Nord (aus dem als Industriegebiet gedachten Areal drang immer mehr die Handelsfunktion vor, vgl. Bild 3 mit der Situation 1994).

2.2 Universitätsgründung und Sportstättenbau - Flächennutzungsplanung in den 70-er Jahren

Das wichtigste Ereignis für die Entwicklung der Stadt Bayreuth in den 70-er Jahren war die Gründung der Universität Bayreuth. Ausgangspunkt für die Planung einer neuen Universität in Bayreuth war die Erweiterung des universitären Ausbildungsangebotes für eine wachsende Zahl von möglichen Studenten Ende der 60-er Jahre. Der Begründung des 1972 in Kraft getretenen Gesetzes zur Errichtung der Universität Bayreuth liegen folgende Hauptmotive zugrunde:

- ein Beitrag zur Hochschul- und Studienreform,
- die Verbesserung der gesamten sozioökonomischen Struktur Oberfrankens sowie
- die regionalpolitische Aufwertung der strukturschwachen Region Oberfranken-Ost.

Bild 4 Der Campus der Universität Bayreuth in seiner vorläufigen Endausbaustufe 1994

Ziel der bildungs- und strukturpolitischen Maßnahme war es also u.a., die vorhandenen Bildungsreserven zu erschließen, die durch das hohe qualitative und quantitative Niveau im Bereich der weiterführenden Schulen auch in Oberfranken vorhanden waren. Die mangelnde Ausstattung des oberfränkischen Raumes mit universitären Einrichtungen konnte mit einer weit unter dem Landesdurchschnitt liegenden Zahl von Studenten belegt werden. Wie wenig man Anfang der 70-er Jahre die dynamische Entwicklung der Studentenzahlen, als Folge veränderter gesellschaftlicher Wertungen angesehen hat, belegt die Tatsache, daß an der Universität Bayreuth zwischenzeitlich ca. 9.000 Studenten immatrikuliert sind (geplant waren nur 5.500 Studenten). Durch den neu vorgesehenen Auf- und Ausbau der 6. Fakultät, für angewandte Naturwissenschaften wird diese Zahl des Jahres 1994 sicherlich noch nicht die Obergrenze sein (vgl. auch Bild 4, Mitte 1994).

Neben sozioökonomischen und regionalpolitischen Auswirkungen auf den oberfränkischen Raum zeigt sich heute immer mehr der positive Effekt der Universität auf die Stadt Bayreuth. Bezeichnungen wie "Festspiel- und Universitätsstadt Bayreuth" belegen deutlich, welch große Bedeutung man von öffentlicher Seite aus der Universität zumißt. Mit der Aufnahme des Studienbetriebes im Wintersemester 1975/76 begann auch in Bayreuth eine neue Ära. Die Universität im Bereich südlich des Stadtteils Birken ist heute der wichtigste Arbeitgeber in Bayreuth, bis 1993 stieg die Zahl der Bediensteten der Universität Bayreuth auf 1.449 Beschäftigte an. Neben dem Campus sind ferner Einrichtungen der Universität am Geschwister-Scholl-Platz, dem IWALEWA-Haus gegenüber der Synagoge und im Industriegiebiet St. Georgen zu finden. Neben der Schaffung von Arbeitsplätzen mußten besonders für die Studenten Wohnplätze gefunden werden. Über ganz Bayreuth verteilt wurden Studentenwohnheime des Studentenwerks Oberfranken errichtet, die den Studenten preiswerte Wohnmöglichkeiten bieten. Die Tendenz zum selbständigen Wohnen äußert sich daneben in einer steigenden Anzahl von Studenten, die in Wohngemeinschaften bzw. in der eigenen Wohnung oder Appartement leben - ein Umstand, der sich nachhaltig auf den Wohnungsmarkt der Stadt Bayreuth auswirkte. Ein weiterer wichtiger Faktor für die Stadt Bayreuth ist das Ausgabeverhalten der Studenten und Bediensteten der Universität Bayreuth. Rund 40 Mio. DM pro Jahr dürften nach vorsichtigen Schätzungen der Wirtschaft der Stadt Bayreuth zufließen.[8]

Das Image der Stadt Bayreuth wird neben den Festspielen und der Universität auch wesentlich von den Leistungen seiner Sportler geprägt. Seit den 70-er Jahren macht das Schlagwort der "Sportstadt Bayreuth" von sich reden. Aufbauend auf einer Sportstättenplanung für den Zeitraum 1956 bis 1988 wurde abschließend mit dem Bau der Oberfrankenhalle in Bayreuth eine beachtenswerte sportliche Infrastruktur aufgebaut. Als Initiator und treibende Kraft betätigte

---

8 Maier, J., Räumliche Auswirkungen einer Universität, Erfahrungen aus den alten Bundesländern und Übertragung auf den Raum Greifswald, Greifswald 1993

sich in diesem Zusammenhang der ehemalige Bayreuther Oberbürgermeister Dr. Hans Walter Wild. Die Gründung eines selbständigen Stadtverbandes für Leibesübungen 1956 organisierte den Bayreuther Sport. Mit der Einrichtung des städtischen Sportamtes im Jahr 1967 wird der Stellenwert des Sports in der damaligen Zeit besonders deutlich. Der Ausbau des Sportzentrums in den 70-er Jahren mit einer Sporthalle, dem Städtischen Stadion, dem Hallenbad und der Eishalle führte zu einer Konzentration von Sporteinrichtungen auf engstem Raum. Die Anlagen waren von Anfang an auf eine gemeinsame Nutzung durch den Breiten- und den Leistungssport ausgelegt (vgl Bild 5).

Bild 5 Konzentration sportlicher Einrichtungen in den Mainauen

Im Einzelhandel ist in den 70-er Jahren der weitere Ausbau großflächiger Einzelhandels- und neuer Fachmärkte kennzeichnend. Vor allem Möbel-, Bau- und Gartencenter entstehen in dieser Phase. Die weitere Verlagerung des Einzelhandels in die Außenbereiche der Stadt beschleunigt den Bedeutungsverlust der Innenstadt. Zunehmend mehr Kaufkraft fließt an den Stadtrand ab. Dieser Strukturwandel im Einzelhandel, der Bau der Universität Bayreuth und die neuen Wohngebiete am Roten Hügel und im Hussengut waren denn auch die Ausgangsbedingungen für die Fortschreibung des Flächennutzungsplanes aus dem Jahre 1960. Hinzu kam, daß im Zuge der Gebietsreform in Bayern von 1972 bis 1976 Bayreuth 6 Gemeinden angeschlossen wurden, eine weitere, Wolfsbach, folgte 1978. Charakteristisch für diese Gemeinden war eine enge Verflechtung mit der Stadt Bayreuth, so daß diese vielfach Zielgebiete der Abwanderungswilligen darstellten. Mit der Gebietsreform gelang es, die Abwanderungsbewegung zu kompensieren sowie die eigenen Finanzquellen zu stärken (Tab. 3 gibt einen Überblick zu den Eingemeindungen).

Tab. 3 Flächenzuwachs der Stadt Bayreuth durch Eingemeindungen 1972 - 78

1970	Fläche des Stadtgebietes	3.222 ha
1.1.1972 1.7.1972	Eingemeindung von Oberkonnersreuth Eingemeindung von Laineck	1.126 ha
1.7.1976	Eingemeindung von Aichig, Oberpreuschwitz, Seulbitz, Thiergarten und unbebauter Teile der Gemeinde Laineck	2.029 ha
1.7.1978	Eingemeindung von Wolfsbach sowie seiner Gemeindeteile Schlehenberg, -mühle, Krugshof, Püttelshof	322 ha
heute	Fläche des Stadtgebietes	699 ha

Quelle: Statistische Jahrbücher der Stadt Bayreuth, versch. Jahrgänge

Im Zeitraum des Abschlusses der Gemeindegebietsreform trat im April 1978 der neue, bis heute gültige Flächennutzungsplan in Kraft. Hierin sollte, mit 25 Gemeinden des Nahbereichs abgestimmt[9], die Art der Nutzung der gesamten Stadtflächen festgelegt werden [10]. Das Stadtgebiet umfaßt insgesamt eine Fläche von 66,9 km^2 bei einer Stadtgrenzenlänge von 57 km (Stand: 31.12.1989).

Betrachtet man die Stadt Bayreuth auf dem Flächennutzungsplan, so ist relativ deutlich eine Art Gliederung festzustellen:

Das Zentrum der Stadtfläche bildet ein dichtbebautes Misch- und Kerngebiet (Mi/Mk). Es ist zugleich identisch mit dem ursprünglichen historischen Stadtkern, weshalb hier zahlreiche Baudenkmäler von architektonischem Wert zu finden sind, die zum Großteil als Flächen des Gemeindebedarfs ausgewiesen sind (häufig Nutzung durch Verwaltungseinrichtungen). Der Stadtkern bildet das Herz von Bayreuth als Geschäfts- und Einkaufszentrum mit zugleich historischen Werten und ist somit Hauptanziehungspunkt für Besucher. Es trägt dazu bei, die zentrale Funktion Bayreuths als Einkaufs-, Gewerbe- und Wohnstandort im Hinblick auf die Entwicklung zum Oberzentrum zu ermöglichen. Von diesem Kern ausgehend sind kreuzförmig sog. Arbeitsbänder in die Stadtaußenbezirke angelegt. Sie verlaufen entlang der Kulmbacher-

---
9 vgl. Rathaus Information Nr. 6, Stadt Bayreuth (Hrsg.), Bayreuth 1982
10 vgl. zum Inhalt eines Flächennutzungsplans § 5 BauGB

bzw. Hindenburg-Straße im Nordwesten, durch den Kern in Richtung Südosten - parallel zur Nürnberger Straße - sowie im Nordosten vom Gewerbegebiet St. Georgen/Bindlach durch den Stadtteil St. Georgen, durch das Stadtzentrum und weiter parallel zur Ludwig-Thoma-Straße in das Gewerbegebiet Bayreuth-Altstadt. Diese sich kreuzenden Achsen haben an den jeweiligen Enden Gewerbe- und Industriebetriebe (GE/GI) mit zum Teil größeren Unternehmen (vgl. Karte 18).

Im innerstädtischen Bereich befinden sich Mischgebiete mit Wohn-, Geschäfts- und Handwerksflächen. Die Industriegebiete St. Georgen/Bindlach sowie an der Justus-Liebig-Straße bzw. Ludwig-Thoma-Straße bilden die Schwerpunkte der Bayreuther Industrieproduktion. Der tertiäre Sektor in Bayreuth ist verstärkt am nördlichen und westlichen Rand des Stadtkerns, zusätzlich parallel zum Stadtkernring anzutreffen.

Zwischen den angesprochenen Achsen des Kreuzes befinden sich die Hauptwohngebiete Bayreuths. Zu nennen wären folgende reine und allgemeine Wohngebiete (WR/WA) sowie Kleinsiedlungsgebiete (WS) (vom Norden ausgehend im Uhrzeigersinn):

Hussengut/Festspielhügel, Grüner Baum, Laineck, Hammerstatt, Moritzhöfen, Birken, Saas, Altstadt, Meyernberg, Roter Hügel, Kreuz und Gartenstadt. Oftmals grenzen Grünflächen diese Gebiete sowohl untereinander als auch von angrenzenden Gewerbeflächen ab. Nach außen hin sind Bayreuths Siedlungsflächen durch topographische Gegebenheiten (z.B. Hanglagen, Gewässer) oder die Bundesautobahn (A 9) und Bahntrassen begrenzt.

Unter den angesprochenen Grünflächen befinden sich jedoch nicht nur Talauen oder Parks, sondern auch Flächen von Spiel- und Sportplätzen, Kleingärten, Friedhöfe. Hinzu kommen die außerhalb des eigentlichen Stadtgebietes liegenden land- und forstwirtschaftlich genutzten Flächen. Bedeutend für Bayreuth sind folgende Grünflächen: Hofgarten, Röhrensee, Obere und Untere Mainaue, Hohe Warte/Judenwiese und das Mistelbachtal. Begleitend zu einigen Bächen laufen auch Bayreuths Wasserschutzgebiete. Weitere nennenswerte Flächen bilden die Sonderflächen (SO/S), wie die der Universität (94 ha), des Klinikums, der Kasernen und der Strafvollzugsanstalt. Die Grünflächen in Bayreuth besitzen - wie auch in anderen Städten - eine stark gliedernde Funktion und sind als Naherholungsgebiete für die Bevölkerung sowie auch die Besucher Bayreuths von außerordentlicher Wichtigkeit. Hierunter fallen ebenfalls die in die Grünflächen integrierten Freizeitflächen, z.B. Freibäder, Bolzplätze.

Ein Schwerpunkt bei der Flächennutzung in Bayreuth spielt die möglichst gute Vernetzung der einzelnen Teilflächen, um einen für alle erträglichen Rahmen an Lebensbedingungen zu schaffen. Es wird versucht, ein zusammenhängendes System an Freiflächen und Grünflächen zu erarbeiten, so daß es jedem Bevölkerungsteil möglich sein kann, in maximal 10 Minuten die gewünschte Sozial-, Bildungs- oder Freizeiteinrichtung zu erreichen. Ohne Zweifel ist gerade damit Ende der 70-er Jahre die Grundlage für ein "grünes Bayreuth" gelegt worden, das sich heute Bewohnern und Besuchern in vielfältiger Weise bietet.

2.3 Einzelhandelsgroßprojekte, wachsender Wohnungsbedarf und Umweltpolitik - Stadtentwicklung in den 80-er Jahren

Im Bereich des Einzelhandels machte sich schon in den 70-er, vor allem jedoch in den 80-er Jahren eine zunehmende Filialisierung und Textilisierung (teilweise auch durch manche "Shops" mit sog. Schnelldrehern an Verkaufsprodukten eine Art Banalisierung) in innerstädtischen Bereichen bemerkbar, was sich deutlich in der Angebotsstruktur zeigte. Ortsansässige Einzelhandelsbetriebe wurden durch Filialunternehmen verdrängt, die durch ihre aggressive Personal- und Preispolitik Wettbewerbsvorteile erzielen konnten. Dabei wurden als Standorte bevorzugt innerstädtische Gunstlagen gewählt. Eine weitere Entwicklung der 80-er Jahre war das Entstehen von Fachmarkt-Agglomerationen an peripheren Standorten und im Zentrum (am besten im Drogeriemarkt-Bereich zu ersehen). Hier werden typisch innerstädtische Sortimente, wie Bekleidung, Schuhe oder Unterhaltungselektronik angeboten. Als Frequenzbringer gelten weiterhin Verbrauchermärkte. Als Folge dieser Entwicklung fließt in zunehmendem Maße Kaufkraft aus der Innenstadt zu den Konzentrationen an der Peripherie ab, so daß die Bedeutung der Innenstadt und auch der Nebenzentren als Zentren des städtischen Einzelhandels gefährdet ist.

Unterstrichen wird dies noch dadurch, daß in Bayreuth besonders der Innenstadtbereich bis in die 80-er Jahre hinein durch Stadt-Rand-Wanderung und Suburbanisierung deutlich an Einwohnern verloren hat, während sich in Teilbereichen der Altstadt Ansätze einer sozialen Segregation zeigten (vgl. Kapitel 5.4). Nicht zuletzt der Anstieg der Studentenzahlen und die sich in den letzten Jahren verschärfende Wohnungsnot haben jedoch eine beträchtliche Neubautätigkeit vor allem in den Innenstadtrandbereichen angeregt, die inzwischen zu nahezu ausgeglichenen Wanderungsbilanzen der Innenstadt geführt hat. Zum ganz überwiegenden Teil entstehen dabei hochwertige Eigentumswohnungen, während der (soziale) Mietwohnungsbau in den 80-er Jahren fast völlig zum Erliegen gekommen ist. Dem Nachfragetrend nach innerstädtischem Wohnen wird in Bayreuth hauptsächlich durch Neubau komfortabler Eigentumswohnungen begegnet, während (Luxus-)Sanierungen im Altbaubestand eher die Ausnahme darstellen.

Die zunehmende Umweltbelastung, die sich in Oberfranken mit dem Waldsterben erstmals einer breiten Öffentlichkeit in ihren Auswirkungen zeigt sowie u.a. ein stetiges Ansteigen des

Verkehrsaufkommens sind Auslöser für Wege in Richtung ökologischen Denkens in der Gesellschaft. Auch in der Stadtplanung finden neue Leitbilder Eingang [11], die ökologische Stadt wird in den 80-er Jahren als erstrebenswertes Ziel erachtet. Nach dem flächenhaften Ausdehnungsprozeß in der Vergangenheit gerät die Stadt Bayreuth zunehmend an ihre natürlichen und administrativen Grenzen. Im Norden der Stadt bilden topographische Hindernisse natürliche Grenzen des Stadtgebietes, während die Universität und das Vogelbiotop Lindenhof den südlichen Bereich abgrenzen. Für die Zukunft muß deswegen mit Nachverdichtungen einerseits und Nutzungskonflikten zwischen Ökologie und wirtschaftlicher Entwicklung andererseits gerechnet werden. Trotz des absehbaren Platzmangels wurde in Bayreuth als stadtentwicklungspolitisches Ziel die bauliche Freihaltung von Tal- und Bergkuppen erachtet. Gleichzeitig soll ein unkontrolliertes Hinausfließen der Bebauung ins Umland verhindert werden. Sichtachsen und Identifikationspunkte sollen das Stadtbild verbessern.

Bild 6 Bayreuth ist eine "grüne" Stadt - Das Bild zeigt den Bereich des Röhrensees

---

11 Helbrecht, I., Das Ende der Gestaltbarkeit? Zu Funktionswandel und Zukunftsperspektiven räumlicher Planung, Wahrnehmungsgeographische Studien zur Regionalentwicklung, H. 10, Universität Oldenburg, 1991, S. 56

Die ökologische Ausrichtung der Stadtentwicklungspolitik wurde auch in der Bewerbung der Stadt Bayreuth für die Landesgartenschau im Jahr 2000 deutlich. Dabei wurden folgende Maßnahmen erarbeitet:

- Schaffung von neuen Grün- und Erholungsflächen,
- Verbesserung der Qualität der Landschafts- und Freiräume,
- Aktivierung der Gewässer als Gestaltungselemente,
- Aufwertung des Bahnhofsbereichs.

2.4 Wiedervereinigung und ihre Auswirkungen Ende der 80-er Jahre: Hotelbau-Boom und Gewerbestandort-Erweiterung

Die grundlegenden politischen Umwälzungen in den sozialistischen Staaten Ende der 80-er Jahre waren der Auslöser für eine weitere Neuorientierung auch in der Stadtentwicklungspolitik Bayreuths. Die Öffnung der Grenzen zur ehemaligen DDR und der politische Wandel in der heutigen CR sind auch in Bayreuth unvergessene Ereignisse. Der Einkaufsboom in den ersten Monaten nach der Grenzöffnung belegte deutlich die neue Situation Bayreuths und seines Verflechtungsraumes. Durch die Aufhebung der Randlagen-Situation sind neue Marktvolumina entstanden, aber auch Handlungspotentiale. Hinzu kommt die Realisierung des EU-Binnenmarktes, verbunden mit einer zunehmenden Liberalisierung des Handels innerhalb der EU.

Die Bayreuther Stadtverwaltung verfolgte Ende der 80-er Jahre in allen wichtigen Teilbereichen der Stadtentwicklung wachstumsorientierte Zielvorstellungen. Als wichtigstes kommunalpolitisches Ziel galt dabei die Ausweisung Bayreuths zum Oberzentrum. Dadurch sollte der Wegfall der Zonenrandförderung, mit seinen Auswirkungen auf die Stadt Bayreuth, ausgeglichen werden. Der Titel Oberzentrum sollte auch zur Imageaufbesserung des Wirtschaftsstandortes Bayreuth beitragen und Anreize für Investitionsvorhaben aus den Bereichen Industrie und besonders Dienstleistungen geben.

Im Bereich der Wohnversorgung zeichnet sich für die Zukunft aufgrund einer positiven Bevölkerungsentwicklung eine gewisse Engpaßsituation ab. Ende der 80-er Jahre waren steigende Studentenzahlen, Zuzüge aus den Neuen Bundesländern sowie steigende Aussiedlerzahlen Faktoren dieser Entwicklung. Trotz der Flächenknappheit sollen neue Wohnbaugebiete ausgewiesen werden, um dem Wohnungsmangel zu begegnen. Änderungen im Wohnverhalten der Bevölkerung (steigende Flächenansprüche, Tendenz zum Single-Haushalt) verschärfen die Wohnungssituation zusätzlich noch. Hinzu kommt, daß Neubautätigkeiten im Innenstadtbereich zum größten Teil qualitativ hochwertige Wohnungen schaffen, und so gerade dringend benötigte Sozialwohnungen in der Stadt nicht realisiert werden können.

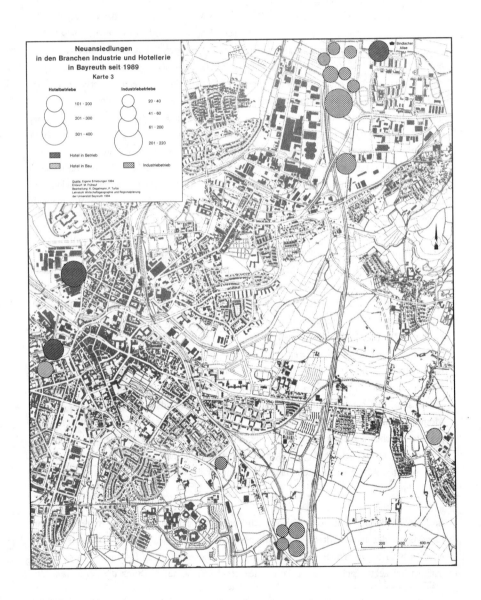

Einer der Bereiche, der in den frühen 90-er Jahren den stärksten Veränderungen unterworfen ist, ist das Bayreuther Hotelgewerbe. Die Hotel-Kapazitäten wurden in Bayreuth über Jahre hinweg als nicht ausreichend eingestuft. Die bislang starke Konzentration der Gästeübernachtungen auf die Festspielmonate war sicherlich nicht dazu angetan, Investitionen in diesem Bereich zu tätigen. Der zunehmende Tagungstourismus, hervorgerufen durch die Universität und die wiedergewonnene Zentralität in Europa, versprechen Zuwächse bei den Übernachtungen. Allein im Innenstadt-Bereich kamen bis Ende 1994 fast 900 Betten zu den bisher vorhandenen 650 Betten hinzu. Zusätzlich wurden noch einmal 300 bzw. 150 Betten an der Peripherie der Stadt (Industriegebiet Bindlach bzw. Aichig) geschaffen. Dabei ist die vorwiegend angesprochene Zielgruppe der Kongreß- und Tagungstourismus, was auch durch die Bereitstellung von Tagungsräumen in verschiedenen neuen Hotels belegt wird. Inwieweit sich diese massive Veränderung des Hotelmarktes in Bayreuth in Zukunft auf die Struktur des Hotelgewerbes auswirken wird, bleibt abzuwarten. Tatsache ist, daß die "neuen" Hotels eine ernstzunehmende Konkurrenz für die in Bayreuth etablierten Hotels darstellen, und die sich nun dem Wettbewerb stellen müssen (vgl. Karte 3).

Die positive wirtschaftliche Entwicklung nach der Öffnung der Grenzen hatte einen steigenden Bedarf an Gewerbeflächen in der Stadt Bayreuth zur Folge. Durch die Ausweisung der neuen Gewerbeflächen "Bindlacher Allee" und "Am Pfaffenfleck" sollte dieser Dynamik Rechnung getragen werden. Da die Ansiedlung eines Großbetriebes von Anfang an als wenig wahrscheinlich eingeschätzt wurde, nahm man eine Zerstückelung der Flächen durch die Ansiedlung kleiner und mittlerer Gewerbebetriebe in Kauf. Die neuausgewiesenen Flächen werden heute besonders von ortsansässigen Betrieben genutzt, die aufgrund des innerstädtischen Strukturwandels bzw. aufgrund eines steigenden Flächenbedarfs aus den Innenstadtbereichen abwandern müssen. Im Bereich der Gewerbeflächenpolitik der Stadt Bayreuth ist jedoch nach der Ausweisung der beiden neuen Gewerbeareale festzustellen, daß nahezu keinerlei weitere Möglichkeiten bestehen, zusätzliche Flächen für das Gewerbe auszuweisen. Es gilt nun durch gezieltes Flächenmarketing die verbleibenden Flächen sinnvoll zu nutzen. Dabei stellen Überlegungen über Nachverdichtungen und Nachfolgenutzungen aufgegebener Gewerbeareale für die Zukunft wohl die wichtigsten Handlungsfelder für die kommunale Wirtschaftsförderungspolitik dar.

Im Einzelhandel der Stadt Bayreuth werden Tendenzen sichtbar, die einem weiteren Bedeutungsverlust der Innenstadt entgegenwirken sollen. Die Innenstadt soll als Einkaufsstandort erhalten bleiben. Die aktuelle Diskussion über die Errichtung des ECE-Centers auf dem ehemaligen Schlachthofgelände zeigt die Brisanz der Thematik auf[12]. Durch die Absiedlung des

---

12 Adden, P., Kommunale Wirtschaftsförderung und öffentliches Marketing unter besonderer Berücksichtigung eines Standort-Marketing für ausgewählte Flächen in der Stadt Bayreuth, unveröff.

Schlachthofes wurde 1993 eine stadtentwicklungspolitisch wichtige Fläche frei, deren Wiedernutzung heiß diskutiert wurde. Von einer lockeren Bebauung mit viel Grünflächen bis hin zu einem Sparkassenneubau mit Raum für die Stadtbibliothek standen die verschiedensten Nachfolgenutzungen zur Diskussion an. Die Entscheidung seitens der Stadt, ein "multifunktionales Geschäftszentrum" auf dem ehemaligen Schlachthofgelände zu errichten, wurde besonders durch die bestehenden Defizite in der Einzelhandels- und Versorgungszentralität hervorgerufen, die im Rahmen der Diskussion über eine anstehende Aufwertung Bayreuths zum Oberzentrum deutlich wurden. Das zwischenzeitlich als Sanierungsgebiet ausgewiesene Gelände muß dabei aufgrund negativer Erfahrungen in anderen Städten in ein schlüssiges Gesamtkonzept eingearbeitet werden. Aus diesem Grund wird für die Errichtung und Betreuung des geplanten Einkaufszentrums ein privater Entwicklungsträger verantwortlich sein. Neben Einzelhandelsgeschäften sollen auf der Fläche ebenfalls öffentliche Dienstleistungen angesiedelt sowie zusätzlicher Parkraum geschaffen werden.

Diplom-Arbeit am Lehrstuhl Wirtschaftsgeographie und Regionalplanung der Universität Bayreuth, Bayreuth 1992, S. 88 ff.

3. Grundelemente wirtschaftlicher Entwicklung der Stadt Bayreuth

3.1 Bevölkerungsentwicklung und -struktur der Stadt Bayreuth

Für die Erstellung einer wirtschaftsgeographischen Stadtanalyse ist es unabdingbar, die Bevölkerung als mitentscheidende Determinante der räumlichen Entwicklung darzustellen. Es soll deshalb versucht werden, im folgenden Abschnitt wichtige Aspekte der natürlichen Bevölkerungsentwicklung der soziodemographischen Zusammensetzung, räumlichen Verteilung und Mobilität der Bevölkerung in der Stadt Bayreuth aufzuzeigen.

3.1.1 Entwicklungsphasen und ihre Einflußgrößen

Zunächst muß die allgemeine Entwicklung der Bevölkerung als Ergebnis der natürlichen und räumlichen Bevölkerungsbewegung erläutert werden. Abb. 3 skizziert den Grobverlauf der Bevölkerungszahlen seit 1820 in der Stadt Bayreuth. Man erkennt ein fast stetiges Wachstum der Stadt, das nur durch Krisenzeiten kurz unterbrochen wurde.

Im Jahre 1957 überschritt Bayreuth erstmals die Zahl von 60.000 Bewohnern und erreichte zwei Jahre später 61.088 Personen. Die Zeit von 1960 bis 1970 wurde dann wesentlich durch das Anwerben von ausländischen Arbeitskräften beeinflußt. Auch Bayreuth profitierte von dieser Entwicklung und seine Einwohnerzahl stieg bis 1969 schließlich auf 63.397 Personen.

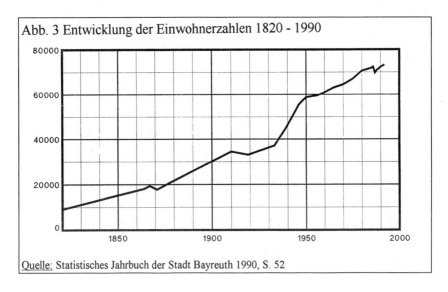

Abb. 3 Entwicklung der Einwohnerzahlen 1820 - 1990

Quelle: Statistisches Jahrbuch der Stadt Bayreuth 1990, S. 52

Abb. 4 zeigt nun genauer die Entwicklung der Bevölkerungszahlen für das vergangene Vierteljahrhundert in der Gegenüberstellung von natürlicher Bevölkerungsbewegung als Ergebnis der jährlichen Geburten- und Sterberate und von räumlichen Wanderungen (Zu- und Wegzüge) als Saldo für jedes Jahr. Die außerordentlichen Bevölkerungsgewinne durch Zuzüge in den 70-er Jahren ergeben sich durch die Vergrößerung des Stadtgebietes im Rahmen der Gemeindegebietsreform, die, wie bereits erwähnt, für die Stadtentwicklung Bayreuths bedeutend war.

Insbesondere drei Eingemeindungsphasen sind dabei zu unterscheiden: Im ersten Teil dieser Gebietsreform wurden 1972 Oberkonnersreuth, Laineck sowie ein Teil Thiergartens eingemeindet; dies bedeutete für die Stadt eine Steigerung der Einwohnerzahlen um 2.624[13]. In einer zweiten Eingemeindungsphase konnte Bayreuth mit den neuen Stadtteilen Aichig, Oberpreuschwitz, Seulbitz und dem restlichen Teil von Thiergarten ein erneutes Plus von 4.955 Personen verzeichnen, somit belief sich die Zahl der Bewohner Bayreuths 1977 auf 69.240. Mit dem Abschluß der Gebietsreform 1978 und der Integration von Wolfsbach sowie den Gemeindeteilen Schlehenberg, Schlehenmühle, Krugshof und Püttelshof erreichte Bayreuth ein neues Maximum von 70.039 Einwohnern.

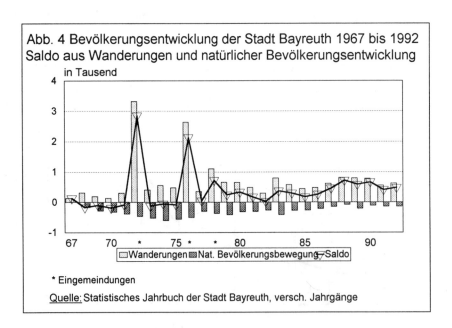

---

[13] Amtsblatt der Stadt Bayreuth vom 1. Juli 1976

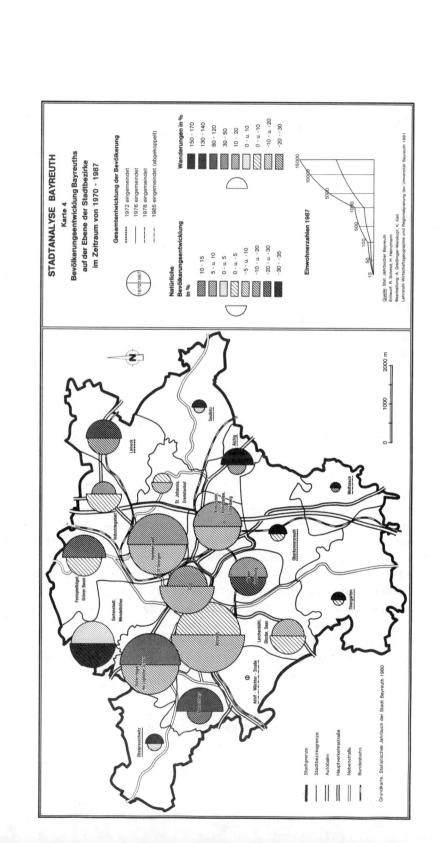

Parallel zu dieser Gebietsreform begann jedoch ein anderer, noch heute wichtiger Prozeß, der auf die Einwohnerzahl der Stadt wesentlich einwirkte. 1975 wurde die Universität eröffnet und dies bedeutete für Bayreuth zunächst einmal, daß 300 Hochschulbeschäftigte und deren Familienangehörige sowie zwischen 800 und 900 Studenten nach Bayreuth zuzogen [14]. So ergab sich 1980 schließlich eine Zahl von 70.633 Bewohnern.

Die Universität hatte und hat bis heute Auswirkungen auf die positive Entwicklung der Einwohnerzahlen in Bayreuth. Durch den ständigen Ausbau und die somit steigenden Beschäftigten- und Studentenzahlen wuchs auch die Wohnbevölkerung kontinuierlich an. Doch nicht nur dieser Prozeß beeinflußte die Höhe der Bayreuther Bevölkerung in der letzten Zeit, sondern auch die neuerlichen Wanderungsbewegungen aus osteuropäischen Staaten. So stieg die Einwohnerzahl bis 1986 weiter auf 72.326 Personen an, wurde jedoch mit den Volkszählungsergebnissen von 1987 auf nur noch 69.813 Bewohner berichtigt. Seit diesem Zeitpunkt erhöhte sich die Wohnbevölkerung jährlich um ca. 800 Personen - hauptsächlich zurückzuführen auf die Wiedervereinigung und der damit ausgelösten Wanderungsbewegung gen Westen - so daß 1993 73.393 (Stand 31.12.1993) Einwohner in Bayreuth gemeldet waren.

3.1.2 Räumliche Verteilung und ihre Veränderung

Karte 4 zeigt die Entwicklung der Bevölkerungszahlen zwischen den Volkszählungen 1970 und 1987 auf der Ebene der Stadtbezirke. Ersichtlich wird eine Abnahme der Wohnbevölkerung in der Innenstadt und in den innenstadtnahen Stadtbezirken, während am Stadtrand Zuwächse zu verzeichnen sind. Deutlich wird die Bevölkerungsstruktur etwa darin, daß besonders im Stadtteil Gartenstadt/Wendelhöfen sowie auch in Birken/Quellhöfen die natürliche Bevölkerungsentwicklung sich negativ entwickelt und auf gewisse "Überalterungstendenzen" hindeutet, ganz im Gegensatz zu Meyernberg, Aichig und Seulbitz und dies durch die Daten der Wanderungsbewegungen (im ersten Falle dominieren eher die Wegzüge, in zweiten Falle eher die Zuzüge) noch unterstrichen wird. So etwa ist in den Gebieten Aichig-Grunau, Seulbitz, Meyernberg, Oberpreuschwitz, Wolfsbach u.a. durch neue Wohnbautätigkeiten ein "Siedlungsring" um die Stadt entstanden. Dies deutet auch schon auf Auswirkungen der Suburbanisierungstendenzen (vgl. Punkt 3.2) hin. Genauso offensichtlich wird die Abnahme der Wohnbevölkerung, zum einen erwünscht aus Gewerbe-Mischgebieten, zum anderen aber auch kritisch betrachtet aus der Innenstadt, da für die City entgegen einer Funktionstrennung heute eher wieder eine "Multifunktionalität" für den Stadtkern als städtebaulich erstrebenswert er-

---

14 v. Wahl, D., Maier, J., Weber, J., Zur Raumwirksamkeit der Universität Bayreuth, H. 2 der Arbeitsmaterialien zur Raumordnung und Raumplanung, Bayreuth 1979

scheint (vgl. dazu auch die Überlegungen zum Entwurf eines Innenstadtkonzepts unter Punkt 4.1.2).

3.1.3 Struktur der Bevölkerung nach Alter, sozialer Schichtung, regionaler Herkunft und Beschäftigung

Die Stadt Bayreuth zeigt, wie in Abb. 5 zu sehen, keine auffälligen Anormalitäten in der Bevölkerungsverteilung nach Alter und Geschlecht im Vergleich zum Bundesdurchschnitt. Wie in anderen Städten Deutschlands überwiegen in der Bevölkerungsgruppe der über 50-jährigen die weiblichen Personen, hervorgerufen durch Sterbeausfälle des Zweiten Weltkrieges und die unterschiedliche, natürliche Lebenserwartung zwischen Männern und Frauen. Auch kann man in Bayreuth nicht wie in anderen oberfränkischen Gemeinden, insbesondere des ehemaligen Zonenrandgebietes mit Orten wie Arzberg, von "Überalterung" der Bevölkerung sprechen, denn der Anteil der über 65-Jährigen liegt in Bayreuth immer noch unter einem Drittel. Hier hat sicherlich das Vorhandensein der Universität und damit der Studenten einen Einfluß auf die Statistik.

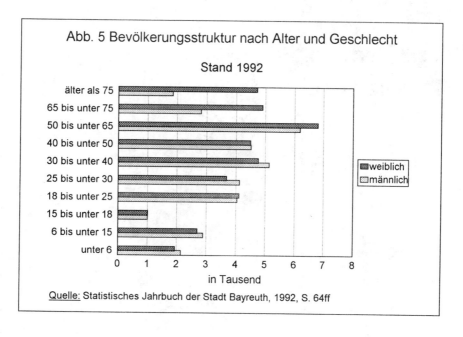

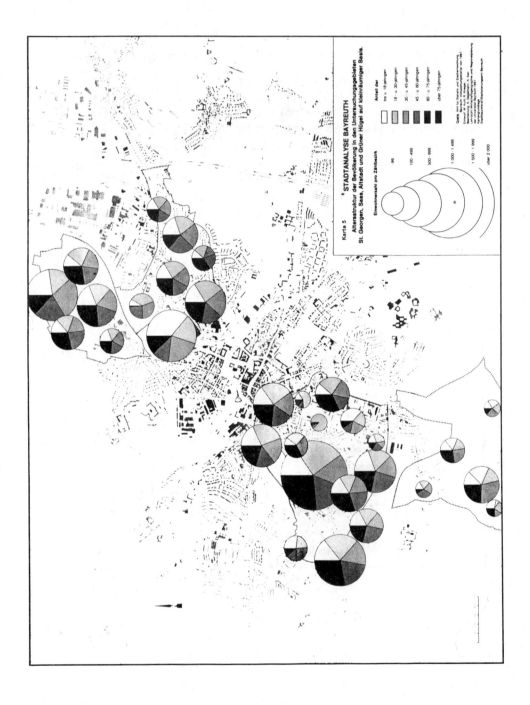

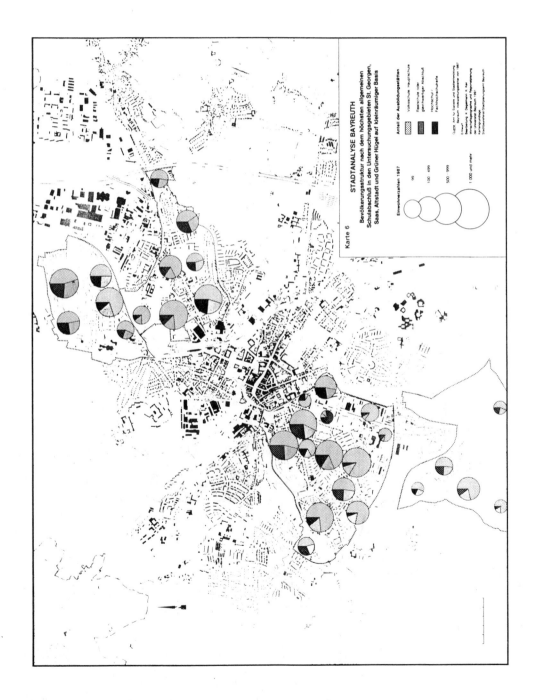

Karte 6

STADTANALYSE BAYREUTH
Bevölkerungsstruktur nach dem höchsten allgemeinen Schulabschluß in den Untersuchungsgebieten St. Georgen, Saas, Altstadt und Grüner Hügel auf kleinräumiger Basis

Man erkennt jedoch eine nach Altersunterschieden gegliederte Verteilung der Bevölkerung nach Stadtbezirken (vgl. Karte 5). So gibt es "ältere" Stadtteile, wie etwa den Stadtbezirk Altstadt im Vergleich zu Wohngegenden mit eher jüngeren Familien in St. Georgen. Allerdings zeigen sich dabei auch kleinräumige Unterschiede, was eine eindeutige Abgrenzung von "Lebenszyklen" der Entwicklung bestimmter Stadtteile erschwert, so etwa durch den Zuzug von Studenten in traditionelle Wohngebiete. Für die 90-er Jahre bleibt abzuwarten, ob nicht durch einen Prozeß der Gentrification, d.h. der Zu- bzw. Rückwanderung von jungen und mittleren Altersgruppen der Ober- oder Mittelschicht die Innenstadt wieder belebt werden kann.

In der Frage der Religionszugehörigkeit der Bewohner Bayreuths scheint sich das traditionelle Übergewicht der protestantisch-markgräflichen Stadt langsam zu verringern. So waren zur Volkszählung 1987 nur noch 63,7 % der Wohnbevölkerung evangelisch gegenüber 68,0 % im Jahre 1970. Umgekehrt stieg der katholische Anteil leicht von 27,9 % (1970) auf 28,8 % (1987). 7,5 % der Wohnbevölkerung waren sonstiger oder keiner religiösen Gruppierung zuzuordnen[15].

Bei der Frage nach dem Schulabschluß der Bevölkerung (Karte 6) ergeben sich wiederum kleinräumige Differenzierungen innerhalb des Stadtgebietes bzw. unter den ausgewählten vier Stadtbezirken. Allerdings kann gesagt werden, daß der Grüne Hügel den höchsten Anteil der Bevölkerung mit mittlerem Schulabschluß (Realschule) in Höhe von 25,1 % und einen überdurchschnittlichen Anteil an Personen mit Hoch- oder Fachhochschulreife (21,1 %) besitzt. Damit liegt der Grüne Hügel hinsichtlich der Bildungsstruktur der Bevölkerung an der Spitze, was als ein Zeichen höheren sozialen Niveaus gewertet werden kann. Das Gegenstück dazu ist - statistisch gesehen - gewissermaßen die Saas: Hier liegt der höchste Anteil in der Bevölkerung mit Grund-/Hauptschule und einer relativ geringen Zahl bei der Hoch-/Fachhochschulreife mit 15,9 %[16].

Die ausländischen Mitbürger erreichen in Bayreuth - für eine Universitätsstadt bemerkenswert - keinen allzu hohen Anteil. Zwar hat sich dieser Anteil an der Gesamtbevölkerung im letzten Vierteljahrhundert beständig vergrößert, heute bedeutet ihre absolute Zahl von 4.011 einen Anteil von 5,7 % (Stand: 31.12.1991), was allerdings im Vergleich zu anderen Mittelstädten als ein durchschnittlicher Anteil an ausländischen Mitbürgern angesehen werden kann (vgl. Abb. 6).

---

15 Statistisches Jahrbuch der Stadt Bayreuth (Hrsg.), 1990, S. 53
16 vgl. Strukturen, Prozesse und Probleme der Stadtentwicklung in Bayreuth unter besonderer Berücksichtigung der Bevölkerungsstruktur und sozialer Segregationserscheinungen - die Beispiele der Stadtteile Altstadt, Grüner Hügel, Saas und St. Georgen, unveröff. Bericht zum Geländepraktikum des Lehrstuhls Wirtschaftsgeographie und Regionalplanung der Univesität Bayreuth 1992, S. 44

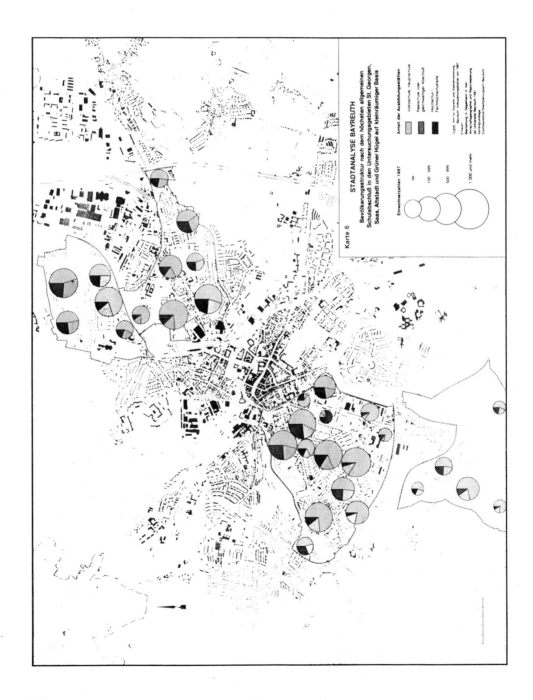

Man erkennt jedoch eine nach Altersunterschieden gegliederte Verteilung der Bevölkerung nach Stadtbezirken (vgl. Karte 5). So gibt es "ältere" Stadtteile, wie etwa den Stadtbezirk Altstadt im Vergleich zu Wohngegenden mit eher jüngeren Familien in St. Georgen. Allerdings zeigen sich dabei auch kleinräumige Unterschiede, was eine eindeutige Abgrenzung von "Lebenszyklen" der Entwicklung bestimmter Stadtteile erschwert, so etwa durch den Zuzug von Studenten in traditionelle Wohngebiete. Für die 90-er Jahre bleibt abzuwarten, ob nicht durch einen Prozeß der Gentrification, d.h. der Zu- bzw. Rückwanderung von jungen und mittleren Altersgruppen der Ober- oder Mittelschicht die Innenstadt wieder belebt werden kann.

In der Frage der Religionszugehörigkeit der Bewohner Bayreuths scheint sich das traditionelle Übergewicht der protestantisch-markgräflichen Stadt langsam zu verringern. So waren zur Volkszählung 1987 nur noch 63,7 % der Wohnbevölkerung evangelisch gegenüber 68,0 % im Jahre 1970. Umgekehrt stieg der katholische Anteil leicht von 27,9 % (1970) auf 28,8 % (1987). 7,5 % der Wohnbevölkerung waren sonstiger oder keiner religiösen Gruppierung zuzuordnen[15].

Bei der Frage nach dem Schulabschluß der Bevölkerung (Karte 6) ergeben sich wiederum kleinräumige Differenzierungen innerhalb des Stadtgebietes bzw. unter den ausgewählten vier Stadtbezirken. Allerdings kann gesagt werden, daß der Grüne Hügel den höchsten Anteil der Bevölkerung mit mittlerem Schulabschluß (Realschule) in Höhe von 25,1 % und einen überdurchschnittlichen Anteil an Personen mit Hoch- oder Fachhochschulreife (21,1 %) besitzt. Damit liegt der Grüne Hügel hinsichtlich der Bildungsstruktur der Bevölkerung an der Spitze, was als ein Zeichen höheren sozialen Niveaus gewertet werden kann. Das Gegenstück dazu ist - statistisch gesehen - gewissermaßen die Saas: Hier liegt der höchste Anteil in der Bevölkerung mit Grund-/Hauptschule und einer relativ geringen Zahl bei der Hoch-/Fachhochschulreife mit 15,9 %[16].

Die ausländischen Mitbürger erreichen in Bayreuth - für eine Universitätsstadt bemerkenswert - keinen allzu hohen Anteil. Zwar hat sich dieser Anteil an der Gesamtbevölkerung im letzten Vierteljahrhundert beständig vergrößert, heute bedeutet ihre absolute Zahl von 4.011 einen Anteil von 5,7 % (Stand: 31.12.1991), was allerdings im Vergleich zu anderen Mittelstädten als ein durchschnittlicher Anteil an ausländischen Mitbürgern angesehen werden kann (vgl. Abb. 6).

---

[15] Statistisches Jahrbuch der Stadt Bayreuth (Hrsg.), 1990, S. 53
[16] vgl. Strukturen, Prozesse und Probleme der Stadtentwicklung in Bayreuth unter besonderer Berücksichtigung der Bevölkerungsstruktur und sozialer Segregationserscheinungen - die Beispiele der Stadtteile Altstadt, Grüner Hügel, Saas und St. Georgen, unveröff. Bericht zum Geländepraktikum des Lehrstuhls Wirtschaftsgeographie und Regionalplanung der Univesität Bayreuth 1992, S. 44

Fast ein Drittel aller Ausländer in Bayreuth besaß 1991 die türkische Staatsbürgerschaft. Jugoslawen (ehem.), Italiener und Polen folgen als die nächststärksten Volksgruppen. Noch eher gering erscheint der Anteil der Bürger aus der tschechischen und der slowakischen Republik (absolut nur 54 1993). Abb. 7 zeigt die Gesamtzahlen der größten Gruppen ausländischer Mitbürger in Bayreuth sowie deren prozentualen Anteil an allen Ausländern.

Dabei sind aber auch eher exotische, asiatische und afrikanische Herkunftsländer (z.B. Malaysia, Indonesien, Uganda, Ghana) unter den Bayreuther Mitbürgern vertreten. Dies ist sicherlich auch auf die Forschungstätigkeiten der Universität Bayreuth zurückzuführen, die durch ihre internationalen Austauschprogramme zahlreichen ausländischen Studenten und Wissenschaftlern Aufenthalte in Oberfranken ermöglicht. Für Bayreuth muß dies unbedingt als kulturelle Aufwertung begriffen werden, denn schließlich trägt dies weiter dazu bei, der Stadt einen gewissen weltoffenen, ja gar einen Hauch von "kosmopolitanen Charakter", auch außerhalb der Festspielzeit, zu verleihen.

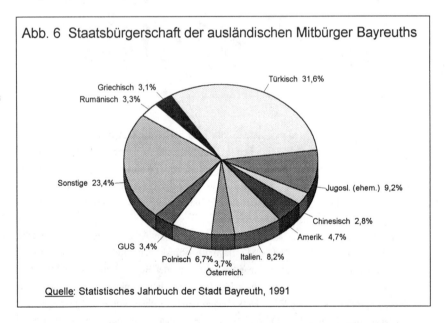

Abb. 6 Staatsbürgerschaft der ausländischen Mitbürger Bayreuths

Quelle: Statistisches Jahrbuch der Stadt Bayreuth, 1991

Bei der Betrachtung der aktuellen innerstädtischen Verteilung der ausländischen Bevölkerung in Bayreuth (vgl. Karte 7) fallen folgende Schwerpunkte hohen Anteils ausländischer Wohnbevölkerung besonders auf:

- St. Georgen Burg (Gegend um die Wilhelm-v.-Dietz-Straße),
- Siedlung Herzogmühle,
- das Gebiet um die Kulmbacher Straße (Teile des Stadtbezirks Kreuz),
- die südliche Gartenstadt zwischen Casselmann-, Carl-Schüller- und Schulstraße mit einer Konzentration um die Wiesenstraße,
- die Wilhelm-Busch-Straße im Stadtbezirk Birken (mit der ehemaligen Asylantenunterkunftsstelle, heute zentrale Sammelstelle für Asylbewerber der Bezirksregierung von Oberfranken).

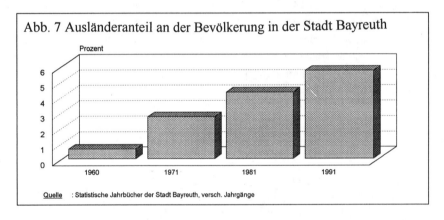

Abb. 7 Ausländeranteil an der Bevölkerung in der Stadt Bayreuth

Quelle: Statistische Jahrbücher der Stadt Bayreuth, versch. Jahrgänge

Es treten also hierbei die auch in anderen Städten zu beobachtenden typischen, sozialen Segregationserscheinungen auf, die bestimmte Gruppen von Ausländern in Wohnquartieren konzentrieren. Dabei handelt es sich entweder um sozialen Wohnungsbau oder um Altbauwohnungen (z.B. Wiesenstraße). Soziale Konflikte innerhalb dieser oder mit benachbarten Wohnbezirken sind jedoch in Bayreuth seit der Nachkriegszeit nie zu vermelden gewesen.

Während Oberfranken als eine Region mit hohem Anteil an Arbeitsplätzen in traditionellen Industriebranchen angesehen wird, erhält Bayreuth oftmals den Titel einer "Beamten- und Verwaltungsstadt". In Abb. 8 erkennt man die Verteilung der Beschäftigten in der Stadt Bayreuth nach den klassischen drei Wirtschaftssektoren. Der primäre Sektor wird gekennzeichnet durch die Urproduktion in den Wirtschaftszweigen Landwirtschaft, Forst- und Fischereiwesen und Bergbau, der sekundäre Sektor umfaßt im wesentlichen das produzierende und verarbeitende Gewerbe, während der tertiäre Sektor Handel und Dienstleistungen beschreibt. Zum Vergleich sind die Zahlen von Oberfranken und Bayern denen der Stadt Bayreuth gegenübergestellt.

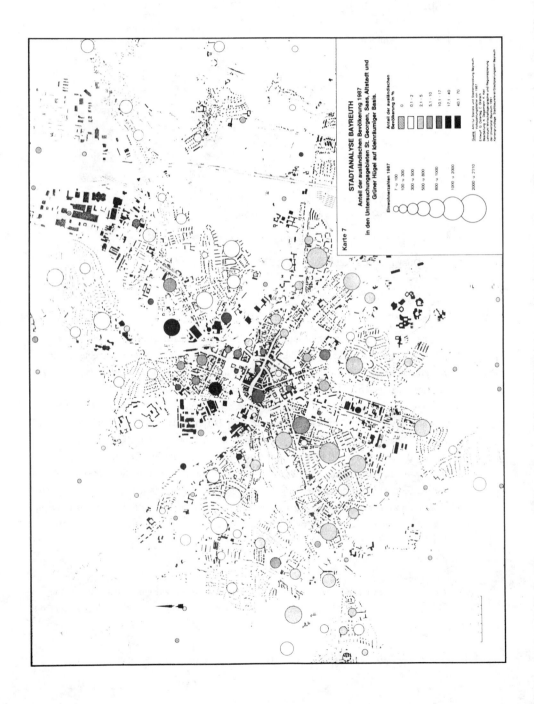

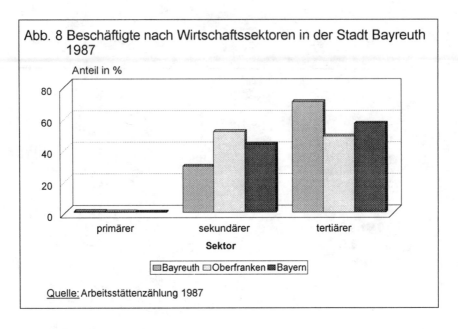

Abb. 8 Beschäftigte nach Wirtschaftssektoren in der Stadt Bayreuth 1987

Quelle: Arbeitsstättenzählung 1987

Aus dem Schaubild kann man eine höhere Stufe des Verstädterungsprozesses entnehmen. Der primäre Sektor mit der Land- und Forstwirtschaft ist als Arbeitgeber im Stadtgebiet praktisch zu vernachlässigen. Der sekundäre Sektor nimmt im Vergleich zu ganz Oberfranken und Bayern einen geringeren Stellenwert ein. Der Schwerpunkt der Beschäftigtenzahl liegt ohne Zweifel im tertiären Sektor (70,5 %). Der sekundäre Sektor wurde also durch den tertiären Sektor zunehmend verdrängt. Diese Entwicklung hat ihren Ursprung darin, daß die alten Unternehmen des Produzierenden Gewerbes aus Platzmangel und ähnlichen Gründen aus der Stadt und in den Landkreis abgewandert sind oder aus strukturellen oder persönlichen Gründen geschlossen worden sind. Dienstleistungsbetriebe des privaten bzw. des öffentlichen Sektors sind dagegen auf die Erreichbarkeit durch die Bürger angewiesen, weshalb sie in der Innenstadt verblieben sind und dort den größten Anteil der Betriebe stellen. Um einen Vergleich der Stadt Bayreuth mit einer anderen Stadt zu ermöglichen, sei darauf hingewiesen, daß Nürnberg etwa im tertiären Sektor nur 62,3 % aller Beschäftigten aufweist, was den hohen Anteil Bayreuths in diesem Bereich nochmals unterstreicht.

Nach der groben Einteilung in die drei Wirtschaftssektoren erfolgt eine feinere Aufspaltung in die verschiedenen Wirtschaftszweige in Abb. 9. Den gewichtigsten Anteil haben hierbei die

Gebietskörperschaften mit 23,5 %. Deren Anteil ist deshalb so hoch, weil Bayreuth als Sitz der Regierung von Oberfranken einen doch großen Ämterstamm hält. Der Ämterapparat in der Stadt Bayreuth umfaßt neben der Stadtverwaltung und dem Landratsamt die zur Regierung gehörenden Ämter. Daneben ist Bayreuth Sitz anderer Verwaltungen für den Regierungsbezirk Oberfranken (Polizeidirektion, Oberforstdirektion, Amt für Landwirtschaft und Bodenkultur u.a.). Des weiteren sind als wichtige Arbeitgeber die Landesversicherungsanstalt Oberfranken und Mittelfranken sowie die Universitätsverwaltung zu nennen.

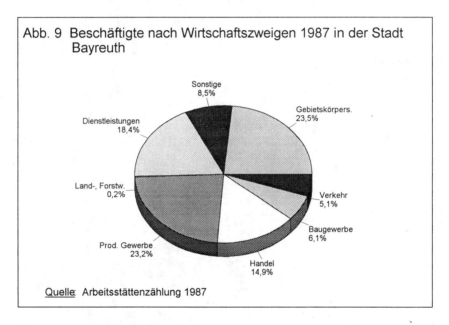

Abb. 9 Beschäftigte nach Wirtschaftszweigen 1987 in der Stadt Bayreuth

Quelle: Arbeitsstättenzählung 1987

Das Produzierende Gewerbe weist mit rd. 10.700 Beschäftigten einen Anteil von 23,2 % an der Gesamtbeschäftigtenzahl in Bayreuth auf. Dabei war zunächst auf die als eine der größten Arbeitgeber mit rd. 2.000 Beschäftigten vertretene Textilindustrie (1987) hinzuweisen. Hier erfolgte jedoch zu Beginn der 90-er Jahre ein dramatischer Einbruch, der mit der Schließung der Neuen Spinnerei Bayreuth (NSB) im Frühjahr 1992 seinen Höhepunkt erreichte. Dieser Bereich stellte vor allem für Frauen einen wichtigen Arbeitgeber dar, der Frauenanteil an den Beschäftigten lag bei 60 %. Den drittgrößten Anteil an den Beschäftigten haben die Dienstleistungen, gefolgt vom Handel. Baugewerbe und Verkehr sind mit 6,1 % bzw. 5,1 % vertreten. Mit Abstand den geringsten Anteil an den Beschäftigten haben Land- und Forstwirtschaft.

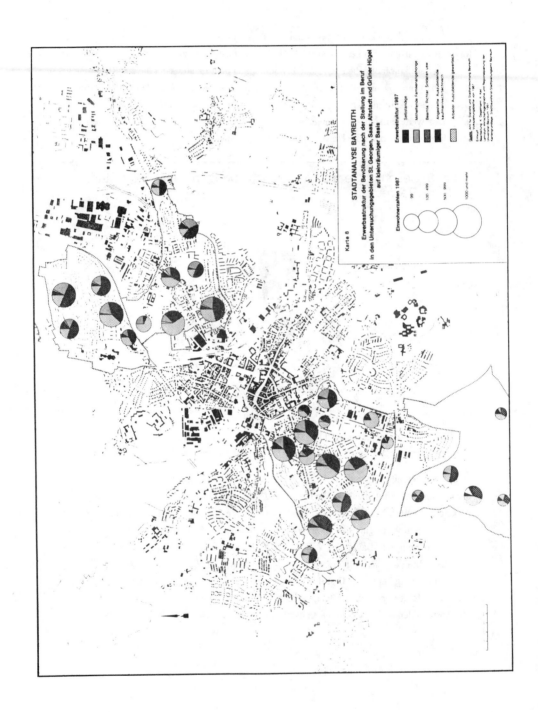

Karte 8 zeigt die Erwerbsstruktur der Bevölkerung auf kleinräumiger Basis in vier ausgewählten Stadtteilen Bayreuths.

3.2 Bedeutung und Funktion des Umlandes

3.2.1 Bevölkerungsentwicklung und -struktur im Landkreis Bayreuth

Gegenüber der Situation des Mittelalters mit einer klaren Trennung zwischen der Stadt bzw. ihren Marktrechten und den Umlandgemeinden hat sich, vor allem nach dem 2. Weltkrieg und besonders ausgeprägt in den 70-er und 80-er Jahren der Stadtrandwanderungsprozeß, die sog. Suburbanisierung auch im Falle Bayreuths vollzogen. Hauptgewinner waren neben den Stadtrandsiedlungen vor allem die um Bayreuth gelegenen Gemeinden des Landkreises Bayreuth.

Der Landkreis Bayreuth ist mit 1.273 qkm der flächengrößte Landkreis in Oberfranken, zugleich zählt er mit 78 Einwohnern/qkm zu den dünnbesiedelten Räumen in der Bundesrepublik. Die Raumstruktur wird durch disperse Siedlungsstrukturen, Streusiedlungsbereiche und ländliche Schwerpunktorte mit einer relativ geringen Bevölkerungskonzentration und meist unterer Versorgungs- und Arbeitsstättenzentralität geprägt. Im Landesentwicklungsprogramm Bayern wurden die Stadt Pegnitz als Mittelzentrum sowie die Städte Bad Berneck und Hollfeld als Unterzentren ausgewiesen. Durch die Regionalplanung der Planungsregion Oberfranken-Ost wurden zudem neun Kleinzentren (Betzenstein, Bindlach, Creußen, Fichtelberg/Warmensteinach, Gefrees, Pottenstein, Speichersdorf, Waischenfeld, Weidenberg) bestimmt. Von besonderer Bedeutung für die Raumstruktur ist jedoch die kreisfreie Stadt Bayreuth (Oberzentrum), die in hohem Grad mit dem Landkreis verflochten ist.[17]

Geht man zunächst vom Menschen als wesentlichen Gegenstand räumlicher Analyse aus, so mußte zwischen 1970 und 1989 Oberfranken als einziger bayerischer Regierungsbezirk einen Bevölkerungsrückgang von 2,2 % hinnehmen. Während von 1970 bis 1987 der Rückgang der Bevölkerung noch 3,9 % betrug, zeichnet sich ab Mitte der 80-er Jahre wieder ein leichter Bevölkerungszuwachs ab (zwischen 1988 und 1993 + 5,5 %).

---

17 vgl. Landratsamt Bayreuth, Nahverkehrskonzeption für den Landkreis Bayreuth 1991, S. 3 ff. sowie Schmidt, F., Entwicklungskonzept für den Landkreis Bayreuth unter besonderer Berücksichtigung des "5b-Programmes" der EG-Kommission, unveröff. Diplomarbeit am Lehrstuhl Wirtschaftsgeographie und Regionalplanung der Universität Bayreuth, Bayreuth 1992

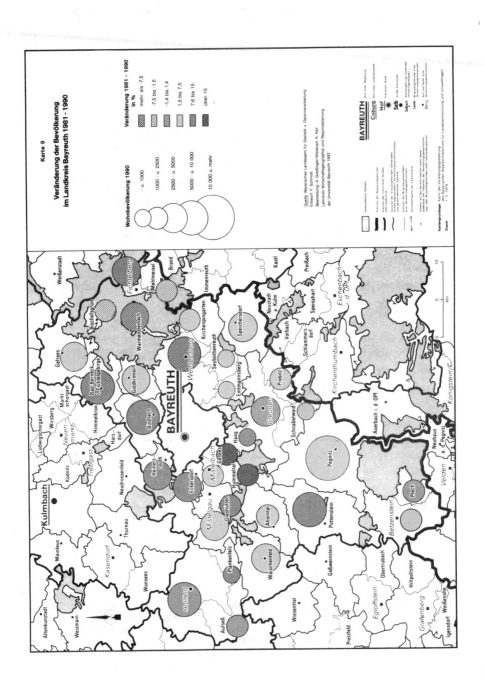

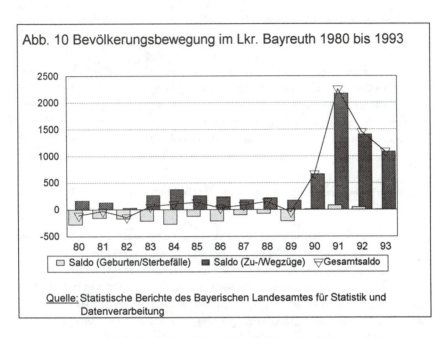

Regional stellt sich dabei ein äußerst differenziertes Bild dar: Besonders der Bamberger und Forchheimer Raum hatte zwischen 1970 und 1989 die höchsten Bevölkerungszuwächse zu verzeichnen; demgegenüber war fast der gesamte nordostoberfränkische Raum durch starke Abwanderung gekennzeichnet. Seit der Wiedervereinigung hat sich dies nun erheblich verändert und brachte auch in dieser Region deutliche Bevölkerungszunahmen. Die Stadt und der Landkreis Bayreuth wiesen jedoch schon vor dieser Phase Bevölkerungszuwächse auf - insbesondere die Stadt Bayreuth und umliegende Gemeinden - während vor allem der südliche und westliche Teil des Landkreises von eher stagnierenden oder leicht abnehmenden Bevölkerungszahlen geprägt war (vgl. Karte 9). Es zeigt sich - in einer groben Vereinfachung - daß sich vor der Wiedervereinigung innerhalb des Landkreises eine differenzierte Entwicklung mit Bevölkerungszuwächsen vor allem in suburbanen Gemeinden, stagnierende Bevölkerungsentwicklung in eher peripher gelegenen Städten und einem Bevölkerungsrückgang in den Fremdenverkehrsgemeinden des Fichtelgebirges vollzogen hat. Hervorgerufen durch die Wanderungsgewinne seit der Öffnung der Grenzen war in den meisten Gemeinden des Landkreises ein leichter Anstieg der Bevölkerungszahlen zu verzeichnen. Heute, nach dem sich diese durch die Wiedervereinigung hervorgerufenen, verstärkten Wanderungsbewegungen normalisiert haben, zeigt sich, daß besonders der wirtschaftlich dynamischere Norden des Landkreises weiterhin leichte Zuwächse zu verzeichnen hat. In den peripher gelegenen

Gemeinden des südlichen Landkreises stellt sich jedoch wieder die vor der Wiedervereinigung zu beobachtende stagnierende bzw. rückläufige Dynamik ein.

Betrachtet man die Bevölkerungsentwicklung des Landkreises etwas differenzierter - im Hinblick auf die Geburten und Sterbefälle sowie die Zu- und Wegzüge (Abb. 10) - so zeigt sich, daß von 1980 bis 1984 hohe Sterbeüberschüsse bestimmend waren, die aber seit 1985 allmählich durch Geburten ausgeglichen wurden. Bei den Zu- und Wegzügen ist auffallend, daß diese im Vergleichszeitraum stets positive Salden aufwiesen und dazu beitrugen, daß ab 1983 eine positive Bevölkerungsentwicklung (Gesamtsaldo) zu verzeichnen ist.

3.2.2 Suburbanisierung, oder: die zunehmende Verflechtung Bayreuths mit dem Umland

Die "Verlagerung von Nutzungen und Bevölkerung aus der Kernstadt, dem ländlichen Raum oder anderen metropolitanen Gebieten in das städtische Umland bei gleichzeitiger Reorganisation der Verteilung von Nutzungen und Bevölkerung in der gesamten Fläche des metropolitanen Gebietes"[18] wird in der Literatur als "Suburbanisierung" definiert. Dabei ist in der Bundesrepublik Deutschland nach einer besonderen Dynamik des suburbanen Raumes in den 70-er Jahren und einer gewissen Beruhigungsphase in den 80-er Jahren nun wiederum eine solche neue Entwicklungstendenz in das Umland der größeren Städte festzustellen. Dabei kann zwischen einer Bevölkerungs-, einer Industriesuburbanisierung und einer Suburbanisierung des tertiären Sektors unterschieden werden. Auf der einen Seite verdeutlichen sich hier die komplexen Auslöse- und Bedeutungsfaktoren ökonomischer (Boden- und Wohnpreisniveau) und soziokultureller Art (soziale Schichtung, Familienlebenszyklus usw.), auf der anderen Seite stellt Suburbanisierung als Folgeprozeß weitreichende Anforderungen etwa an die Bauleit- und Verkehrsplanung.

Für den Raum Bayreuth bedeutet Suburbanisierung zunehmende funktionale Verflechtungen zwischen der Stadt und dem Landkreis Bayreuth, weswegen es wenig hilfreich ist, die Stadt allein ohne ihr Umland zu betrachten, sondern der Raum Bayreuth sollte im Sinne des Gedankens der Kooperation als eine Region begriffen werden. Um die Suburbanisierung Bayreuths näher darzustellen, sollen im folgenden als Beispiele die Gemeinsamkeiten aber auch Unterschiede der Stadtrandgemeinden Bindlach, Hummeltal, Heinersreuth und Mistelgau herausgestellt werden.[19]

---

18 Friedrichs, J., Stadtanalyse, 2. Aufl., Opladen 1981, S. 170
19 vgl. Suburbanisierung im Raum Bayreuth, unveröff. Bericht zum Geländepraktikum, Lehrstuhl Wirtschaftsgeographie und Regionalplanung, Bayreuth 1993, S. 75f

Die vier Gemeinden hatten in der Entwicklung ihrer Bevölkerungszahlen einen deutlichen Anstieg unmittelbar nach dem zweiten Weltkrieg durch den Zustrom von Flüchtlingen und Heimatvertriebenen zu verzeichnen, während daran anschließend in den 60-er und 70-er Jahren eher eine Stagnation der Bevölkerungsentwicklung einsetzte. Erst im vergangenen Jahrzehnt konnten wieder Zuwächse beobachtet werden, die sich aber in ihrer Deutlichkeit in den verschiedenen Gemeinden völlig unterschiedlich präsentieren und somit auch unterschiedliche Ausmaße von Suburbanisierungstendenzen erkennen lassen.

Mit Abstand die größte Bevölkerungssuburbanisierung der vier Gemeinden besitzt Heinersreuth, wobei von 1980 bis 1988 gar eine Verdopplung der Einwohnerzahlen beobachtet werden konnte. In den anderen drei Gemeinden verlief diese Entwicklung bei weitem nicht so dramatisch ab, wobei die mäßigste Bevölkerungssuburbanisierung in Mistelgau stattfand (wohl ein Ergebnis auch der größeren Distanz zu Bayreuth). Die an Bevölkerung größte der Vergleichsgemeinden, nämlich Bindlach, fällt besonders durch die annähernd doppelte Anzahl von Betrieben und Beschäftigten auf, während hingegen die anderen, kleineren drei Gemeinden in diesem Bereich geringere Zahlen aufweisen.

Dabei bleibt jedoch zu betonen, daß der hohe Anteil, der im Produzierenden Sektor Beschäftigten in Bindlach auf eine weitgehende Industriesuburbanisierung schließen läßt, wohingegen etwa Hummeltal eher als Wohngemeinde mit verschiedenen, auch produzierenden Betrieben zu bezeichnen ist. Strukturell läßt sich deshalb auch im Gegensatz zu Bindlach in den anderen drei Gemeinden der höhere Anteil des tertiären Sektors erklären. Die Landwirtschaft scheint in den meisten Gemeinden zurückgedrängt worden zu sein und nicht mehr so eine bedeutende Rolle zu spielen.

In der Frage der Berufspendlerströme kann kaum überraschen, daß der größte Anteil von Arbeitnehmern repräsentiert wird, die nach Bayreuth auspendeln. In Bindlach sind es über die Hälfte aller Erwerbstätigen (55 % von insgesamt 2.565), die täglich nach Bayreuth fahren. Trotz aller Bemühungen zu neuen Wegen im ÖPNV wurde von den Pendlern als Hauptverkehrsmittel der eigene PKW benutzt.

Als weiteres Ergebnis läßt sich feststellen, daß der Anteil der direkt aus der Stadt Bayreuth Hinzugezogenen an den Gesamtzuwanderern in allen Gemeinden bei einem Viertel etwa gleich lag. In diesen Fällen kann also von einer direkten Stadt-Umland-Wanderung gesprochen werden. Dabei wurden zusammenfassend in allen vier Gemeinden als Gründe für den Wohnstandortwechsel hauptsächlich die "größere Wohnfläche", Vorteile der ländlichen Umgebung, berufliche Gründe und günstigere Bauland- und Mietpreise genannt. Der Prozeß der Suburbanisierung im Wohnbevölkerungsbereich wird vor allem von jungen Familien mit Kindern getragen. Nichtsdestotrotz nehmen daran aber auch Rentner und in zunehmendem Maße Studenten teil.

Als abschließendes Fazit muß bemerkt werden, daß die vier Gemeinden zum Suburbanisierungsbereich des Raumes Bayreuth gezählt werden müssen und zahlreiche, funktionale Verflechtungen mit dem Oberzentrum Bayreuth besitzen. Dabei scheint der Grad der Suburbanisierungsintensität mit der räumlichen (verkehrsgünstigeren) Nähe zu korrelieren. Denn während sich in den etwas entfernteren Gemeinden Mistelgau und Hummeltal die Entwicklung zurückhaltender verhält, lassen sich in den direkt an das Bayreuther Stadtgebiet angrenzenden Gemeinden Bindlach und Heinersreuth auch verstärkte Industriesuburbanisierungs- im ersteren Fall und Bevölkerungssuburbanisierungstendenzen im anderen Fall in den 80-er Jahren deutlich herausstellen.

Um nun die Veränderungen in sozialer und wirtschaftlicher Hinsicht in einer Gemeinde im suburbanen Raum um die Stadt Bayreuth zu erfassen, sollen nun als Fallbeispiele die Gemeinden Heinersreuth und Hummeltal kurz skizziert werden.

3.2.3 Heinersreuth und Hummeltal als zwei Fall-Studien der Stadt-Rand-Wanderung

Die Gemeinde Heinersreuth liegt westlich des Roten Mains an der Bundesstraße 85. Der Ort wird überragt von dem 396 m hohen Bleyer, der als Landschaftsschutzgebiet ausgewiesen ist. Die gesamte Gemeinde Heinersreuth hat eine Fläche von 1.282 ha und eine Einwohnerzahl von 3.839 Personen (1991). Die Zahlen verteilen sich auf die einzelnen Ortsteile wie folgt:

Tab. 4 Fläche und Einwohner der Gemeinde Heinersreuth 1994

Ortsteile	Einwohner	Fläche
Heinersreuth	1.998	303 ha
Altenplos	1.331	120 ha
Unterwaiz	271	344 ha
Cottenbach	239	515 ha

Quelle: Gemeinde Heinersreuth, Stand 1.11.94

Die Bevölkerungsentwicklung in Heinersreuth ist steigend; die Beschäftigungsentwicklung ist rückläufig, was auf eine starke Abnahme im Bereich der Landwirtschaft zurückzuführen ist.

Die Gemeinde Heinersreuth hat die Funktion einer Wohngemeinde. Aufgrund der vorhandenen privaten und öffentlichen Einrichtungen (z.B. Einzelhandels- und Handwerksbetriebe, Schule) sowie Verkehrsverbindungen nach Bayreuth sind Voraussetzungen für ein weiteres Wachstum der Gemeinde gegeben.

Bei der Bevölkerungsentwicklung ist auffallend, daß sich die Einwohnerzahl auch nach dem 1. Weltkrieg (1914 - 1918) erhöht hat. Der Bevölkerungszuwachs im Zeitraum von 1938 bis 1950 ist auf den Zustrom von Heimatvertriebenen nach dem 2. Weltkrieg zurückzuführen. In der Zeitphase danach sinkt die Einwohnerzahl, was mit dem damals allgemeinen Abwanderungstrend der Flüchtlinge zusammenhängt. Seit 1991 ist ein stetiger Anstieg der Einwohnerzahlen in Heinersreuth für die Bevölkerungsentwicklung kennzeichnend. Anzumerken ist, daß sich in der Zeitspanne zwischen 1980 und 1987 die Einwohnerzahlen mehr als verdoppelt haben.

Tab. 5 Bevölkerungsentwicklung der Gemeinde Heinersreuth 1900 - 1994

Jahr	Einwohner	Jahr	Einwohner
1900	705	1965	1.302
1910	837	1970	1.350
1919	860	1975	1.445
1925	917	1980	1.585
1938	1.003	1987	3.301
1946	1.186	1988	3.342
1950	1.207	1989	3.607
1960	1.175	1991	3.699
1961	1.230	1994	3.839

Quelle: Bayerisches Landesamt für Statistik und Datenverarbeitung (Hrsg.), Gemeindedaten, versch. Jahrgänge

Die Wirtschaftsstruktur der Gemeinde wird vom tertiären Sektor dominiert. Dabei sind dies in erster Linie Arbeitsplätze im Versorgungsbereich. Die Verteilung der Beschäftigten auf die Wirtschaftssektoren unterstreicht diese Funktion der Gemeinde Heinersreuth.

Tab. 6 Verteilung der Beschäftigten nach Wirtschaftssektoren in der Gemeinde Heinersreuth 1987

	I. Sektor	II. Sektor	III. Sektor	gesamt
Anzahl der Arbeitsstätten	2	20	58	80
Anzahl der Beschäftigten	26	135	208	369

Quelle: Bayerisches Landesamt für Statistik und Datenverarbeitung, Volkszählung 1987, München 1988

Im Ort spielen nur kleine und mittlere Gewerbebetriebe eine Rolle. Wie man aus Tab. 6 sieht, liegt der Schwerpunkt hinsichtlich der Arbeitsstätten sowie der Beschäftigten auf dem III. Sektor, also im Bereich der Dienstleistungen.

Heinersreuth weist bei den Einpendlern eine Zahl von 145 auf, wobei über 96 % Berufspendler sind. Einzugsgebiet von Heinersreuth ist Bayreuth, Eckersdorf, Neudrossenfeld und übrige Gemeinden der Landkreise Bayreuth und Kulmbach. Bayreuth macht dabei einen Anteil von 37 % bei den Einpendlern aus. 14,5 % aller Auspendler von Heinersreuth pendeln nach Bayreuth. Bei den Berufspendlern sind es 13,6 %, bei den Ausbildungspendlern 18,7 %, die nach Bayreuth auspendeln.

Die Bevölkerung der Gemeinde Heinersreuth stieg ständig an (vgl. Tab. 5). Dabei ist die Bevölkerungsverdoppelung im kurzen Zeitraum zwischen 1980 und 1987 auffallend. Dies ist hauptsächlich auf Zuwanderungen, v.a. aus der Stadt Bayreuth, zurückzuführen. Der ländliche Raum Heinersreuth wird besonders von Familien mit Kindern als Wohnstandort bevorzugt. Die Gründe für die Bevölkerungssuburbanisierung sind vorwiegend wohnungsorientiert, wobei aber auch die Nähe zur Stadt Bayreuth, wo viele der Berufstätigen ihren Arbeitsplatz haben, nicht unberücksichtigt bleiben darf. Daraus ergibt sich ein relativ starker Pendlerstrom zwischen Bayreuth und der Gemeinde Heinersreuth. Da die meisten Pendler ein privates Kraftfahrzeug benutzen, ergeben sich zunehmend Verkehrs- und Parkprobleme. So wird auch in Heinersreuth der Bau einer Umgehungsstraße diskutiert.

Heinersreuth ist nicht nur als Wohnstandort attraktiv, sondern erfährt auch zunehmendes Interesse bei Gewerbebetrieben, wie beispielsweise Domicil Möbel, Mösch-Fliesenmarkt, usw.. Allerdings vermißt die Bevölkerung Heinersreuths Einkaufsmöglichkeiten für Waren des täglichen Bedarfs. Das bedeutet, daß die Stadt Bayreuth auch weiterhin das Dienstleistungs-, Einkaufs- und Arbeitsplatzzentrum sowie Kulturzentrum bleiben wird. Dies hat sich nun seit 1993 durch die Errichtung mehrerer Verbrauchermärkte zwischen Heinersreuth und Altenplos geändert. Selbst Konsumenten aus Bayreuth fahren inzwischen dorthin.

Die Gemeinde Hummeltal (1993 mit 2.300 Einwohnern) ist am 1.4.1971 durch Zusammenschluß der ehemals politisch selbständigen Gemeinden Creez, Pettendorf und Pittersdorf entstanden. Hummeltal liegt ca. 10 km südwestlich von Bayreuth im Hummelgau. Der Name "Hummelgau" deutet auf die alte siedlungsgebundene Funktion der "Fränkischen Hundertschaft" hin. "Hummel" ist abzuleiten von "Hunthamal", dem Hundertschaftsgericht, also einer Cent.

Die Gemeinde hat sich in den letzten zwei Jahrzehnten von einer stangierenden, durch Abwanderung gefährdeten Gemeinde zu einer Wachstumsgemeinde gewandelt. Aufgrund der relativ günstigen Lage zu Bayreuth hat sich ein reger Zustrom von Neubürgern entwickelt. Die Bevölkerungszuwächse lagen dabei seit 1980 bei durchschnittlich 2,4 % pro Jahr.

Hauptursache dafür ist der seit Jahren positive Wanderungssaldo, der 1984 mit 158 Zugezogenen seinen absoluten Spitzenwert erreichte. In die gleiche Richtung weist auch die geringe Anzahl von Fortzügen des Jahres 1986, nämlich nur 63 Personen. Trotz bisweilen hoher Fortzugsraten ist seit 1977 die Zahl der Zuzüge deutlich größer.

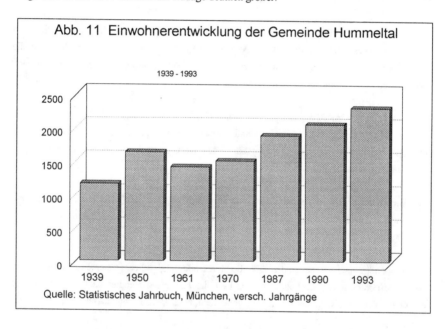

Die Gemeinde Hummeltal ist im Vergleich zu Gemeinden im Umkreis, wie z.B. Mistelbach oder Mistelgau, wirtschaftlich eher schwächer strukturiert. Es gibt zwar viele Kleinbetriebe, aber große Arbeitgeber fehlen. Hummeltal ist dafür als Wohngemeinde umso attraktiver, da Verschmutzerquellen nahezu völlig entfallen. Die Gesamtzahl der Gewerbebetriebe auf dem Gemeindegebiet beläuft sich auf 63.

Knapp ein Viertel der Arbeitsstätten, d.h. 18 Betriebe bzw. 29 % sind dem sekundären Sektor zuzurechnen. Sie stellen 68 der 198 Arbeitsplätze, also über ein Drittel. Die restlichen 45 Betriebe (71 %) sind alle dem tertiären Sektor zuzuteilen. Die größte Zahl von Arbeitsplätzen und Arbeitsstätten stellt die Sparte Dienstleistungen, wobei das Gastgewerbe (6 Betriebe/11 Beschäftigte) und die Rechts-, Steuer- und Wirtschaftsberater und -prüfer (3 Betriebe/11 Beschäftigte) die wichtigsten Arbeitgeber sind. Die Sparte Verarbeitendes Gewerbe steht im Arbeitsplatzangebot an zweiter Stelle. Hierbei machen das Ernährungsgewerbe (5 Betriebe/19 Beschäftigte) und das Holz-, Druck- und Papiergewerbe (4 Betriebe/15 Beschäftigte) den Hauptteil aus.

Bei der Struktur der Pendlerströme zeigt sich folgendes Bild:

Obwohl die Zahl von fast 200 Arbeitsplätzen relativ hoch ist, gibt es nur 52 Berufspendler nach Hummeltal. Dies entspricht 26,3 % der Arbeitsplätze und kann als ein weiterer Beleg für die überwiegend dörfliche Struktur der Gemeinde Hummeltal gewertet werden, wobei es sich überwiegend um Familienbetriebe handelt.

Aufgrund der in Hummeltal existierenden Volksschule (ein Teil der Grundschule ist in Gesees, ein Teil der Hauptschule in Mistelgau) sind über 60 % der insgesamt 137 Einpendler Ausbildungspendler aus den umliegenden Gemeinden des Schulsprengels, zu dem Gesees, Mistelgau und Glashütten gehören.

Da Hummeltal im Einzugsbereich der Stadt Bayreuth liegt, ist es zwangsläufig, daß dorthin 71,5 % der Auspendler fahren. Die darin enthaltenen Ausbildungspendler werden vermutlich größtenteils weiterführende Schulen besuchen.

Die Auspendler nach Gesees sind zu über 80 % Ausbildungspendler, was eine Folge der in Gesees unterrichteten Grundschulklassen ist. Fast die Hälfte der Pendler nach Mistelgau sind ebenfalls Ausbildungspendler, die überwiegend die dortigen Hauptschulklassen besuchen.

An den Auspendlerzahlen in die benachbarten Gemeinden kann man zudem deutlich erkennen, wo ein größeres Arbeitsplatzangebot existiert. Mistelbach und Eckersdorf haben je eine Niederlassung einer renommierten Textilfirma, in Mistelgau existieren mehrere große Betriebe. Dementsprechend hoch ist die Zahl der auspendelnden Berufstätigen dorthin. In Gesees ist dagegen kein größerer Betrieb angesiedelt.

Was nun die spezifischen Elemente dieser suburbanen Gemeinde angeht, so ist festzustellen, daß in Hummeltal ein Großteil der 1991 Befragten in den Jahren 1985 bis 1990 zugezogen ist (55 %). Dies ist ganz erheblich, wenn man bedenkt, daß es sich hierbei lediglich um einen

Zeitraum von fünf Jahren handelt, während sich die restlichen Neubürger (45 %) in einem Zeitraum von mehr als 15 Jahren in Hummeltal ansiedelten.

Die neu zugezogenen Einwohner kamen zu 70 % aus Bayern und teilen sich wie folgt auf: aus dem Stadtgebiet Bayreuth 22,5 %, aus dem Landkreis 30 % (davon 17,5 % Wohnortverschiebungen innerhalb Hummeltals) und aus dem übrigen Bayern 17,5 %. Ausschlaggebende Gründe für einen Zuzug nach Hummeltal waren vor allem berufliche Gründe und das Vorhandensein der ländlichen Umgebung, die es ermöglicht, Kinder in der Natur aufwachsen zu lassen und Haustiere zu halten (25 %). Doch auch die ruhige Wohnlage ist einer der wichtigen Gründe (22 %) sowie die attraktiven Grundstückspreise (20 %). Die Nähe zur Stadt fanden 17,5 % als ausschlaggebenden Grund für einen Umzug nach Hummeltal.

Wie das Beispiel Hummeltal verdeutlicht, zeigen sich vielschichtige, funktionale Verflechtungen zwischen der Stadt Bayreuth und den umliegenden Gemeinden. Deshalb scheint zukünftig eine gemeinsam gestaltete Entwicklungsplanung und interkommunale Zusammenarbeit der Stadt mit ihrem Umland sinnvoll und notwendig.

Auch wenn die Entwicklung der Gemeinde Hummeltal nur in Verbindung mit der Entwicklung des dominierenden Oberzentrums Bayreuth gesehen werden kann, ist es trotzdem angebracht, Überlegungen aus der Stadtrandgemeinde selbst zu entwickeln. Durch den verstärkten Zuzug der Bevölkerung im Rahmen des Suburbanisierungsprozesses ändern sich die Strukturen innerhalb der Gemeinde. Aus der gewachsenen Bevölkerungszahl ergeben sich neue Aufgaben für die Gemeinde, wie etwa die Ausweisung von Wohn- und Gewerbegebieten, ein neues ÖPNV-Konzept usw..

Nachdem Ende Dezember 1992 in der Diskussion mit den politischen Entscheidungsträgern und der Bevölkerung eine Konsensvision entwickelt wurde, konnten zur mittel- bis langfristigen Umsetzung des angestrebten qualitativen und quantitativen Gemeindewachstums folgende übergeordnete Entwicklungsziele festgelegt werden:

- Beseitigung von Entwicklungshemmnissen,
- Stärkung der Wirtschaft innerhalb der Gemeinde,
- Erhalt bzw. Verbesserung des Wohn- und Freizeitwertes der Gemeinde.

Aus diesen übergeordneten Zielen resultieren eine Reihe von Teilzielen:

- Sicherung der Trinkwasserversorgung in den einzelnen Ortsteilen,
- Erweiterung der Kapazität der Kläranlage in Mistelbach,

- Entlastung des innerörtlichen Kanalnetzes im Hauptort,
- Anschluß der Ortsteile Hinterkleebach und Muthmannsreuth an eine Kläranlage;

- Erhalt ortsansässiger landwirtschaftlicher Betriebe,
- Sicherung ortsansässiger Gewerbebetriebe,
- Ansiedlung neuer Gewerbebetriebe;

- Entwicklung eines neuen Gemeindezentrums im Hauptort,
- Verbesserung des Dienstleistungsangebotes (Einzelhandel und Handwerk),
- Verbesserung des ÖPNV,
- Ausgestaltung von Verkehrsflächen und Plätzen in den einzelnen Ortsteilen,
- Verschönerung des übrigen Ortsbildes (Gebäude, Gärten),
- Erweiterung des Kultur- und Freizeitangebotes sowie Förderung der Dorfgemeinschaft.

3.2.4 Versorgung im Einzelhandelsbereich als Beispiel für räumliche Konkurrenz und Chancen zur Eigenentwicklung

Bei den Betriebszahlen im Einzelhandel ist in den letzten Jahren in Oberfranken kein sehr starker Einbruch erkennbar. Insgesamt gibt es in den geringer besiedelten Landkreisen mehr Betriebe als in den dichter besiedelten Bereichen (etwa im Umlandbereich von Bayreuth). Dies läßt auf eine Persistenz bzw. eine eher geringe Rückgangquote kleinerer Betriebe in den peripheren Bereichen Oberfrankens schließen. In den Umlandbereichen der größeren Städte ist demgegenüber eine stärkere Orientierung der Bevölkerung am städtischen Angebot anzunehmen.

Die Verkaufsflächen im Einzelhandel sind in den peripheren Landkreisen und Gemeinden eher geringer als in den zentrennahen, wo schon ein stärkerer Ausbau von Einzelhandelsgroßprojekten abzulaufen scheint. Ein interessantes Ergebnis erbringt hier der direkte Vergleich der Situation in den Landkreisen Bayreuth und Kulmbach: Die Siedlungsstruktur, Bevölkerungsverteilung und die Größe des Landkreises Bayreuth fördert hier deutlich die Herausbildung lokaler Zentren, während die Gemeinden im kleineren Landkreis Kulmbach eher stärker auf das Angebot der Kreisstadt selbst ausgerichtet sind. Von den Branchen her scheint zumindest die Grundversorgung in den Gemeinden des Umlandes gesichert zu sein.

Die Untersuchung hat einen deskriptiven und einen analytischen Schwerpunkt. Fragestellungen, die es zu untersuchen gilt, sind etwa:

- Welche Trends kennzeichnen die Entwicklung des Einzelhandels im ländlichen Raum insgesamt und bei der regionalen und lokalen Umsetzung auf den Untersuchungsraum?

- Welche räumlichen Strukturen und Verteilungsmuster weist der Untersuchungsraum auf und welche Faktoren (z.B. Größe oder Lage der Gemeinde) beeinflussen diese?

- Wie beurteilt die Bevölkerung das Einzelhandelsangebot und dessen Zugänglichkeit (subjektive Einschätzung)?

Von der Nähe der Stadt Bayreuth geprägt sind die Umlandgemeinden dieser Städte. So wird etwa in Mistelgau und Heinersreuth schon seit längerer Zeit ein Großteil der Einkäufe im nahen Bayreuth erledigt, d.h. es haben relativ wenig Einzelhandelsgeschäfte in diesen Gemeinden ihren Standort. Diese Orientierung am Angebot der Stadt Bayreuth hat natürlich gravierende Auswirkungen auf die Versorgungssituation besonders der immobilen Bevölkerungsgruppen, v.a. angesichts der Probleme im ÖPNV. Bei Heinersreuth scheint dies nicht ganz so schlimm zu sein, da in neuerer Zeit im Gemeindegebiet sich mehrere Großprojekte niederlassen werden und zum anderen die Gemeinde direkt vor den Toren Bayreuths liegt, die Wege also relativ kurz und Versorgungsprobleme daher nicht in so starkem Maße anzunehmen sind. In den peripheren Gemeinden ist dagegen im Einzelhandel eher eine Persistenz traditioneller Betriebe festzustellen, ebenso wie die Konzentration der Betriebe im Hauptort.

Nach Einschätzung der befragten Bevölkerung 1992 kann in peripheren Standorten kaum von einer Unterversorgung ausgegangen werden, auch nicht innerhalb der Ortsteile. Das soll nicht heißen, daß die Versorgung im peripheren Raum durchweg optimal ist, aber eine gewisse Persistenz vermag den Versorgungsstandard noch aufrechtzuerhalten. Stärkere Probleme gibt es dagegen in den zentrumsnäheren Gemeinden, deren Bevölkerung offensichtlich schon lange auf das mit dem PKW leicht zu erreichende Versorgungszentrum Bayreuth ausgerichtet ist. Dort dürften immobile Bevölkerungsgruppen schon eher Nachteile bei der Versorgung, insbesondere der Grundversorgung, hinzunehmen haben.

Die zum Teil deutlichen Strukturschwächen in einem ländlichen Raum wie etwa Oberfranken, die objektiv als Versorgungsprobleme gewertet werden können, führen demzufolge nicht unbedingt auch zu subjektiven, d.h. von der Bevölkerung als solche wahrgenommenen Versorgungsdefiziten. Es gilt als Schlußfolgerung daraus abzuleiten, daß insbesondere in den peripheren Gemeinden die Standortbedingungen für die noch relativ gut erhaltene Einzelhandelsstruktur gesichert werden müssen. Die Entwicklung in den zentrennahen Gemeinden hin zu einer Stadtorientierung auch bei der Grundversorgung ist wahrscheinlich ebenso wenig aufzuhalten wie der sehr wahrscheinlich noch anwachsende Ansiedlungsdruck von Großprojekten im Umland der größeren Städte.

Wenn überhaupt, dann ist von einer Unterversorgungstendenz nur in den kleineren Gemeindeteilen auszugehen. V.a. im Bereich des ÖPNV scheint ein weiterer Ausbau unumgänglich, wird dieser von der Bevölkerung doch als wichtiges Problem deutlich. Dadurch wird auch den immobilen Bevölkerungsgruppen die Möglichkeit gesichert, im nächstgelegenen Zentrum bzw. im Hauptort der Gemeinden einzukaufen.

3.3 Kultur und Kultureinrichtungen in Bayreuth

Die ökonomische Bedeutung der Kultur hat seit den 80-er Jahren stark zugenommen. Im Gegensatz zu den 70-er Jahren, in denen Kultur als reiner Ausdruck soziokultureller Interessen und für die Stadtentwicklung als "Mittel der Gegensteuerung gegen eine einseitige Ökonomisierung der Stadt"[20] gesehen wurde, wird "Kultur" heute oft gezielt als Mittel der Wirtschaftsförderung und der Imagepflege eingesetzt. Auch Bayreuth hat den Wert von Kunst und Kultur für die Stadt erkannt. Das Kulturangebot der Stadt Bayreuth als Mittelstadt liegt "an der oberen Grenze". Auch für Bayreuth und deren ökonomische Entwicklung hat die Attraktivität der Kultur als Standort- und Imagefaktor eine große Bedeutung. Nicht nur die Gaststätten, Hotels und der Einzelhandel profitieren von den Besuchern der kulturellen Ereignisse, sondern auch die Bewohner Bayreuths durch die Erweiterung des kulturellen Angebotes einerseits und auch durch die Neuansiedlung von Gewerbe und Industrie sowie die damit bedingte Neuschaffung und Sicherung von Arbeitsplätzen andererseits. Dies kommt letztendlich der gesamten Wirtschaft durch den Beitrag zur Erhöhung des Bruttosozialproduktes zugute.

Die Zukunfts- und Entwicklungschancen einer Stadt hängen neben den Standortfaktoren auch weitgehend davon ab, welches Vorstellungsbild die Öffentlichkeit von einer Stadt hat. "Das Image einer Stadt ist genauso lebensbestimmend wie etwa die Wasserversorgung, die Steuereinnahmen und die Infrastruktur. Eine Stadt braucht ein gutes Image, wenn sie erstens Industrie ansiedeln will, zweitens den Fremdenverkehr aktivieren will und drittens Kongresse und überregionale Veranstaltungen (Sport und Kultur) durchführen will, und wenn sie will, daß der Bürger sich mit einer Identifizierbarkeit in seiner Stadt wohlfühlt ..."[21].

Vor den wirtschaftlichen Aspekten der Kultur darf die Lebensbezogenheit des Kulturverständnisses jedoch nicht außer Acht gelassen werden. Das beliebteste "Kulturergeignis" Bay-

---

20 Schöneich, M., Kultur für wen - Kultur wozu?, in: Der Städtetag, H. 6, 1988, S. 388
21 Gehrke, M., Open Air Kultur: Imagepflege oder Firlefanz?, in:Der Städtetag, H. 1, 1988, S. 33

reuth's als weltbekannte Festspielstadt stellen die Richard-Wagner-Festspiele dar. In den anderen kulturellen Veranstaltungshäusern wurden im Jahre 1990 dabei 390.979 Besucher gezählt. Auch für die Museen ließ sich eine steigende Tendenz der Besucherzahlen ermitteln. Damit kann der steigende Wert der Kultur als Entwicklungsfaktor der Stadt Bayreuth unterstrichen werden. Es wird auch deutlich, daß die Stadt Bayreuth ihre künstlerische und kulturelle Leistungskraft entwickelt hat, wenngleich hier sicherlich noch weitere Bemühungen notwendig sind.

Bild 7 Bayreuths kulturelles Zentrum - das Richard-Wagner-Festspielhaus am "Grünen Hügel"

3.3.1 Richard-Wagner-Festspiele als Basis und Flaggschiff

Mit der Wahl Bayreuths als Aufführungsort für seine Musik legte Richard Wagner 1871 den Grundstein für den hohen internationalen Bekanntheitsgrad der Stadt. Da dieser kulturelle Wert anerkannt und alljährlich in den Medien dargestellt wird, sollen hier nur die wirtschaftlichen Effekte der Festspiele für Bayreuth und seine Umgebung angeführt werden.

Zum einen beschäftigen die Festspiele 65 ständige Mitarbeiter, deren Zahl während der Spielzeit auf 770 mitwirkende Künstler, Komparsen und Arbeitskräfte ansteigt. Der finanzielle

Personalaufwand in Höhe von 9 Mio. DM - bei jährlichen Gesamtausgaben von 11 Mio. DM - landet Schätzungen zufolge mit 5 Mio. DM wieder in Bayreuth und Umgebung und bringen somit bereits hohe Umsatzeffekte auf der ersten Stufe. Diese Effekte werden durch Ausgaben der Festspielgäste noch verstärkt. So ermittelte eine Befragung unter Festspielgästen (n = 470) 1992 folgendes Ausgabeverhalten:

Im Durchschnitt gab ein Bayreuth-Besucher 1992 während seines Aufenthaltes 1.056 DM aus. Auf Übernachtungen entfielen täglich 120 DM, Verpflegung schlug ebenso pro Tag mit 85 DM zu Buche, für Verkehrsmittel gab ein "durchschnittlicher Besucher" täglich 20 DM aus. Für Festspielkarten zahlten die Besucher mehr als 300 DM, pro Tag verwendete der Durchschnitts-Wagnerianer zwischen 50 und 100 DM für Einkäufe.

Zum Einkaufsverhalten ist noch hinzuzufügen, daß 53 % aller Befragten keine Einkäufe tätigen. Dessen ungeachtet sah der Bayreuther Einzelhandel (v.a. Feinkost, Bäckereien, Metzgereien, Blumen, Schmuck, Tonträger, Mode, Parfümerien) in der Befragung 1992 zu 20 % wesentliche Auswirkungen des Festspielbetriebes auf seinen Umsatz. Somit bewirken auch die Ausgaben der Festspielbesucher erhebliche Kaufkraftgewinne für die Region.

Neben dem Festspielpublikum haben Tagestouristen, Tagungs- und Kongreßteilnehmer sowie Geschäftsreisende für das Hotellerie- und Gaststättengewerbe zunehmende Bedeutung. Die Neubauten der Hotels in Bayreuth sind auf diese Gästekategorie ausgerichtet. Interessant ist dabei die Frage, wer das Geld nach Bayreuth bringt und wie man diesen Gästen den Aufenthalt so angenehm wie möglich gestalten kann, was das Fremdimage von Bayreuth steigern kann. Zu diesem Zweck wird nun die Struktur der auswärtigen Festspielbesucher genauer untersucht.

Die anhand der Kriterien Bildung, ausgeübter Beruf sowie monatliches Nettoeinkommen erfragte sozioökonomische Struktur weist das Publikum überwiegend als gehoben aus, trotz mancher Abweichungen (vgl. Abb. 12 u. Abb. 13).

Der Vergleich der Altersstruktur der Befragten aus den Erhebungen 1992 mit den Ergebnissen von 1959 und 1980 zeigt für die 80-er Jahre eine Verschiebung der Altersstufen nach oben hin während zwischen 1959 und 1980 eine Verjüngung des Publikums stattfand. Eine genauere Untersuchung müßte hierfür die Gründe analysieren, es liegt jedoch eine Verbindung mit historisch-politischen Ereignissen (Nachkriegszeit), der Wirtschaftslage und dem gesellschaftlichen Stellenwert nahe.

1992 kamen 17 % der befragten Festspielgäste aus dem Ausland, wobei auf Schweizer, Österreicher, Franzosen und Amerikaner die größten Anteile entfielen, somit also eine Konzentration auf (west-)europäische Besucher festzustellen war. Von den Besuchern aus Deutschland rekrutierte sich der Hauptteil aus Bayern (insgesamt 37 % der Befragten), jedoch waren auch Gäste aus Nord-Rhein-Westfalen mit 18 % der Befragten stark vertreten. Aus den anderen (alten) Bundesländern sind jeweils geringere Besucherzahlen zu verzeichnen als aus den genannten Ländern. Aus den neuen Bundesländern kamen nur gut 1 % der Gäste. Bei Besserung der wirtschaftlichen und damit finanziellen Lage besteht hierin sicherlich ein großes Potential für "die Warteliste der Kartensuchenden".

Im Gegensatz zum Trend Tagestourismus mit kurzer Verweildauer am Ort weisen die befragten Festspielgäste häufig eine längere Aufenthaltsdauer auf: Sie betrug 1992 rd. 7 Tage, mit einer Konzentration auf den Bereich 4 bis 7 Tage. Als wichtigste Beherbergungsart ist hier das Hotel zu nennen (65 % der Befragten), Pensionen und Gasthöfe (14 %), Privatunterkünfte (14 %) und Unterkunft bei Freunden und Verwandten (6 %) spielen eher eine untergeordnete Rolle. Bei der Wahl der Unterkunft (ohne Übernachtung bei Freunden und Verwandten) ist das verfügbare Einkommen von Bedeutung. So nächtigen Gäste mit einem höheren monatlichen Nettoeinkommen (ab 4.500 DM) verstärkt in Hotels, während Personen mit einem monatlichen Nettoeinkommen unter 4.500 DM eher Pensionen bevorzugen.

Aus der Sicht der ansässigen Gastronomie, Hotellerie, des Einzelhandels usw. ist die lange Verweildauer ein begrüßenswerter Faktor, sie beinhaltet aber auch die Pflicht zur Schaffung eines möglichst angenehmen Klimas und Angebotes. Denn immerhin 36 % der befragten Festspielgäste verbinden mit den Festspielen einen Urlaub, wobei ihn davon ca. 75 % in Bayreuth oder Umgebung verbringen. Des weiteren besuchte der überwiegende Teil der befragten Gäste nur eine Aufführung. In Verbindung mit der langen mittleren Verweildauer könnten mit einem der sozioökonomischen Struktur der Gäste angepaßten Rahmenprogramm die freien (Urlaubs-)Tage attraktiv gestaltet werden. So nimmt schon jetzt die Hälfte der Befragten an ihren freien Tagen andere festspielunabhängige Kulturangebote wie Museen, Ausstellungen und ähnliches wahr. Auch der Besuch von Restaurants oder Cafés sowie Wandern oder Spazierengehen zählt zu den meistgenannten Freizeit-Aktivitäten. Durch die Optimierung des festspielunabhängigen Angebotes könnten die Festspielgäste, die der Befragung zufolge Bayreuth nur der Festspiele wegen besuchen, eventuell zu einem Besuch der Stadt außerhalb der Spielzeit motiviert werden.

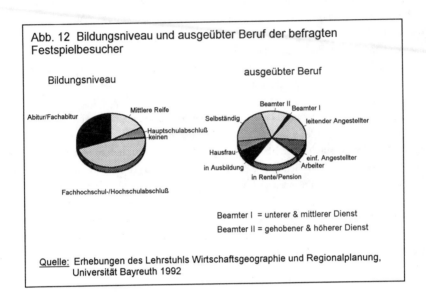

Abb. 12 Bildungsniveau und ausgeübter Beruf der befragten Festspielbesucher

Beamter I = unterer & mittlerer Dienst
Beamter II = gehobener & höherer Dienst

Quelle: Erhebungen des Lehrstuhls Wirtschaftsgeographie und Regionalplanung, Universität Bayreuth 1992

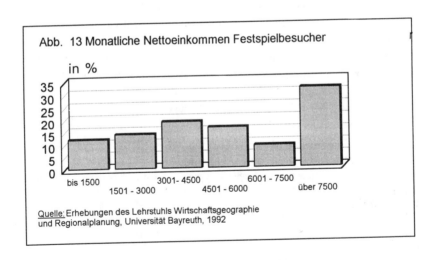

Abb. 13 Monatliche Nettoeinkommen Festspielbesucher

Quelle: Erhebungen des Lehrstuhls Wirtschaftsgeographie und Regionalplanung, Universität Bayreuth, 1992

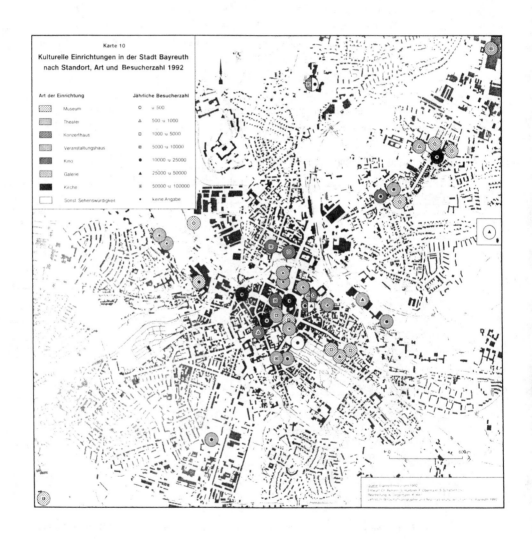

3.3.2 Kultureinrichtungen im Überblick

Als weltbekannte Festspielstadt rangieren in Bayreuth dem Bekanntheitswert nach die Richard-Wagner-Festspiele an erster Stelle. Pro Jahr werden 30 Aufführungen veranstaltet. Die Anzahl der verkauften Eintrittskarten ist in den Jahren 1988 bis 1990 von 54.954 auf 55.023 Karten leicht angestiegen. Daneben existieren die Internationalen Jugendfestspiele und zahlreiche andere Vergnügungs- und Unterhaltungsveranstaltungen wie das Frühlings-, Herbst-, Volks- und Bürgerfest sowie das Sommerfest in der Eremitage.

Für Theater, Konzerte und andere kulturelle Veranstaltungen stehen dazu zahlreiche Häuser zur Verfügung. Die wichtigsten sind:

Tab. 7 Kulturelle Einrichtungen in Bayreuth

Einrichtung	Sitzplätze
Festspielhaus	1.925
Markgräfliches Opernhaus	491 + 32 Stehplätze
Stadthalle (Großes Haus)	930 Sitzplätze + 50 Orchesterplätze
Stadthalle (Kleines Haus)	291
Europasaal des Internationalen Jugendkulturzentrums	435
Studiobühne Bayreuth	170
Römisches Theater (Eremitage)	240
IWALEWA-Haus	160
Reichshof-Filmtheater	496
Kino-Center	468
Rex-Movie	212
Schloßkirche Bayreuth	500
Schloßturmsaal Bayreuth	200
Aula der kulturwiss. Fakultät	280
Oberfrankenhalle	3.970

Auch für die Museen ließ sich eine leicht steigende Tendenz der Besucherzahlen ermitteln. Diese stellen sich von 1988 bis 1990 folgendermaßen dar:

Tab. 8 Entwicklung der Gesamtbesucherzahl in ausgewählten Kultureinrichtungen der Stadt Bayreuth

	1991	1992	1993
Markgräfliches Opernhaus	34.000	33.619	45.092
Neues Schloß	15.250	14.141	12.872
Schloßbesitz Eremitage	41.862	36.000	34.717
Richard-Wagner-Museum	44.830	43.842	42.069
Stadtmuseum	3.822	3.696	k.A.
Deutsches Freimaurermuseum	2.656	3.540	2.053
Museum für bäuerliche Arbeitsgeräte	6.499	7.750	6.608
IWALEWA-Haus	nicht erfaßt	nicht erfaßt	nicht erfaßt
Brauerei- und Büttnerei-Museum	20.442	24.847	20.174

Quelle: Statistisches Jahrbuch der Stadt Bayreuth, 1993

Darüber hinaus bieten zahlreiche kulturelle Einrichtungen, die Banken-/Sparkassen-Institute sowie die BAT eine Vielzahl von unterschiedlichen Ausstellungen zu verschiedenen Themenbereichen. Karte 10 gibt einen Überblick über die kulturellen Einrichtungen in der Stadt Bayreuth nach Standort, Art und Besucherzahl (Stand 1992), mit einer hohen Dichte in der Innenstadt (innerhalb des Stadtrings) sowie in St. Georgen.

3.3.3 Oberfrankenhalle und Studio-Bühne als Beispiele für das breite Spektrum von Kultur und Sport

Aus der breiten Palette von Einrichtungen der Kultur, Kunst und des Sports, alles Einrichtungen, die in der Standort-Diskussion heute zu den besonders hoch bewerteten sog. weichen Standortfaktoren zählen, die die Attraktivität der Stadt und das Image prägen, sollen auswahlweise die Oberfrankenhalle und die Studio-Bühne ausgewählt werden.

Die Oberfrankenhalle wurde bereits im Jahre 1970 im Rahmen des Sportzentrums geplant. Man setzte dabei die Wettkampf- und Veranstaltungshalle bewußt an die letzte Stelle, um zunächst durch den Bau von Trainingsstätten die Voraussetzungen für eine spätere Auslastung der großen Halle zu schaffen. Zudem wurde bei der Planung auch der Schulsport berücksichtigt, da die Halle ab sofort den beiden nahegelegenen Schulen zur Verfügung gestellt werden sollte. Im Oktober 1988 wurde die Oberfrankenhalle fertiggestellt und am Samstag, den 29. Oktober 1988 mit einer Einweihungsfeier in Betrieb genommen. Am darauffolgenden

Sonntag folgte mit dem Konzert von James Last die erste kulturelle Veranstaltung. Die Gesamtbaukosten beliefen sich auf 26 Mio. DM. Eigentümerin ist die Stadt Bayreuth. Ursprünglich war eine ca. 80 %-ige Nutzung durch den Sport vorgesehen. Lediglich 20 % sollten für andere Veranstaltungen reserviert sein. Die tatsächliche Belegung sieht inzwischen wie folgt aus:

Sportveranstaltungen	ca. 60 %,
Konzertveranstaltungen	ca. 30 %,
Kongresse	ca. 10 %.

Insgesamt ist eine Auslastung von über 80 % gegeben durch Schul- und Vereinssport, Wettkämpfe, Konzerte und Kongresse, ein beachtlicher Wert!

Die in der Oberfrankenhalle stattfindenden Sportveranstaltungen haben überwiegend regionalen Charakter. Alle sonstigen Veranstaltungen dagegen können durchwegs als überregional bezeichnet werden. Ein großer Teil der Besucher rekrutiert sich aus den neuen Bundesländern (speziell bei Volksmusikveranstaltungen). Die Besucherstruktur ist dabei veranstaltungsabhängig. Es hat sich gezeigt, daß sich die Besucherzahl bei Basketballspielen bei ca. 1.300 bis 1.500 eingependelt hat, während die meisten Rockkonzerte mit über 5.000 Besuchern ausverkauft sind. Der Einzugsbereich umfaßt in aller Regel neben dem Raum Bayreuth auch das übrige Oberfranken und die nördliche Oberpfalz und bezieht bei vielen Veranstaltungen Reichweiten von Nürnberg bis Würzburg mit ein.

Aus der Sicht der Verwaltung wäre es sicher wünschenswert, Fernsehshows in die Oberfrankenhalle zu holen. Die Realisierung dieses Wunsches scheitert in erster Linie daran, daß für die Produktion einer solchen Fernsehshow mindestens 3 Wochen benötigt werden. Aufgrund der regelmäßigen sportlichen Nutzung der Halle ist eine so lange Mietdauer nicht möglich. Insgesamt ist die Oberfrankenhalle ein gelungenes Projekt, deren Bau, im nachhinein betrachtet, für Bayreuth unbedingt erforderlich war.

Das zweite Beispiel aus dem Kulturbereich der Stadt, bezieht sich auf die Studiobühne. In den 70-er Jahren schließt sich die Bindlacher Theatergruppe zusammen, eine Laienspielgruppe, die vor allem Mundarttheater aufführt. Die Gruppe ist relativ erfolgreich und man beschließt deshalb, 1976 beim Jugendfestspieltreffen in Bayreuth den "Aktivkurs Fränkisches Mundarttheater" anzubieten. Werner Hildenbrandt, der in erster Linie wegen der Richard-Wagner-Festspiele nach Bayreuth kommt, bewirbt sich bei dem Aktivkurs als Regieassistent. Die Mundart-Gruppe verzeichnet Erfolge und so wird der Kurs in den Jahren von 1977 bis 1979 wiederholt ausgeschrieben. Werner Hildenbrandt übernimmt weiterhin die Regie. Inzwischen haben sich die Kursteilnehmer zu einem relativ festen Ensemble zusammengefunden und als 1980 das Mundarttheater nicht mehr fortgesetzt wird, entschließen sie sich, ein eigenes Theater ins Leben zu rufen.

Zur gleichen Zeit gründet Adolf Brunner das Weidenberger Kinder- und Jugendtheater - aus dem sich später der "Brandenburger Kulturstadl" bildet - und gastiert nun öfters in Bayreuth im Schützenhaus in der Eubener Straße. Die frühere Mundartspielgruppe um Werner Hildenbrandt beschließt nun, diesen Saal ebenfalls als Bühne zu nutzen. Ab 1980 besteht die Einrichtung "Theater im Schützenhaus". Dabei führt die Gruppe um Adolf Brunner Kinder- und Jugendstücke auf, während die Gruppe um Werner Hildenbrandt das Erwachsenenprogramm und die Abendvorstellungen gestaltet. Diese Lösung kann aber nur als Provisorium angesehen werden, da im Schützenhaus weder ein Büro, noch geeignete Probenräume zur Verfügung stehen. Man ist also auch weiterhin auf der Suche nach geeigneteren Räumen.

Am 29. März 1981 wird der Verein "Freundeskreis Studiobühne Bayreuth e.V." gegründet. Dieser soll die Schauspielgruppe sowohl ideell als auch finanziell unterstützen und zugleich auch eine Bezuschussung von seiten der Kommune ermöglichen. Am 20. Februar 1983 findet die offizielle Einweihung der "Studiobühne Schützenhaus" statt. Doch das Problem der Raumfrage bleibt weiterhin bestehen. Erst im Januar 1988 hat die Theatergruppe die Möglichkeit, das Gebäude an der Röntgenstraße anzumieten, in dem sie noch heute ihren Sitz hat. Das Haus, ein ehemaliges Offizierskasino weist funktionell gesehen zwar mehrere Mängel auf, wird vom Publikum aber sehr gut angenommen. Seit dem Umzug nennt sich das Theater nur noch "Studiobühne Bayreuth".

In der Studiobühne sind meist zwischen sechs und sieben Personen fest angestellt. In der Verwaltung werden drei bis vier Personen beschäftigt. Zusätzlich ist noch ein Techniker vollberuflich in der Studiobühne tätig und eine für den pädagogischen Bereich zuständige Person. Eine Kostümbildnerin ist als Halbtagskraft angestellt. Die Schauspieler sind keine Profis, sondern sie kommen aus allen Berufschichten, haben jedoch inzwischen ein hohes Niveau erreicht. Das Konzept der Studiobühne besteht darin, sich mit möglichst hohem persönlichen Engagement und geringem materiellen Aufwand weitestgehend selbst zu tragen. Gewinne werden demnach nicht erwirtschaftet. Bundesweiten Erhebungen zufolge erlangen deutsche Theater durchschnittlich nur höchstens 20 % ihrer Aufwendungen durch eigene Einnahmen. Die restlichen Mittel müssen von dritter Seite, insbesondere von den Kommunen aufgebracht werden. Folgerichtig wird die Studiobühne mit jährlich etwa 100.000 DM unterstützt und ist somit der mit den höchsten Barzulagen geförderte kulturschaffende Verein der Stadt Bayreuth. Weitere finanzielle Unterstützung erhält die Studiobühne durch den Verein "Freundeskreis Studiobühne

Bayreuth e.V.", der es sich zur Aufgabe gemacht hat, den Wert, den die Studiobühne als Kultureinrichtung für die Bayreuther Bürger darstellt, zu erhalten.

Trotzdem ist die Finanzierung eines der Hauptprobleme. Und ohne die Bereitschaft der Schauspieler, auch ohne angemessene Bezahlung mitzuwirken, wäre die Studiobühne wohl finanziell dem Untergang geweiht. Die Anzahl der Aufführungen in der Saison - Spielzeit von Mitte Oktober bis Ende August - liegt bei ca. 160. Sechs der acht Inszenierungen in diesem Zeitraum sind Neuinszenierungen. Das Programm der Studiobühne reicht dabei von klassischen über moderne Stücke bis hin zu Gegenwartsstücken. Neben den Aufführungen im eigenen Haus ist die Studiobühne auch mit Beiträgen zu öffentlichen Veranstaltungen in der Stadt und Umgebung vertreten. Sie bereichert Veranstaltungen von Vereinen, öffentlichen Institutionen oder Privatleuten. Bei Tagungen, Konferenzen oder privaten Feiern bietet die Studiobühne die Möglichkeit, die Gestaltung des Rahmenprogrammes zu übernehmen. Im Sommer werden etwa von der Studiobühne das Hoftheater im Steingraeber-Palais und das Römische Theater in der Eremitage bespielt. Daneben leistet die Studiobühne als Ausbildungsbetrieb im pädagogischen Bereich wichtige städtische Kulturarbeit. So bietet sie verschiedene Kurse an der Volkshochschule an, wie z.B. Lehrgänge für Körpersprache, Bewegung, Tanz, Pantomime usw..

Die Studiobühne möchte in erster Linie Schüler und Studenten ins Theater holen, aber auch das "Fernsehpantoffelpublikum" anlocken. Ein weiteres Zielpublikum ist das typische "Stadthallenpublikum", das einen hohen Nachholbedarf haben müßte, weil es in Bayreuth kein eigenes Stadttheater gibt. Die meisten Besucher erfahren von Aufführungen der Studiobühne durch Empfehlungen von Bekannten. Wie sehr die Studiobühne heute vom Publikum geschätzt wird, zeigt sich an den steigenden Besucherzahlen der letzten Jahre. Auch die anderen Theater in Bayreuth verzeichnen eine wachsende Nachfrage. Zwischen den Theatern in Bayreuth - neben der Studiobühne sind dies der "Brandenburger Kulturstadl", das "Kleine Theater" und die Gastspiele auswärtiger Theatergruppen in der Stadthalle - herrscht somit kein Kokurrenzdruck, sondern eher eine gegenseitige Animation der Zuschauer.

3.4 Die Universität Bayreuth als neuer Impuls für wirtschaftliche und soziale Entwicklungen

Wie bereits erwähnt, hat die Universität Bayreuth seit ihrer Planung und Gründung einen nicht unwesentlichen Einfluß auf die Stadtentwicklung Bayreuths in den letzten 20 Jahren ausgeübt. Sie kann daher zurecht als ein Baustein für Bayreuths heutige und zukünftige Struktur angesehen werden und verdient deshalb hier auch eine eingehendere Betrachtung.

3.4.1 Entwicklung und Strukturen

Im Jahr 1969 wurden die ersten politischen Initiativen unter dem damaligen Oberbürgermeister Hans Walter Wild in Bayreuth gestartet, um die Vorstellung einer Universität in Bayreuth Wirklichkeit werden zu lassen. Im darauffolgenden Jahr wurde der "Universitätsverein Bayreuth" gegründet. 1971 beschloß dann der Bayerische Landtag ein Gesetz zur Gründung der Universität Bayreuth und 1973 folgte die Grundsteinlegung der Hochschule als weitere sog. "Grenzlanduniversität", neben Regensburg und Passau, in den peripheren, strukturschwachen Räumen Bayerns. Neben dem bildungspolitischen Ziel kam damit das regionalpolitische Ziel der Entwicklung der Region Oberfranken-Ost einen weiteren Impuls zu setzen, hinzu, im Unterschied zu den meisten, klassischen, in Großstädten angesiedelten Universitäten, deren Aufgaben sich an der Bildungspolitik orientieren.

Am 27. November 1975 begann mit der Eröffnungsfeier der erste, offizielle Lehrbetrieb der Universität Bayreuth zum Wintersemester 1975/76. In diesem Semester wurde der "Fachbereich Erziehungswissenschaften Bayreuth der Universität Erlangen-Nürnberg" in die Universität Bayreuth umgegliedert und die Ausbildung für das Lehramt an bayerischen Schulen in den Gebäuden der ehemaligen Pädagogischen Hochschule am Geschwister-Scholl-Platz (GSP) aufgenommen.

Die ersten Bauten am Universitätscampus entstanden im Stadtteil Birken. Die Gebäude für Geowissenschaften und Naturwissenschaften I waren der Startpunkt für die bis heute andauernde Fortentwicklung der städtebaulichen Tätigkeiten am Campusgelände. So konnten 1987 die Zentralbibliothek und das Sportzentrum auf dem Universitätsgelände bezogen werden, im Jahr 1992 wurde das Gebäude Geisteswissenschaften II fertiggestellt. Heute ist der Endausbau der Universität Bayreuth fast erreicht. Die Bauten für das Geoinstitut und Verwaltung waren wohl die letzten größeren Bauvorhaben.

Der Lehrbetrieb im Wintersemester 1975/76 begann, für heutige Verhältnisse unvorstellbar, mit lediglich 625 Studenten. Abb. 14 zeigt jedoch die weitere, rasche Entwicklung der Studentenzahlen an der Universität Bayreuth. Dabei war ein stetiges, kräftiges Wachstum der Studentenzahlen in den gesamten 80-er Jahren zu verzeichnen, das schließlich zu der Zahl von schon bald 9.000 Studenten im Jahr 1993 führte. Seitdem ist eine gewisse Stagnation eingetreten, durchaus im Sinne von Lehrenden und Lernenden.

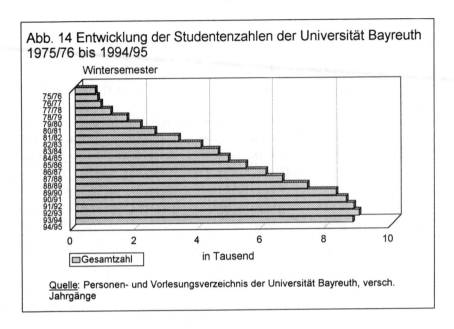

Abb. 14 Entwicklung der Studentenzahlen der Universität Bayreuth 1975/76 bis 1994/95

Quelle: Personen- und Vorlesungsverzeichnis der Universität Bayreuth, versch. Jahrgänge

Die Schwerpunkte von Lehre und Forschung an der Bayreuther Univrsität gliedern sich in fünf Fakultäten:

01 Mathematik und Physik,
02 Biologie, Chemie und Geowissenschaften,
03 Rechts- und Wirtschaftswissenschaften,
04 Sprach- und Literaturwissenschaften,
05 Kulturwissenschaften.

Geplant, in einer Denkschrift formuliert und inzwischen politisch zugesichert, ist eine weitere Fakultät für Angewandte Naturwissenschaften, die sich auf die Ingenieurausbildung konzentrieren soll (06). Des weiteren bestehen Forschungsschwerpunkte im Rahmen von Graduiertenkollegien und Sonderforschungsbereichen (z.B. der SFB 214: "Identität in Afrika") sowie mehrere universitäre Institute, etwa:

- Bayerisches Forschungsinstitut für experimentelle Geochemie und Geophysik (Bayerisches Geoinstitut),
- Institut für Materialforschung (IMA),
- Bayreuther Institut für terrestrische Ökosystemforschung - BITÖK,

- BIMF Bayreuther Institut für Makromolekülforschung,
- Institut für Afrikastudien der Universität Bayreuth,

universitäre Forschungsstellen, z.B.:

- Forschungsstelle für Sozialrecht und Gesundheitsökonomie,
- Forschungsstelle für Raumanalysen, Regionalpolitik und Verwaltungspraxis (RRV),

um nur einige zu nennen, sowie das Betriebswirtschaftliche Forschungszentrum für Fragen der mittelständischen Wirtschaft e.V. an der Universität Bayreuth (BF/M).

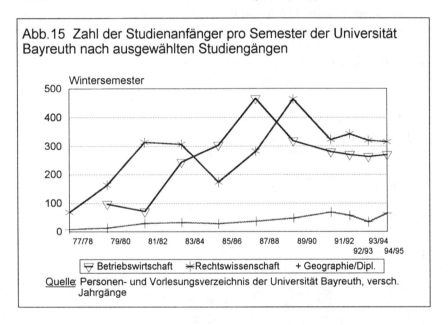

Abb.15 Zahl der Studienanfänger pro Semester der Universität Bayreuth nach ausgewählten Studiengängen

Quelle: Personen- und Vorlesungsverzeichnis der Universität Bayreuth, versch. Jahrgänge

Eine Besonderheit bietet die Bayreuther Universität auch mit den speziellen Studiengängen der Geoökologie, Sportökonomie u.a. oder dem Aufbaustudiengang Afrikanologie an. Sehr bekannt sind zudem die Leistungen der Universität im Bereich der Naturwissenschaften (Physik, Biochemie, ökologische Chemie u.a.). Bei den Studenten sind bei der Wahl des Studienganges an der Universität Bayreuth - wie an anderen deutschen Universitäten auch - die Rechts- und Wirtschaftswissenschaften besonders beliebt. Hier hatte der große Andrang an Studentenmassen (vgl. Abb. 15) Ende der 80-er Jahre zwangsweise zu einer Zulassungsbeschränkung in diesen Fächern führen müssen. Dennoch darf nicht verschwiegen werden, daß die Universität heute - nicht nur in diesen Studiengängen - vor ernstzunehmenden sachlichen, personellen und finanziellen Engpässen steht.

Ursprünglich war das endgültige Ausbauziel der Universität Bayreuth vom Strukturbeirat der Universität Mitte der 70-er Jahre für eine Gesamtzahl von 4.500, später von 6.000 Studenten festgelegt worden, davon lediglich 1.500 Studienplätze für die Rechts- und Wirtschaftswissenschaftliche Fakultät. Daß diese Planungen schnell von der Realität überrannt wurden, zeigt Abb. 15, denn allein die Zahl der Jurastudenten (ohne Wirtschaftswissenschaftler, Sportökonomen und Lehrämtler) übersteigt heute die Zahl von 1.500. Ähnlich angespannt ist die Situation bei den Lehramtsstudiengängen, insbesondere für das Lehramt an Grundschulen, wo ebenso Zulassungsbeschränkungen in Form eines Numerus Clausus eingeführt werden mußten. Freilich betrifft diese Problemlage auch die meisten anderen Universitäten in Deutschland, viele gar noch drängender. Zweifelsohne stehen die Hochschulen notwendigerweise vor einem strukturellen Wandel, wobei auch an der Universität Bayreuth für die Zukunft über verschiedene andere Modelle (vgl. den derzeit entwickelten Strukturplan) diskutiert wird.

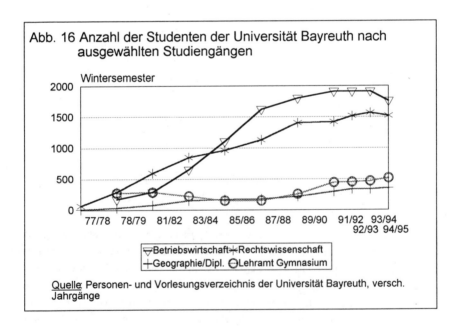

Abb. 16 Anzahl der Studenten der Universität Bayreuth nach ausgewählten Studiengängen

Quelle: Personen- und Vorlesungsverzeichnis der Universität Bayreuth, versch. Jahrgänge

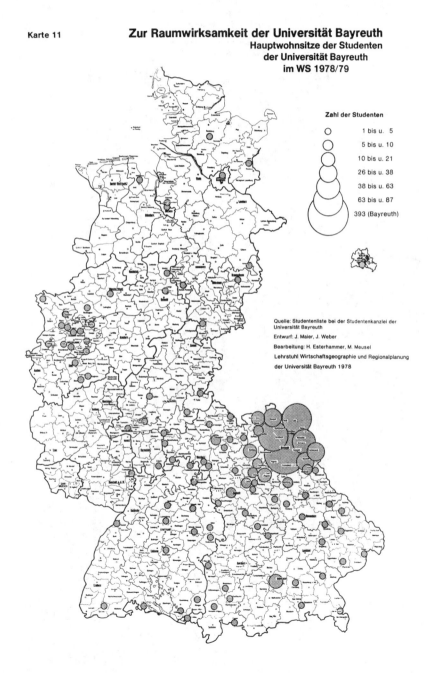

Karte 11 **Zur Raumwirksamkeit der Universität Bayreuth**
Hauptwohnsitze der Studenten
der Universität Bayreuth
im WS 1978/79

3.4.2 Studenten und Hochschulbeschäftigte

Über diese allgemeinen Darstellungen hinaus sollen nun Aussagen zur regionalen Herkunfts- und Sozialstruktur sowie zur Motivationsstruktur der Studenten folgen.

Ausgehend von dem Begriff der "Hochschulregion", d.h. jenen Landkreisen und Gemeinden, in denen mehr als 30 % des Studentenaufkommens an der nächstgelegenen Hochschule studieren, läßt sich feststellen, daß sich die Universität Bayreuth regional in Oberfranken etablieren konnte. Den genannten Stellenwert zugrundegelegt, setzte sich die Hochschulregion Bayreuth im Wintersemester 1978/79 aus der Stadt Bayreuth sowie den Landkreisen Bayreuth, Kulmbach, Wunsiedel und Hof zusammen (vgl. Karte 11). Bereits dies verdeutlicht, daß es der Hochschule trotz der Nähe der Universitäten Bamberg und Erlangen-Nürnberg gelungen ist, sich als Universität des östlichen Oberfrankens zu etablieren. Dies gilt um so mehr, wenn man berücksichtigt, daß im Wintersemester 1978/79 38 % der ostoberfränkischen Studenten, die innerhalb Bayerns studieren, in Erlangen-Nürnberg eingeschrieben waren, jedoch nur 18 % in Bayreuth. Bis zum Sommersemester 1992 (Karte 12) hat sich dieses Verhältnis stark verändert, studierten doch nun 41 % der Studenten aus der Region Bayreuth, während sich der Anteil von Erlangen-Nürnberg auf 24 % reduzierte. Nach fast 20-jährigem Bestehen der Universität Bayreuth läßt sich also feststellen, daß es gelungen ist, trotz der nahen Konkurrenz der traditionellen Universität Erlangen-Nürnberg das Studentenpotential im östlichen Oberfranken in starkem Maße an Bayreuth zu binden und so die Abwanderung der studierwilligen Generation zu verringern. Gleichzeitig gelang es, nicht zuletzt durch den aktiven Einsatz der Stadt- und Regionalforschung, für die Region zu einer Art "Vordenkerin" der regionalen Entwicklung zu werden.

Neben dem subjektiven Vorstellungsbild, das sich die Studenten von den deutschen Universitäten und der jeweiligen Standortregion machen, spielen auch andere Einflußgrößen für die Wahl des Hochschulstandortes eine Rolle. Die Motivationsstruktur der Bayreuther Studenten im Jahre 1978 z.B. zeigte, daß die Nähe zum Heimatort und damit verbunden die Möglichkeit der Aufrechterhaltung sozialer Beziehungen sowie die Überschaubarkeit der Universität als Motive im Vordergrund standen. In der Zwischenzeit sind allerdings fachwissenschaftliche Gründe, so etwa das Fächerangebot, bei immerhin 41 % der Studenten zur wichtigsten Determinante (1978 noch 27 %) geworden. Die Atmosphäre bzw. das Freizeit- und Kulturangebot der Stadt spielt dagegen anders als in traditionellen Hochschulstädten eine untergeordnete Rolle (4 %). D.h., die Zielorientierung einer Hochschule im ländlichen Raum sollte eindeutig im fachlich-qualitativen Bereich liegen, herausragende Forschungs- und Lehreinrichtungen bieten, also anregender und innovativer als die traditionellen Universitäten sein. Dies ist neben der

Hochschulleitung eine besondere Herausforderung für die Gemeinschaft der Hochschullehrer und ihrer Mitarbeiter.

In engem Zusammenhang mit Studienortpräferenzen steht das Fremdimage der Universität und der Hochschulregion, wobei hier insbesondere die Informationsquellen für die potentiellen Studenten, aber auch die politischen Entscheidungsträger eine große Rolle spielen. Der Anteil der Studenten, der sich vor dem Studienbeginn kein Vorstellungsbild von der Universität Bayreuth macht, hat sich heute gegenüber 1978 deutlich verringert. Während dies damals noch 37 % waren, lag dieser Wert unter den Studienanfängern bereits im WS 1986/87 nur noch bei 23 %, wobei es sich hier vor allem um "ZVS"-Studenten handelt, die häufig über kein ausreichendes Informationsmaterial verfügten.

Diejenigen Hochschüler, die ein Fremdimage besaßen, hatten mehrheitlich die Vorstellung einer kleinen, überschaubaren Universität, die im Gegensatz zu den Massenuniversitäten eine "familiärere Atmosphäre" besitzt und damit bessere Arbeitsbedingungen bietet. Vor allem ein guter Kontakt zum Lehrpersonal wurde erwartet: Weit verbreitet war darüber hinaus die Annahme, daß es sich um eine moderne, gut ausgestattete Universität handeln würde. Hier liegt die besondere Chance der kleinen Universitäten im ländlichen Raum, unterstrichen noch durch Konzepte der Lehre und Forschung, wie Kleingruppen-Arbeit, Projektseminare oder etwa das Prinzip der "offenen Türen" bei Professoren.

3.4.3 Wirtschaftliche Bedeutung für Stadt und Region

Aus regionalpolitischer Sicht ist festzustellen, welche Entwicklungsimpulse (Multiplikator- und Akzeleratorwirkungen) die Universität Bayreuth auf Stadt und Umland ausstrahlt. Im einzelnen können dahingehend folgende Effekte unterschieden werden:[22]

- die Abwanderung der studierwilligen jungen Generation wurde vermindert,
- die regionale Bildungsbeteiligung wurde verbessert,
- das Qualifikationsniveau der Erwerbstätigen auf dem regionalen Arbeitsmarkt wurde erhöht,
- die Produktion und der Umsatz der örtlichen und regionalen Wirtschaft wurde ausgeweitet,
- neue Betriebe und Arbeitsplätze entstanden,
- das kommunale und regionale Steueraufkommen wurde erhöht,

---

22 vgl. Wahl, v., D., Zur Raumwirksamkeit der Universität Bayreuth, Arbeitsmaterialien zur Raumordnung und Raumplanung, H. 2, Bayreuth 1979, Vorwort

- die Attraktivität sowohl des Hochschulstandortes als auch der gesamten Region gegenüber konkurrierenden Orten und Gebieten wurde gestärkt.

So wird in Berechnungen etwa zur Ermittlung der direkten Beschäftigungseffekte einer Hochschule mit einem Studienplatzangebot von 10.000 Studienplätzen - was in Bayreuth bereits knapp der Fall ist - mit der Schaffung von etwa 7.000 Erwerbsmöglichkeiten ausgegangen.[23] Dabei werden diese Effekte in besonderem Maße die Stadt Bayreuth aber auch den gesamten ostoberfränkischen Raum berühren. Und ohne Zweifel ist die Stadt Bayreuth bereits in vielen Bereichen von der Universität geprägt, u.a. erfüllt die Universität eine wichtige Funktion für das Stadtimage, was sich an der Bezeichnung Bayreuths als "Festspiel- und Universitätsstadt" zeigt und nicht unterschätzt werden sollte. Durch die knapp 8.500 Studenten gelangt eine bedeutende Kaufkraft von außerhalb der Region in die Stadt. Dazuzurechnen sind auch die Personalkosten und die Ausgaben der etwa 1.600 Hochschulbeschäftigten sowie die Bau- und Sachausgaben der Universität.

Was die Standorte der Wohnsitze der Studenten während des Semesters betrifft, ein wichtiges Element im Sinne eines zu schaffenden Gemeinschafts- bzw. Wir-Gefühls, so lebt der überwiegende Teil der Studenten, nämlich 73 % in der Stadt Bayreuth und weitere 10 % im Landkreis Bayreuth, also in der engeren Umgebung der Hochschule (vgl. Karte 13). Eine Tendenz zum selbständigen Wohnen zeigt sich in dem Bedeutungsgewinn der Wohngemeinschaften, deren Anteil von 4 % 1978 auf heute 16 % zunahm. Obgleich sich der Anteilswert der Studenten, die in einem Studentenwohnheim leben, von 33 % auf 18 % reduzierte, wurde die Wohnheimkapazität stark ausgebaut. Während vor 1980 rd. 300 Plätze zur Verfügung standen, sind es nun annähernd 900 Plätze.

Bislang noch nicht angesprochen wurden die regionalwirtschaftlichen Effekte, die von den Studenten ausgehen. Diese stellen jedoch mit ihrem Budget ein nicht zu vernachlässigendes Kaufkraftpotential für den Einzelhandel, jedoch auch für anderen Wirtschaftsbereiche dar. Rein rechnerisch standen in Bayreuth jedem Studenten 1992/93 rd. 950,-- DM im Monat zur Verfügung. Die Kosten für das Studium werden dabei heute überwiegend durch die Eltern aufgebracht, dies gilt immerhin für 46 % der Studenten; bei weiteren 22 % steht die Unterstützung durch die Eltern in Verbindung mit anderen Finanzierungsmitteln im Vordergrund. Ausschließlich über staatliche Finanzierungshilfen finanzierten nur 13 % der Befragten das Studium.

---

23 nach Ganser, K., Die regionalpolitische Bedeutung der neu gegründeten Hochschulen, unveröff. Manuskript, Bonn-Augsburg 1979, S. 8

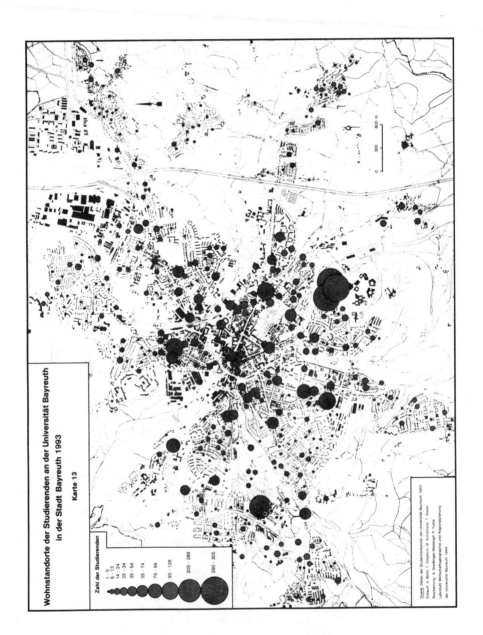

Ausgehend von den monatlichen Ausgaben der Studenten und der Annahme einer durchschnittlichen Aufenthaltsdauer von rd. 9 Monaten am Studienort pro Jahr ergibt dies bei einer Zahl von 8.100 Studenten ein Ausgabenvolumen von ca. 69 Mill. DM. Die Universität ist somit nicht nur das größte Unternehmen am Ort, sondern hat auch eine beachtliche wirtschaftliche Bedeutung.

Soziale und wirtschaftliche Wirkungen gehen jedoch nicht nur von den Studenten auf die Stadt und die Region aus, sondern auch von der Gruppe der Hochschulbeschäftigten, deren Zahl im Falle von Bayreuth im Oktober 1992 bei 1.500 Personen lag. Was die regionalwirtschaftlichen Effekte durch die Hochschulbeschäftigten anbelangt, so ist zu beachten, daß im Zeitraum zwischen 1974 und 1985 die Personalkosten einen Anteil von 35 % an den Gesamtkosten der Universität Bayreuth hatten. Legt man die aus Befragungen ermittelte sektorale Ausgabenstruktur sowie die regionale Verteilung der wichtigsten Ausgabenarten zugrunde, dann lassen sich Schätzwerte für die regionalen Ausgabenströme der Beschäftigten ermitteln. Als Basis für die Berechnung dienen die Personalausgaben für das Jahr 1985 mit rd. 54 Mill. DM. Entsprechend den Berechnungen für die Ausgabentätigkeit der Studenten zeigte sich auch bei der Ausgabenstruktur der Hochschulbeschäftigten, daß ca. drei Viertel der Ausgaben in der Hochschulregion verblieben, also absolut ein Betrag von ca. 40 Mill. DM im Jahr 1985. Somit flossen ca. 69 % der regional fixierbaren Ausgaben in die Stadt Bayreuth und 11 % in das direkte Stadt-Umland. Die Zusammenarbeit von Stadt und Universität drängt sich allein schon aus diesem wirtschaftlichen Aspekt auf.

Nach der regionalen Verteilung der verschiedenen Ausgabenarten befragt, fließen vor allem im mittel- und langfristigen Bedarf 21 bzw. 23 % des verfügbaren Einkommens aus Oberfranken ab. Allerdings macht sich auch in der Stadt Bayreuth die Ausgabentätigkeit der Universitätsmitarbeiter in vielen Branchen bemerkbar, wobei besonders die Bauwirtschaft, der Wohnungsmarkt, der Dienstleistungsbereich und der Einzelhandel hervorzuheben sind. So zeigte sich etwa im Einzelhandel zwischen 1978 und 1986 eine beträchtliche Steigerung des Umsatzvolumens insbesondere bei Mode-Boutiquen, Möbelgeschäften sowie bei dem spezialisierten Angebot im Bereich der Nahrungs- und Genußmittel-Branche. Bezüglich der innerstädtischen Verteilung der Wohnstandorte sind im Unterschied zu den Studenten-Wohnstandorten weit weniger Schwerpunkte zu erkennen. Eine gewisse Konzentration mit einem Hervortreten von Standorten in bevorzugten, jedoch vom Bodenpreis her nicht den teuersten Lagen, etwa am Roten Hügel oder im Ortsteil Birken ist bei der Gruppe der Professoren zu beobachten.

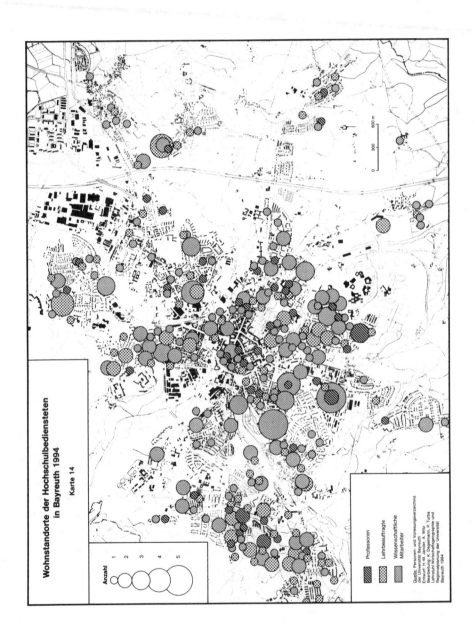

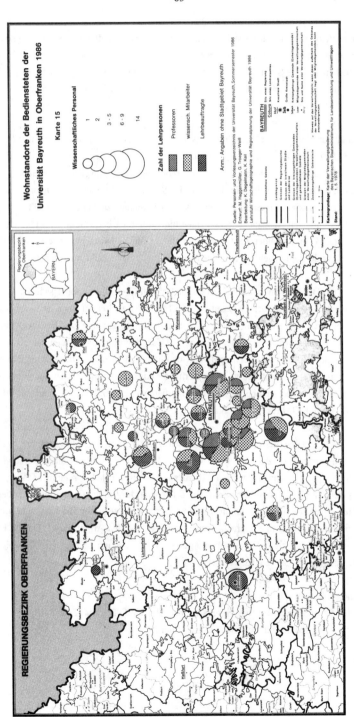

Zusammenfassend läßt sich feststellen, daß die regionalwirtschaftlichen Wirkungen sowohl der Studenten als auch der Universitätsbeschäftigten räumlich eng begrenzt sind und sich im wesentlichen auf die Stadt Bayreuth und ihre Stadt-Umland-Gemeinden konzentrieren. Dies läßt sich an den Wohnstandorten der Hochschulbeschäftigten 1986 verdeutlichen (vgl. Karten 14 und 15).

Aufgrund der Komplexität des Wirkungsspektrums ist es darüber hinaus nicht möglich, alle von der Universität Bayreuth ausgehenden Wirkungsfelder zu erfassen. Einen der wichtigsten Teilbereiche der ökonomischen Wirkungen stellt jedoch die Ausgabentätigkeit für Baumaßnahmen dar. Obwohl es sich beim Bau von Hochschuleinrichtungen nicht immer anbietet, an lokale oder regionale Unternehmen eine Auftragserteilung zu vergeben, stellt dennoch der Anteil der regionalen Ausgabentätigkeit einen Indikator zur Überprüfung der Frage dar, ob und in welchem Maße von einer staatlichen Einrichtung regionalwirtschaftliche Impulse im Sinne der Stärkung der regionalen Unternehmens- und Arbeitsmarktstruktur ausgehen.

Was nun die Bauinvestitionen der Universität Bayreuth betrifft, so belief sich das Gesamtvolumen allein 1984 gegenüber 1974 auf ca. 236 Mill. DM, wobei ein Ende der Ausbauphase in den 90-er Jahren erreicht sein dürfte. Die regionalisierte Analyse der Bauinvestitionen am Beispiel des Gebäudes Naturwissenschaften I (Gesamtinvestitionsvolumen ca. 90 Mill. DM) und die bisher größte Baumaßnahme) zeigt deutlich, daß ca. zwei Drittel aller Bauausgaben (Bauvorbereitung, Bauausführung, gutachterliche Tätigkeit, Kunst am Bau u.a.mehr) für diese Investitionsmaßnahme an oberfränkische Unternehmen gingen, wovon allein auf die Stadt Bayreuth 40 Mill. DM (ca. 45 %) entfielen.

Neben der regionalen Verteilung der Bauausgaben stellt die Regionalisierung der Sachausgaben und laufenden Betriebsmittel einen weiteren Ansatzpunkt dar, um die regionalwirtschaftliche Bedeutung der Universität Bayreuth zu analysieren. Ein hoher regionaler Ausgabengrad dient dabei vor allem der Stärkung des Handels sowie der Einrichtungen des Dienstleistungsbereiches. Dies kommt nicht nur in der Umsatzentwicklung dieser Branche zum Ausdruck, sondern sekundär auch in entsprechenden Wirkungen auf den Arbeitsmarkt. Da die Entwicklung der Ausgaben aufgrund des hohen Aggregationsgrades nur bedingt aussagefähig ist, erscheint eine regionalisierte Analyse nach

- Auftragsvolumen,
- Art der Sachmittel, also etwa Geschäfts- und Bürodarf, Bücher, Zeitschriften, technischer Bedarf (Laborbedarf und technische Betriebsmittel)

von Bedeutung.

Die regionalisierte Analyse der Sachausgaben (diese hatten 1984 einen Anteil von 25 % am Gesamthaushalt) bedarf einer genaueren Betrachtung. Abgesehen davon, daß ein Auftragsvolumen von mehreren Millionen DM, insbesondere für den technischen (Spezial-)bedarf im Rahmen von Lehre und Forschung in die Verdichtungsräume Rhein-Main, Düsseldorf, Stuttgart, aber auch Marburg, Mainz, Gießen, Hannover und Göttingen abfließt, wird der Großteil der Aufträge für Sachausgaben in Bayern vergeben.

Einen weiteren, wichtigen Wirkungsbereich einer Universität stellt der arbeitsmarktstrukturelle Effekt dar. Grundsätzlich kann dabei von der Überlegung ausgegangen werden, daß hochrangige Bildungseinrichtungen den Arbeitsmarkt nur in einigen Segmenten, etwa bei den Büro- und Verwaltungsberufen besonders tangieren, hingegen das hochqualifizierte Personal (z.B. Facharbeiter, Fachtechniker, wissenschaftliches Personal) häufig nur zu einem relativ geringen Teil aus dem regionalen Arbeitsmarkt rekrutiert werden kann. Zur Bewertung der arbeitsmarktstrukturellen Wirkungen bedarf es allerdings nicht nur der Betrachtung der Primär-, sondern auch der Sekundärwirkungen, sind doch neben den direkten Auswirkungen auf den regionalen und lokalen Arbeitsmarkt auch eine Reihe sekundärer Arbeitsmarkteffekte zu verzeichnen.

3.4.4 Faktor für Standortattraktivität und sozialen Wandel

Ein anderer Bereich ist der Kultur-, Bildungs- und Freizeitbereich, der durch die Hochschule eine Aufwertung erfährt (Studentenkneipen, Vorträge, Tanz- und Musikveranstaltungen, Kino, universitäre Tage und Kolloquien ...) bzw. das Engagement der Studierenden und Beschäftigten der Universität in örtlichen Vereinigungen. Insgesamt kann dies mit einer "innovativen Funktion der Universität Bayreuth im kulturellen, politischen, gesellschaftlichen und wirtschaftlichen Bereich" umschrieben werden. Des weiteren wird als demographische Wirkung der Überalterung der Bayreuther Bevölkerung entgegengewirkt (siehe dazu Punkt 3.1.3) und als weiterer Punkt können direkte städtebauliche Maßnahmen in der Stadt Bayreuth aufgeführt werden, etwa:

- Gründung des Afrika-Zentrums in der Münzgasse (Iwalewa-Haus),
- Errichtung des Bayreuther Instituts für Terristrische Ökosystemforschung,
- Gebäude der Evangelischen und Katholischen Hochschulgemeinden, und - nicht zuletzt - die bedeutende städtebauliche Relevanz der Studentenwohnheime mit ihren Folgewirkungen.

4. Wirtschaftsstruktur und Strukturwandel

4.1 Begriff, Thesen und ihre Anwendung auf Bayreuth

Wenn innerhalb der Diskussion um räumliche Entwicklungen von Strukturwandel gesprochen wird, denkt man meist an Veränderungen innerhalb der Wirtschaft bzw. des Gewerbes, oft noch eingegrenzter an die Verschiebungen der Beschäftigtenanteile von der Landwirtschaft und der Industrie hin zu den Dienstleistungen gemäß den Sektoren-Theorien von FOURASTIÉ oder CLARK, also an den Wandel in der Sektoral- bzw. Wirtschaftszweigestruktur. Eine solche Betrachtungsweise ist aus der Sicht einer modernen Regionalforschung als zu stark einschränkend zu bewerten. So vernachlässigt dieses Verständnis von Strukturwandel als Bedeutungverschiebung auf der Ebene aggregiert betrachteter Wirtschaftszweige, zunächst den Strukturwandel innerhalb von Branchen und Teil-Branchen (als Beispiel sei hier die Textilindustrie mit ihren, dem Einfluß unterschiedlicher Rahmenbedingungen unterworfenen Teilbranchen Gardinenfertigung und neue Textilwerkstoffe, angeführt), und ferner den durch diese Prozesse bedingten regionalen Strukturwandel.

Diese verschiedenen Dimensionen bzw. Formen des Strukturwandels werden durch Veränderungen sowohl auf der Nachfrage- als auch auf der Angebotsseite als Faktoren des Marktes erklärt. Im Bereich der Nachfrage können Veränderungen in der Bedarfsstruktur, der Präferenzen, Verschiebungen der Einkommens-Elastizität oder Änderungen des Nachfragevolumens (z.B. Ablösung eines umfangreichen Neubedarfs durch einen geringeren Ersatzbedarf) als Erklärungsgrößen herangezogen werden. Ein Wandel der Angebotsstruktur drückt sich z.B. im Auftreten neuer Wettbewerber am Markt, der Erhältlichkeit und dem Preis der Produktionsfaktoren, einer mangelnden Wettbewerbsfähigkeit, verursacht etwa durch vernachlässigte Marktanpassungen oder veränderter ordnungs- und prozeßpolitischer Rahmenbedingungen in ihrer regionalen, sektoralen und betrieblichen Wirkung (deutlich werdend am Beispiel der Wiedervereinigung beider deutscher Staaten mit der Folge einer Umorientierung der ostdeutschen Wirtschaft oder der Effekte der Grenzöffnungen in Europa auf die Standortbedingungen von Grenzregionen) aus.

Im Hinblick auf den Begriff "Strukturwandel" ist ferner darauf hinzuweisen, daß dieser neben betrieblichen und branchenbezogenen Veränderungen in seiner regionalen Wirkung auch funktionale Beziehungsmuster prägt, so etwa Pendlerbeziehungen, funktionale Reichweiten im Beschaffungs- und Absatzverhalten bis hin zu qualitativen und quantitativen Arbeitsmarkteffekten, etwa in Form einer Bedarfsverschiebung der Unternehmen hin zu einer vermehrten Nachfrage nach qualifizierten Mitarbeitern. Auf der unternehmensinternen Ebene drückt sich der Strukturwandel in Form der Umstellung auf neue, moderne Produkte oder

Fertigungsprozesse (z.B. Produkt- oder Prozeßinnovationen), oft begleitet von Rationalisierungsmaßnahmen und einer Erhöhung der Qualifikations-Anforderungen an die Belegschaft aus.

Wirtschaftlicher Strukturwandel ist demnach "die Gesamtheit aller dauerhaften qualitativen und quantitativen, regionalen und sektoralen Änderungen im Gefüge der Elemente des Wirtschaftssystems bis hin zu Untergang oder Neuentstehung einzelner Elemente, die durch qualitative und quantitative sowie regionale und sektorale Änderungen im Gefüge der Bestandteile der wirtschaftlichen, politischen, sozialen, kulturellen und ökologischen Subsysteme der Gesellschaft herbeigeführt werden, und die sowohl Folge als auch Auslöser von Wachstum sein können, nicht aber damit identisch sind".[24]

Das Oberzentrum Bayreuth ist ebenfalls den Auswirkungen des wirtschaftlichen Strukturwandels unterworfen. Eindrucksvoll bestätigt wird diese Tatsache durch die Entwicklung der Textilindustrie in Bayreuth, die trotz der Dominanz des Dienstleistungssektors in Bayreuth seit Beginn der Industrialisierung Ende des 19. Jahrhunderts eine bedeutende Rolle in der Wirtschaftsstruktur spielte. Großbetriebe wie die Spinnerei Bayerlein, die Mechanische Spinnerei oder die Neue Spinnerei Bayreuth (NSB) waren weit über die Region hinaus bekannt und boten vielen Bayreuthern Arbeitsplätze. Der sich verschärfende Wettbewerb innerhalb der Textilindustrie erforderte in zunehmenden Maße einschneidende innerbetriebliche Rationalisierungsmaßnahmen, die letztlich in einem massiven Abbau von Arbeitsplätzen zu buche schlugen, oder wie in Bayreuth geschehen, zur Schließung ganzer Betriebe führten. Auf der anderen Seite entstehen durch die Prozesse des Strukturwandels in anderen Bereichen neue Arbeitsplätze, wie z.B. im Dienstleistungssektor oder in anderen Industriezweigen. Wie wirkt sich nun der Strukturwandel in Bayreuth im speziellen aus? Welche Probleme ergeben sich im Umgang mit dem Strukturwandel für den Raum Bayreuth?

Angesichts der wachsenden Strukturprobleme in verschiedenen Branchen und der neuen Entfaltungsmöglichkeiten für Industrie und Gewerbe im nahen Böhmen und darüber hinaus erscheint die Diskussion neuer Strategien der Wirtschaftsentwicklung notwendig. Dies gilt um so mehr, als die EU über ihr Konzept "Europa 2000" bzw. die Bundesregierung über den "raumordnungspolitischen Orientierungsrahmen" von den ländlichen Räumen fordern, daß sie Ideen entwickeln und Konzepte in Gestalt regionaler Initiativen vorlegen. Ein Umdenken im Sinne der Schaffung eines kreativen Milieus ist also notwendig, vor allem in Richtung ge-

---

24 Stettberger, M., Strukturwandel einer altindustrialisierten Region, Theoriediskussion und Empirie am Beispiel ausgewählter Teilbranchen der Textilindustrie in Oberfranken, unveröff. Diplomarbeit am Lehrstuhl Wirtschaftsgeographie und Regionalplanung der Universität Bayreuth, Bayreuth 1993

meindegrenzenüberschreitender Kooperation bzw. Zusammenarbeit, ebenso bezüglich der Notwendigkeit sowie den Standorten eines Technologieparkes bzw. einer Touristik-Akademie in Bayreuth und Pegnitz.

Nach der aktuellen Einordnung ländlicher Räume in das Siedlungsbild Bayerns im Rahmen des Landesentwicklungsprogrammes zählt der Raum Bayreuth zum Typus "ländliche Räume mit günstiger wirtschaftlicher Entwicklung". Dabei gilt es zu beachten, daß der Landkreis Bayreuth mit rd. 105.000 Einwohnern zwar der flächengrößte Kreis in Oberfranken, wenn auch recht dünn besiedelt ist. Die Stadt Bayreuth ist mit mehr als ca. 73.000 Einwohnern die größte Stadt Oberfrankens. Im Unterschied zur Situation im Landkreis ist die Stadt eindeutig vom tertiären Sektor gekennzeichnet, während im Kreis das Produzierende Gewerbe vorherrscht.

Unabhängig von branchenspezifischen Engpässen, steht der Raum Bayreuth vor einigen aktuellen Problemen, die auch in einer Umfrage unter 100 ausgewählten Unternehmen im Rahm Bayreuth zum Ausdruck kamen:

- Am nachdrücklichsten wurde die regionale Verkehrssituation bemängelt, genauer die Bahnanbindung (ohne Containerumschlag in Bayreuth), die Auflösung von Tarifpunkten im Güterfernverkehr, der Ausbau der Tele-Infrastruktur im Landkreis sowie die Verkehrsverhältnisse auf der A 9, während sich nur vereinzelt Betriebe für die gute Erreichbarkeit bzw. Verkehrsanbindung im allgemeinen aussprachen.

- Ebenso nachdrücklich wurden zum einen die weite Distanz und periphere Lage zum Absatz- und/oder Beschaffungsmarkt und zum anderen der Mangel an qualifizierten Arbeitskräften kritisiert, beides klassische Standortprobleme im ländlichen Raum. Allerdings äußerten sich andere Betreiber wiederholt positiv über die Nähe zum Absatz- und/oder Beschaffungsmarkt, überwiegend Betriebe mit regionalem Markt oder Betriebsstätten mit Hauptfirmensitz im Raum Nürnberg. Als Standortvorteil betrachteten diejenigen Betriebe ihre Arbeitskräfte, die das für den Betrieb notwendige spezielle Know-how besitzen bzw. dort erworben haben.

- Auch die Meinungen zur Grenzöffnung erwiesen sich als zwiespältig. An vierter Stelle stand der Nachteil der mangelnden Nachfrage aus den neuen Bundesländern und die wachsende Konkurrenz aus der Tschechischen Republik, demgegenüber sich aber auch für verschiedene Betriebe ein neuer Absatzmarkt im Osten erschloß. Einstimmig brachten Betriebe vor, vom Ende der Fördermaßnahmen negativ überrascht worden zu sein. Die hohen Lohnkosten wurden im Vergleich zur Tschechischen Republik vereinzelt von den Befragten als Standortnachteil bewertet. Nur von wenigen wurde der Wohnungsmarkt in bezug auf die Bereitstellung von Wohnraum für Führungskräfte von außerhalb negativ bewertet (vgl. Abb. 17).

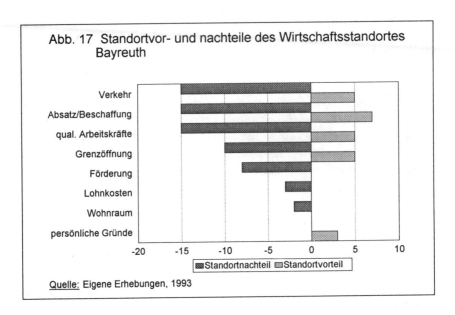

Eine häufig angewandte Strategie, diesen Problemlagen zu begegnen, ist die Suche nach einem neuen Standort. Dabei vollzog sich der Standortwechsel von Betrieben in den letzten 20 Jahren sowie vor allem in der Zukunft deutlich in einer Richtung. Kleine und mittlere Betriebe verlassen die Mischgebiete/Gemengelagen der Stadt Bayreuth und ziehen zu einem großen Teil wegen des mangelnden Flächenangebots im inneren Stadtgebiet in Gewerbe-/Industriegebiete am Stadtrand bzw. in den umliegenden Landkreis Bayreuth. Maßgeblich waren an erster Stelle Gründe der Expansion, gefolgt vor gebäudebezogenen Ursachen (Mietverhältnis, Neubau). Seltener wurden die Umstände der Gemengelagen angegeben, die Umweltauflagen lösten nur in einem Einzelfall einen Standortwechsel aus. Abschließend ist anzumerken, daß keiner der Betriebe zum Befragungszeitpunkt 1992/93 geplant hatte, bei einem Standortwechsel den Raum Bayreuth zu verlassen.

Im Fall einer Standortspaltung ergab sich mit Beginn der 90-er Jahre vor allem bei kleinen Betrieben im Landkreis Bayreuth ein deutlicher Trend zu Niederlassungen in der Tschechischen Republik und in den neuen Bundesländern.

Hauptgründe für die Errichtung von Produktionsstätten waren Marktnähe, Expansionsgründe und erhoffte Produktionsvorteile. Insbesondere der Kauf eines alten Betriebes in den neuen Bundesländern kann jedoch aufgrund ruhender Altlasten ein hohes Risiko darstellen, während die Tschechische Republik mit niedrigen Lohnkosten und einem - nach Aussage eines Betriebsleiters für Umwelttechnik - weniger sensiblen Umfeld, was den Umweltschutz anbetrifft, Produktionsvorteile für bestimmte Branchen wie z.B. Textilfärbereien oder die Holzverarbeitung bietet.

Was gerade den Umweltschutz betrifft, so fühlte sich etwa die Hälfte der befragten Betriebe von steigenden Umweltanforderungen betroffen, die Anpassungsmaßnahmen bezogen sich schwerpunktmäßig auf den Entsorgungsbereich, gefolgt von der Substitution oder dem Ersatz von Roh- und Betriebsstoffen. An dritter Stelle standen Veränderungen der Prozeßtechnologie, wohingegen die Produktpaletten der Betriebe selten von umweltorientierten Maßnahmen betroffen waren. Nur in einem Betrieb der (von Umweltauflagen stark betroffenen) Gießerei-Branche wurde die Produktion aufgrund unrentabler Umweltinvestitionen eingestellt.

Was können nun regionale und kommunale Institutionen tun, um Hilfestellungen für neue Entwicklungen zu geben? Beginnen wir zunächst mit der kommunalen Ebene. So sollte, eingebunden in ein regionales Entwicklungskonzept, das Neuerungen aufgeschlossen ist, insbesondere in Richtung einer umweltorientierten Industriepolitik, die kommunale Wirtschaftsförderung folgende Strategien beachten.

Um von kommunaler Seite zukunftsträchtige, innovative (Umwelt)Technologien in der Wirtschaftsstruktur zu etablieren, kann man regionsfremde wie regionseigene Potentiale im Raum Bayreuth nutzen. Vor allem sollte man die in der Kommune vorhandenen "Modernisierungsressourcen" (Unternehmen, Universität, weitere Forschungseinrichtungen) mobilisieren. Dies umfaßt das Bemühen, die öffentliche Forschungsinfrastruktur quantitativ auszubauen (und den regional zurückbleibenden Anteil an Forschungs- und Entwicklungskapazitäten im Umweltbereich zu erhöhen).

Versteht man die Umweltorientierung als eine Zukunftsaufgabe, müssen die Informationsintensität und der Faktor Kompetenz durch den Auf- und Ausbau einer entsprechenden umweltrelevanten Infrastruktur und entsprechenden Dienstleistungen eine neue Reichweite erhalten. Produkt-, Prozeß- und Absatzinnovationen im Bereich Umweltschutz erweisen sich häufig als Chance für die Erhaltung der Konkurrenzfähigkeit der Betriebe. Gerade für die ländlichen Räume ist eine verstärkte ökologisch-technische Ausrichtung von Dringlichkeit.

Die oftmals niedrige Betriebsdichte, fehlende personelle und informelle Kapazitäten der kleinen und mittleren Betriebe sowie das noch relativ ausgeprägte Konkurrenzdenken in ländlichen Räumen beeinträchtigen die zwischenbetriebliche Kommunikation und erschweren das Zustandekommen von Kooperationen oder Arbeitskreisen im Umweltbereich. Deshalb kommt den öffentlichen (über die Ämter für Wirtschaftsförderung) oder halb-öffentlichen Stellen (etwa über die Kammern) im Hinblick zum Beispiel auf die Bildung von Entsorgungskooperationen kleiner und mittlerer Betriebe eine wichtige Vermittlerposition zu.

Da derartige branchenübergreifende Kooperationen das Medium oder die Art der Entsorgungsanlagen verbindet, müssen die Entsorgungsarten und -wege der Betriebe von einer übergeordneten Koordinationsstelle möglichst genau identifiziert, erfaßt und wenn möglich gebündelt werden. Diese koordinierende Tätigkeit muß sich auf den Planungsbereich von Umweltschutzanlagen (z.B. private Kläranlagen) ausdehnen, um dadurch vielleicht kosten- und umweltverträglichen Kooperationslösungen Vorschub zu leisten.

Damit ist auch wiederum die regionale Kompetenz angesprochen, wird es doch in erster Linie darum gehen, über die Konsensfindung der regionalen Institutionen, Unternehmen, Bevölkerungsgruppen eine entsprechende Einrichtung zu schaffen, etwa in Gestalt einer regionalen Entwicklungsagentur. Finanziert werden könnte sie, die selbstverständlich noch weitere regionalpolitisch bedeutsame Aufgaben zu betreuen hätte, über eine "private public-partnership", was heute in anderen Regionen durchaus schon intensiv betrieben wird.

Als Fazit läßt sich festhalten, daß eine kommunale bzw. regionale Wirtschaftsentwicklung, die auch den langfristigen umweltpolitische Anforderungen gerecht werden will, als integrierter Bestandteil eines umfassenden Entwicklungskonzeptes zu verstehen ist. Neben regulativen Maßnahmen gilt es insbesondere auf die Notwendigkeit eines verbesserten Kommunikationssystems innerhalb und vor allem zwischen privaten, kommunalen und sonstigen Interessengruppen hinzuweisen. In Anlehnung an den Ansatz einer innovationsorientierten Kommunal- und Regionalentwicklung bestätigt sich mithin die wachsende Bedeutung von dezentral konzentrierten Beratungs- und Informationsdienstleistungen. Darüber hinaus ist auf den verschiedenen Ebenen auf verstärkte langfristige Koordinationen und Kooperationen hinzuwirken.

Speziell im Bereich überbetrieblich genutzter Umweltschutztechnologien bzw. Umweltressourcen sind in den ländlichen Räumen noch weitreichende Defizite zu beseitigen. Strukturelle Nachteile der ländlichen Regionen im Vergleich zu Verdichtungsräumen (Betriebsdichte, Ressourcendichte, Informationsdichte) können somit teilweise kompensiert werden.

4.2 Landwirtschaft - Intensivbewirtschaftung und zunehmende Freizeitfunktion

800 Jahre Bayreuth bedeuten auch 800 Jahre Landwirtschaft in der Stadt Bayreuth. Die historische Stellung der Landwirtschaft war gerade in vorindustrieller Zeit von herausragender

Bedeutung für das Leben der Menschen. Neben dem Eigenbedarf sorgten die Bauern schon immer für die Versorgung der Stadtbevölkerung mit landwirtschaftlichen Produkten. Heute tritt diese direkte Versorgungsaufgabe der Landwirtschaft für den unmittelbaren Nahbereich zwar in den Hintergrund, doch sind die wenigen noch verbliebenen Betriebe ein wichtiger Bestandteil des Bayreuther Wirtschaftslebens, prägen sie doch noch weite Räume in und um Bayreuth.

Die Bayreuther Senke gilt mit ihren Keuper-, Muschelkalk- und Buntsandsteinböden als der fruchtbarste Teil des Landkreises Bayreuth, so daß sich hier seit jeher die Landwirtschaft als fester Bestandteil des wirtschaftlichen und kulturellen Lebens etablieren konnte.

4.2.1 Veränderungen in den letzten 20 Jahren

Auch in der Landwirtschaft der Stadt Bayreuth offenbart sich der Strukturwandel, der die landwirtschaftlichen Strukturen der Bundesrepublik Deutschland in den letzten Jahrzehnten zum Teil tiefgreifend verändert hat und dessen Prozeß noch weiter am Fortschreiten ist. Kennzeichen für diesen Strukturwandel sind rückläufige Betriebszahlen, eine Abnahme der Beschäftigten in der Landwirtschaft und ein Anstieg der Betriebsgrößen. Technischer Fortschritt in der Feldarbeit und im Stall, die zunehmende Vereinfachung der Produktionsprogramme sowie der vermehrte Einsatz zugekaufter Betriebsmittel wie Handelsdünger, Pflanzenschutzmittel und Zukauffutter intensivierten die Bewirtschaftung landwirtschaftlicher Flächen.[25] Der technische Fortschritt in der Entwicklung landwirtschaftlicher Betriebsmittel (z.B. moderne Erntemaschinen, Melkmaschine, Dünger) ermöglichte eine kontinuierliche Steigerung der Produktivität. Eine Angleichung der Einkommen an die in anderen Wirtschaftssektoren erreichbaren Einkommen war das Ziel der Landwirtschaftspolitik und damit letztendlich auch der Auslöser des Strukturwandels.

NEANDER[26] führt aus, daß als Folge dieser Entwicklung im Zeitraum von 1960 bis 1987 das Volumen der landwirtschaftlichen Produktion um 65 % zunahm, während im gleichen Zeitraum die landwirtschaftlich genutzte Fläche um 16 % abnahm. Der verstärkte Einsatz moderner Betriebsmittel führte demnach zu einer enormen Steigerung der Produktivität der Flächen und Tierbestände. Die Landwirtschaft ist also in zunehmendem Maße an zugekaufte Vorleistungen und Investitionen gebunden, einer Tatsache, der viele der kleineren Betriebe mit geringem Produktionspotential nicht entsprechen können. Da die erzielbaren Preise für Agrar-

---

25 Neander, E., Strukturwandel in der Landwirtschaft der Bundesrepublik Deutschland und seine Wirkungen in ländlichen Räumen, in: Klohn, W. (Hrsg.), Strukturen und Ökologie von Agrarwirtschaftsräumen, Bd. 5 der Vechtaer Studien zur Angewandten Geographie und Regionalwissenschaft, Vechta 1992, S. 17
26 Neander, E., a.a.O., ebd.

produkte oft nicht den tatsächlich anfallenden Kosten der Landwirte entsprechen, ist die Zahl der landwirtschaftlichen Betriebe rückläufig. So sank im Regierungsbezirk Oberfranken die Zahl der landwirtschaftlichen Betriebe von 26.074 (1984) auf 20.817 (1993).[27] Die folgende Abb. 18 gibt die Entwicklung der Betriebszahlen für die Stadt Bayreuth für die Jahre 1949 bis 1991 wieder:

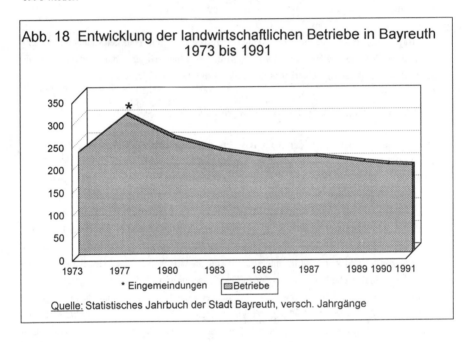

Abb. 18 Entwicklung der landwirtschaftlichen Betriebe in Bayreuth 1973 bis 1991

* Eingemeindungen   Betriebe

Quelle: Statistisches Jahrbuch der Stadt Bayreuth, versch. Jahrgänge

Die Zahl der Betriebe sank demnach kontinuierlich. Die Eingemeindungen in den 70-er Jahren führten zwischendurch wieder zu einem Anstieg der Betriebszahlen, doch ist der allgemeine Trend deutlich ablesbar. Neben dem Rückgang aufgrund des Strukturwandels spielen für Bayreuth sicherlich auch noch andere Gründe für diese Entwicklung eine Rolle. Der ständig steigende Flächenverbrauch der Stadt Bayreuth ist hier in erster Linie zu nennen. Stadt-Rand-Verlagerungen der städtischen Funktionen Wohnen, Einzelhandel und Gewerbe führen zu einer weiteren Verringerung der in Bayreuth ansässigen landwirtschaftlichen Betriebe.

Ein weiteres Anzeichen dafür, daß sich der Strukturwandel in der Landwirtschaft auch in Bayreuth auswirkt, ist die Entwicklung der Betriebsgrößen. Vergleicht man die Größenstruktur

---

27 Die Landwirtschaft im Regierungsbezirk Oberfranken, Regierung von Oberfranken (Hrsg.), Bayreuth 1994

der landwirtschaftlichen Betriebe Bayerns mit denen Norddeutschlands oder in besonderem Maße denen in den neuen Bundesländern, dann fällt auf, daß die Betriebsgrößen zum teil erheblich voneinander abweichen. Finden sich bei uns eher klein- und mittelstrukturierte Agrarräume, dominieren in landwirtschaftlich begünstigten Beckenlandschaften größere Betriebsformen.

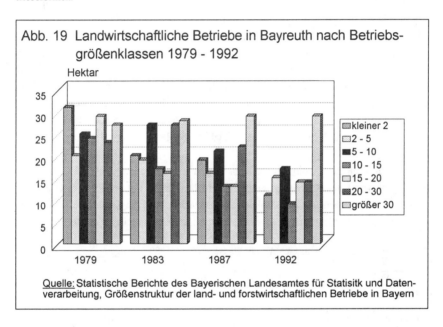

Abb. 19 zeigt die Entwicklung der landwirtschaftlichen Betriebe in Bayreuth, differenziert nach Größenklassen. Dabei ist deutlich festzustellen, daß in allen Größenklassen mit Ausnahme der Größenklasse "30 ha und mehr" die Betriebszahlen rückläufig sind. Die Bayreuther Landwirtschaft folgt damit dem Trend, der sich in den alten Bundesländern bereits seit den 50-er Jahren abgezeichnet hatte: kleinere Betriebseinheiten verschwinden immer mehr, der Anteil größerer Betriebseinheiten nimmt zu. Folge war und ist, daß die durchschnittliche Betriebsgröße stetig ansteigt. Trotz der durchschnittlich immer größer werdenden Betriebe ist die Zahl der Arbeitskräfte im landwirtschaftlichen Sektor rückläufig. 1971 waren in Bayreuth 611 Arbeitskräfte in der Landwirtschaft tätig, wovon ca. 34 % vollbeschäftigt waren. 1991 zeigte sich eine vollkommen andere Struktur: Die Zahl der Arbeitskräfte ist auf 247 (- 63,4 %) abgesunken. Der Anteil der Vollbeschäftigten hat sich aber gegenüber 1971 nicht wesentlich verändert (1992: 35,2 %).

Der Strukturwandel wirkt sich verständlicherweise auf die Einkommenssituation der Landwirte aus. Viele Betriebsinhaber sind wegen der sinkenden erzielbaren Einkommen aus der landwirtschaftlichen Produktion gezwungen, neben der Arbeit auf dem Hof nach weiteren Verdienstmöglichkeiten zu suchen. Bei Betrieben mit überwiegend betrieblichem Einkommen war gerade in der Betriebsgrößenklasse mit "30 ha und mehr" im Zeitraum von 1979 bis 1987 eine Zunahme von 15,4 % zu beobachten, während bei kleineren Betriebsgrößen Abnahmen zu verzeichnen waren.[28] Die Zahl der Betriebe mit überwiegend außerbetrieblichem Einkommen stabilisierte sich zwar bis 1987 bei ca. 58 Betrieben, nahm aber im Verhältnis zu den Betrieben mit überwiegend betrieblichen Einkommen zu. Änderungen ist auch die Struktur der Besitzverhältnisse in den landwirtschaftlichen Betrieben unterworfen. Lag 1971 der Anteil der Pachtfläche an der landwirtschaftlich genutzten Fläche der Betriebe bei 27,5 %, so ist dieser Anteil bis heute auf 46,3 % gestiegen. Die Expansion sich vergrößernder Betriebe erfolgt demnach fast ausschließlich über die Pacht zusätzlicher Flächen.

Ergänzt man noch die Situation im Landkreis Bayreuth, so treten im östlichen und nördlichen Kreisgebiet weit höhere Anteile an größeren Betrieben auf als im westlichen und südlichen Kreisgebiet. Auch bezüglich der absoluten Betriebszahlen fallen die Gemeinden in der Fränkischen Schweiz deutlich hinter denen des Fichtelgebirgsrandes zurück (vgl. Karte 16).

Tab. 9 Stadtgebiet Bayreuth nach Art der Flächennutzung 1980-1990

	1980	1983	1987	1991
Bebaute Fläche	1.097	1.267	1.350	1.368
Straßen-, Park- u. Wegeland	462	462	482	485
Öffentl. Parks, Grünanlagen	158	163	179	178
Spiel- u. Sportplätze, Freibäder	81	84	88	89
Landwirtschaftlich und gärtnerisch gennutzte Fläche	3.443	3.346	3.218	3.209
Forsten und Holzungen	1.123	1.123	1.143	1.143
Öffentliche Gewässer	45	45	48	48
Sonstige Flächen	281	200	182	170
Insgesamt	6.690	6.690	6.690	6.690

Quelle: Stat. Jahrbuch der Stadt Bayreuth, versch. Jahrgänge

Das Zusammenspiel von landwirtschaftlich genutzten Flächen und bebauten Gebieten prägt das Bild Bayreuths besonders an seinen Stadtgrenzen. Das Stadtgebiet geht langsam in das Umland

---

28 Bayerische Agrarberichterstattung, Bayer. Landesamt für Statistik und Datenverarbietung (Hrsg.), München, verschiedene Jahrgänge

über, nach außen bestimmen dorfähnliche Strukturen mit den für die Gegend typischen Höfen das Bild. Der Anteil der landwirtschaftlichen Nutzfläche nimmt im Bayreuther Stadtgebiet stetig ab. So sank der Anteil der landwirtschaftlich und gärtnerisch genutzten Flächen seit 1980 um 6,8 %. Demgegenüber nahmen der Anteil der bebauten Fläche (Haus- und Hofräume, Haus- und Ziergärten, Ruinengrundstücke, sonst. Gebäudeflächen) um 24,7 %, die der Straßen- und sonstigen Verkehrsflächen um 5,0 % zu. Bemerkenswert ist auch die Tatsache, daß die Fläche von Forsten und Holzungen um 1,7 % zunahmen (siehe Tab. 9).

Was die Flächennutzung der landwirtschaftlichen Betriebe angeht, so stand 1991 das Ackerland mit 40,5 % im Vordergrund, gegenüber 1971 sogar noch durch eine leichte relative Zunahme gekennzeichnet (vgl. Abb. 20).

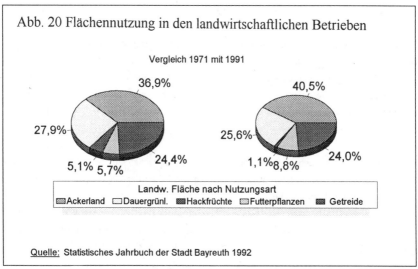

Dominierender Zweig der Viehhaltung war 1987 die Rinderhaltung mit 3.326 Tieren, gefolgt von der Federviehhaltung mit 2.189 Tieren, 1992 waren noch 2.936 Rinder vorhanden. In beiden Fällen war in den letzten Jahren ein starker Rückgang in den jeweiligen Beständen festzustellen, nahm doch die Zahl der Rinder seit 1980 um 16,0 % ab, die der Hühner gar um fast 50 %. Bei den Hühnern ist jedoch seit 1986 eine Umkehr des Trends, ausgelöst durch Änderungen des Nachfrageverhaltens der Kosumenten, festzustellen, die wieder vermehrt Weißfleisch verzehren.[29] Bei den Beständen an Mastschweinen und Zuchtsauen waren eben-

---

[29] Peschel, J., Die sektoralen und regionalen Strukturen der Schweine- und Geflügelhaltung in Bayern, Vechta 1993, S. 57

falls starke Zuwächse zu verzeichnen, 22,1 % bei Mastschweinen, 14,6 % bei Zuchtsauen. Dabei ist aber zu beachten, daß die Zahl der Halter infolge des Strukturwandels rückgängig ist, die Zuwächse also durch Bestandsvergrößerungen zu erklären sind.

Eine wichtige Frage über die Zukunft der Landwirtschaft in Bayreuth wird sein, wie es ihr gelingen wird, sich an den Strukturwandel anzupassen. Investitionen und die Bereitschaft, Neuerungen in den eigenen Betrieben einzuführen, sind hierbei unbedingt nötig. Neben den Problemen, die sich aus dem Strukturwandel ergeben, gewinnt ein anderer Fragenkreis immer mehr an Bedeutung. Höhere Bildung und eine veränderte Einstellug der jüngeren Generation gegenüber dem bäuerlichen Leben haben vielerorts zur Folge, daß die Frage der Hofnachfolge nicht gelöst werden kann, [30] die Zukunft vieler Höfe damit ungewiß erscheint.

4.2.2 Strukturen und räumliche Verteilung

Karte 17 der Standorte der Landwirtschaft in der Stadt Bayreuth nach Betriebsarten und -größen basiert auf einer Umfrage des Lehrstuhls Wirtschaftsgeographie und Regionalplanung der Universität Bayreuth aus dem Jahre 1992. Da es sich nicht um eine Vollerhebung handelte, sind auch nicht alle Betriebe erfaßt worden. Es können aber, repräsentativ für die Gesamtheit aller Betriebe im Bayreuther Stadtgebiet, grundlegende Entwicklungen und Tendenzen abgelesen werden.

Die Standorte der Betriebe liegen meist in den Außenbereichen der Stadt, in unmittelbarer Nähe zu den landwirtschaftlich nutzbaren Flächen. Im Osten der Bayreuther Senke sind die Produktionsbedingungen für die Landwirtschaft aufgrund des Bodenreliefs und der vorhandenen, für die Landwirtschaft nutzbaren Flächen günstiger als in anderen Teilen des Stadtgebietes. Die Verteilung der Betriebe nach der Betriebsgröße zeigt dann auch ein vermehrtes Auftreten von größeren bis großen Agrarbetrieben im Osten des Stadtgebietes.

Die fortschreitende Spezialisierung in der Landwirtschaft ist auch in Bayreuth deutlich erkennbar. Nur noch wenige Betriebe sind als Mischbetriebe in den Bereichen Viehhaltung, Marktfruchterzeugung und Futteranbau tätig. So dominiert bei 16 der 24 erfaßten Betriebe eine der genannten Betriebsarten mit über 50 % an der Produktion. Fünf Betriebe produzieren ihre landwirtschaftlichen Erzeugnisse gar nur in einem Bereich, sind also vollständig spezialisiert.

---

30 Maier, J. et al., Entwicklung der Landwirtschaft im Landkreis Bayreuth, in: Räumliche Auswirkungen neuerer agrarwirtschaftlicher Entwicklungen, Akademie für Raumforschung und Landesplanung, Hannover 1989,

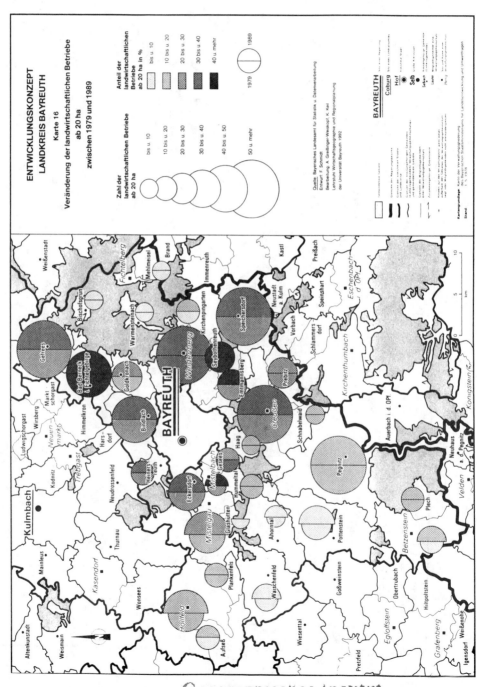

4.2.3 Vollerwerbsbetrieb Böhner in Meyernreuth und Ponyhof Fürsetz als Fall-Beispiele

Neben den allgemeinen Entwicklungen in der Landwirtschaft Bayreuths werden nun zwei Fallbeispiele angeführt, mit deren Hilfe die bereits getroffenen Ausführungen konkretisiert werden sollen. Weiterhin sollen einige Lösungsansätze vorgestellt werden, mit denen die Betriebe versuchen, sich dem fortschreitenden Strukturwandel in der Landwirtschaft anzupassen.

- Der Vollerwerbsbetrieb Böhner in Meyernreuth

Der Vollerwerbsbetrieb der Familie Böhner in Meyernreuth gehört zu den Großbetrieben in Oberfranken. Die landwirtschaftliche Betriebsfläche betrug 1992 ca. 150 ha. Diese untergliedern sich in 134 ha landwirtschaftliche Nutzfläche und 16 ha eigenen Wald. Nur 30 ha sind im Besitz der Familie, die restlichen ca. 104 ha sind zugepachtet.

1992 arbeiteten auf dem Hof 4 Arbeitskräfte, die sich in je eine Arbeitskraft (AK) für Vater und Sohn, 0,75 AK für zwei Lehrlinge und 0,5 AK für die Mutter aufteilen. Dieser relativ niedrige Besatz an Arbeitskräften ist auf die zunehmende Mechanisierung des Betriebes zurückzuführen.

Auf den landwirtschaftlichen Nutzflächen werden vorwiegend Getreide, Mais und Kleegras angebaut. Daneben werden ca. 280 Rinder, davon 60 Milchkühe, 180 Mastbullen und 40 Kälber gehalten (Stand 1992). Die Milchwirtschaft gehört zu den Haupterlösquellen des Betriebes. Eine Kuh gibt durchschnittlich 5.000 l Milch pro Jahr, so daß ca. 300.000 l Milch jährlich den Hof verlassen. Eine Erhöhung des Milchkuhbestandes ist nicht vorgesehen, da es sonst zu Problemen mit der Quotenregelung kommen würde. Auf dem Hof wurden in den vergangenen Jahren hohe Investitionen getätigt, um die Viehhaltung zu rationalisieren und damit die Wettbewerbsfähigkeit des Betriebes zu steigern. Ein speziell konzipierter Boxenlaufstall wirkt sich positiv auf die Psyche und die Leistungsfähiget des Viehs aus. Eine EDV-Anlage gibt je nach Leistungsfähigkeit der Kuh das Futter aus. Der Futterverbrauch wird automatisch registriert, ebenso die Trockenstellung und der Deckungstag. Das Melken der Milchkühe geschieht mittels einer modernen Melkmaschine innerhalb von eineinhalb Stunden, was eine beträchtliche Zeit- und Arbeitsersparnis zur Folge hat.

Der Strukturwandel in der Landwirtschaft wirkt sich also auf den betrachteten Betrieb insoweit aus, als durch ständige Erweiterungen der Betriebsfläche versucht wird, die flächenmäßigen Voraussetzungen für einen rentablen Betrieb des Hofes zu schaffen. Hinzu kommt der Einsatz moderner Technologien, die automatisierte Arbeitsvorgänge in der Landwirtschaft übernehmen, und so erheblich zum Betriebserfolg beitragen.

Bild 8 Das Anwesen der Familie Böhner in Meyernreuth

Änderungen auf den landwirtschaftlichen Märkten beeinflussen die Betriebsstruktur des Betriebes Böhner. Der andauernde Preisverfall auf dem Rindermarkt und steigende Kosten in der Tierzucht (Futter) führten dazu, daß die Mastbullenhaltung und die Kälberzucht in Zukunft reduziert werden sollen. In der Geflügelzucht soll dem Familienbetrieb dagegen eine weitere Erwerbsquelle erschlossen werden. Es werden Wachteln, Fasane, Rebhühner und Tauben gezüchtet und verkauft. Dabei wird in kleinem Stil Direktvermarktung des Geflügels ab Hof betrieben. Zu den Kunden gehören hier im wesentlichen Bekannte. In der Regel wird das Geflügel an Zwischenhändler (Metzger) verkauft, die dann die Weiterverarbeitung zu Wurst vornehmen. Es zeigt sich, daß auch Vollerwerbsbetriebe in zunehmendem Maße dazu übergehen, neue Wege in der Vermarktung der eigenen Produkte zu gehen. Der Betrieb Böhner befindet sich hier noch am Anfang, doch kann der fortlaufende Preisverfall landwirtschaftlicher Produkte im Zusammenhang mit dem europäischen Markt ein Auslöser sein, verstärkte Bemühungen auf dem Gebiet der Direktvermarktung durchzuführen oder auch einer weiteren Spezialisierung hin zu konkurrenzfähigen Produkten zuzustimmen.

- Fallstudie des Ponyhofes der Familie Stemmler in Fürsetz

Das Anwesen Karolinenhöhe wurde seit 1898 landwirtschaftlich genutzt. Haupterwerbsquelle des Betriebes war dabei die Milchviehwirtschaft. Da das Problem der Hofnachfolge nicht geklärt werden konnte, mußte Mitte der 80-er Jahre die landwirtschaftliche Produktion eingestellt werden. Als schließlich die Kinder kein Interesse mehr an den Gebäuden des Hofes zeigten, wurde das Anwesen 1989 an die heutige Besitzerin, Frau Stemmler, verkauft.

Die gelernte Betriebswirtin wandelte das landwirtschaftliche Anwesen in einen Ponyhof um und erfüllte sich damit einen Jugendtraum. Steigerung der Lebensqualität für sich und ihre Kinder war dabei das primäre Ziel dieser Entscheidung. Die Umwandlung eines landwirtschaftlichen Betriebes in einen Ponyhof ist nur ein Beispiel für Nachfolgenutzungen von Agrarbetrieben, die aufgrund der strukturellen Änderungen sowohl im wirtschaftlichen als auch im soziokulturellen Bereich den Betrieb einstellen müssen. Die Nachfolgenutzung Ponyhof erweist sich gerade wegen der Nähe der Anlage zur Stadt Bayreuth mit ihrem großen Potential an Kindern und Jugendlichen als besonders glücklich.

Die finanzielle Grundlage für den Kauf des Geländes bildeten Einnahmen aus der Vermietung und Verpachtung von Immobilien. Neben dem Kauf waren anfangs hohe Investitionen im Wohnhaus und den Wirtschaftsgebäuden notwendig. Hinzu kam, daß der Hof bis zu diesem Zeitpunkt noch nicht an das städtische Wassernetz angeschlossen war und der hofeigene Brunnen den Wasserbedarf gerade in den Sommermonaten nicht decken konnte.

Der Ponyhof war von Anfang an nicht als reine Anlage zur Selbstverwirklichung der Eigentümerin gedacht, er sollte auch eine Bereicherung des Freizeitangebots für die Stadt Bayreuth, besonders für Kinder und Jugendliche, sein. Dazu mußte der landwirtschaftliche Betrieb zuerst in einen Gewerbebetrieb umgewandelt werden, wozu amtstierärztliche Genehmigungen für gewerbliche Tierhaltung und andere rechtliche Probleme zu lösen waren.

Der Hof umfaßt heute das Wohngebäude mit 400 qm Wohnfläche, wovon nur die Hälfte tatsächlich bewohnt wird, eine Scheune mit 250 qm Grundfläche sowie verschiedene kleine Stallungen. Mit den Gebäuden hat das gesamte Gelände eine Fläche von ca. 1.100 qm. Für die Ponys wurden Koppeln eingerichtet und ein Hektar Wiese zugepachtet. Neben den Ponys (Haflinger, Norweger, Shettys) gibt es auf dem Hof noch Hunde, Katzen, einen Waschbär, Hängebauchschweine, einen Esel, eine Ziege und Kaninchen. Durch die Vielfalt der Tiere entsteht auf dem Hof eine ländliche Idylle, die von den Besuchern gesucht wird, und sich damit auch von dem typischen Bild eines Reiterhofes unterscheidet (vgl. Bild 9).

Zur Deckung der anfallenden Kosten (Lebensunterhalt der Familie, Pacht, Futter für die Tiere) werden Reitstunden angeboten. Die Einnahmen hieraus bilden die wichtigste Einnahmequelle des Hofes. Für den Unterricht ist eine ausgebildete Reitlehrerin zuständig. Es werden auch spezielle Kinderreitferien angeboten. 10 Kinder können gemeinsam ihre Ferien auf dem Hof verbringen. Das Angebot umfaßt Vollverpflegung und täglich zwei Reitstunden. Eine weitere Einnahmequelle ist der Betrieb eines kleinen Kiosks. Der Erfolg dieses Konzeptes zeigt sich daran, daß an Wochenenden bis zu 500 Ausflügler den Hof besuchen und die Angebote nutzen.

Bild 9 Wochenendbetrieb auf dem Ponyhof der Familie Stemmler in Fürsetz

Die hohen monatlichen Fixkosten und immer wieder nötig werdende Investitionen sowie die starke Saisonalität des Reitbetriebes (1. April bis 30. Oktober) fordern auch Anstrengungen auf dem Gebiet der Vermarktung des Hofes. Es gilt laufend neue Kunden zu suchen, um den Auslastungsgrad des Ponyhofes über die Saison möglichst hoch zu halten und so die benötigten Mittel erwirtschaften zu können. Dabei erwies sich die Mund-zu-Mund-Propaganda als wichtigstes Medium den Bekanntheitsgrad des Hofes zu steigern. Hinzu kommen gezielte Anzeigen in nordbayerischen Lokalzeitungen, der Süddeutschen Zeitung und einem Fachmagazin über Pferde, in denen für die Angebote des Ponyhofes geworben wird. Mit Western- und Ponyfesten sowie Reitvorführungen und Malwettbewerben werden gezielt die wichtigsten Kundengruppen des Hofes angesprochen und zu weiteren Besuchen animiert.

Der Ponyhof ist ein Beispiel für die gelungene Umwandlung eines landwirtschaftlichen Betriebes in einen Gewerbebetrieb, der die Potentiale des Agrarraumes weiter nutzt. Hinzu kommt der Nutzen für die Besucher des Hofes, für die der Ponyhof mittlerweile zu einem beliebten Naherholungsziel geworden ist.

4.3 Industrie - Spezialisierung und Innovation

Wenngleich die Stadt Bayreuth auf den ersten Blick von außen weniger den Eindruck des traditionellen Standortes von Industriebetrieben wie etwa die vergleichbaren oberfränkischen Städte Hof oder Bamberg macht (vgl. Tab. 10), hat jedoch auch die Industrie in Bayreuth in den letzten 25 Jahren Stadtentwicklungsprozesse wechselseitig mit beeinflußt.

Im folgenden sollen deshalb die Entwicklungen und Strukturen der Industrie in der Stadt Bayreuth besonders der letzten Jahrzehnte und ihre gegenwärtige Situation aufgezeigt werden.

Tab. 10 Erwerbstätige der kreisfreien Städte nach Wirtschaftsbereichen im Jahr 1991 (in %)

Wirtschaftsbereiche	Bamberg	Bayreuth	Coburg	Hof	Bayern
Land- u. Forstwirtschaft	1	1	1	1	6
Produzierendes Gewerbe	43	29	37	37	41
Handel/Verkehr/Nachrichtenüber-mittlung	19	19	16	26	17
Übrige Dienstleistungen	15	19	26	14	18
Staat., priv. Haushalte, priv. Organisationen ohne Erwerbszweck	22	34	20	23	18
Gesamt	100	100	100	100	100

Quelle: Bayerisches Landesamt für Statistik und Datenverarbeitung

4.3.1 Entwicklung der Industrie in den letzten 25 Jahren

In Verbindung mit dem Wiederaufbau der Wirtschaft nach dem 2. Weltkrieg begann die Stadt Bayreuth ab 1952 mit der Erschließung des Industriegebietes St. Georgen, das 838.500 qm ehemalige landwirtschaftliche Fläche (Nutz- und Brachfläche) umfaßte. Das Gebiet wurde an das Strom-, Gas- und Wassernetz der Stadt angeschlossen und bekam Gleis- sowie Autobahnanschluß (Ausfahrt Bayreuth-Nord). Dieses Gelände war vor allem für Zuwanderbetriebe gedacht, denen zeitlich begrenzte Steuererleichterung, Kreditvergünstigungen und Zonenrandförderung zuteil wurden.

Mit diesem Erschließungsprojekt sollten jedoch auch altansässige Firmen aus dem Stadtgebiet zur Umsiedlung angeregt werden. Ferner sollte das relativ hohe Arbeitskräftepotential Bayreuths genutzt werden, d.h. einer hohen Arbeitslosigkeit wollte man entgegenwirken. Ausschlaggebend für die Ansiedlung der Flüchtlings- und Zuwandererbetriebe waren außer den genannten Gründen psychologische Faktoren (erstes Seßhaftwerden und Heimatnähe) sowie Fühlungsvorteile durch die Nähe zur traditionellen Textilindustrie und das Vorhandensein von leerstehenden Kasernen als Produktionsräume. Die Neuansiedlung des Grundig-Zweigbetriebes im Jahre 1957 läßt sich zudem durch die günstige Verkehrsanbindung zu den Werken in Nürnberg und München und die niedrigen Grundstückspreise im ländlichen Raum erklären. Viele alteingesessene Industriebetriebe verlegten in diesem Zeitraum ihre Produktionsstätten aus Platzmangel in das infrastrukturell günstig angelegte neue Industriegebiet.[31]

Die Ansiedlung Grundigs steht für die Verstärkung oder Ankurbelung eines Prozesses, der für die weitere industrielle Entwicklung der Stadt bezeichnend war: die Loslösung von der Monostruktur mit der Textilindustrie als Leitsektor zugunsten einer ausgeglichenen Branchenvielfalt. Erwähnenswert in diesem Zusammenhang ist auch die Ansiedlung der Zigarettenfabrik Batberg (BAT). Dieser Vorgang der Diversifizierung setzte sich bis in die 70-er Jahre fort. Aufgrund des wachsenden Konkurrenzdrucks und einer Hinwendung zum tertiären Sektor kam es allerdings im Laufe der Jahre zu einer kontinuierlichen Abnahme der Betriebe und Beschäftigtenzahlen durch die notwendig gewordene Rationalisierung des Industriebereichs.

So wurde im Jahr 1958 mit insgesamt 92 Industriebetrieben und 6.640 Beschäftigten ein erster Höhepunkt erreicht. Von da an kam es jedoch nicht mehr zu weiteren nennenswerten Ansiedlungen (abgesehen von der Eröffnung von Werkstätten und Auslieferungslagern), so daß 1989 das niedrige Niveau von 1950 (60 Betriebe) wieder erreicht wurde. Abwanderungen und Firmenschließungen waren hauptsächlich der ungünstigen Zonenrandlage zuzuschreiben. Dieser Trend hat sich in jüngster Zeit jedoch geändert: durch die Wiedervereinigung und die neuen Impulse entlang der A 9 kommt es wieder zu Ansiedlungen (1990 waren es insgesamt 64 Betriebe, vgl. Tab. 11).

Die Stadt verfolgte mit ihrer Ansiedlungspolitik eine Strukturveränderung zu Gunsten nicht textilverarbeitender Betriebe, um so ein Gegengewicht zur krisenanfälligen Textilindustrie zu schaffen. Über 50 % (1950) und 30 % (1985) verringerte sich der Anteil auf knapp über 19 % im Jahre 1989. Mit der Schließung der NSB im Frühjahr 1992 hat sich dieser Prozentsatz noch weiter verringert. Mit dem Rückgang der Beschäftigten in der Textilindustrie ging nahezu zwangsläufig auch die Gesamtbeschäftigung in der Industrie in Bayreuth zurück. Von rd. 11.000 Personen (1960) auf rd. 7.600 (1984) nahm in der Stadt Bayreuth die Zahl der Be-

---

31 Sauber, Die Stadtentwicklung von Bayreuth im 19. und 20. Jahrhundert, Bayreuth 1989, S. 66 ff.

schäftigten um rd. 31 % ab, wobei der Landkreis einen Zuwachs zu verzeichnen hatte. Diese Entwicklung entsprach vornehmlich den Tendenzen in der Textilindustrie, die über Rationalisierungsmaßnahmen und als Folge eines verschärften internationalen Wettbewerbs einen Personalabbau vornehmen mußte.

Tab. 11 Die Entwicklung der Industriebetriebe mit 10* und mehr Beschäftigten in der Stadt Bayreuth 1950 bis 1990

Jahr	Zahl der Betriebe	Beschäftigte			Geleistete Arbeitsstd. **	Löhne	Gehälter	Umsätze ***
		insgesamt	Angestellte	Arbeiter		in 1.000		DM
1950	62	6.247	694	5.533	12.597	12.833	2.635	105.768
1952	82	6.640	803	5.837	12.475	15.567	3.459	124.770
1954	84	6.771	789	5.982	13.247	17.759	3.770	142.395
1956	90	7.878	953	6.925	15.661	23.299	5.104	176.473
1958	92	9.505	1.183	8.322	17.072	30.705	7.072	363.246
1960	90	10.943	1.505	9.438	19.131	42.217	10.326	582.637
1962	88	10.801	1.607	9.194	17.953	49.775	13.226	803.418
1964	85	10.811	1.662	9.149	17.427	57.357	15.664	897.901
1966	86	10.410	1.676	8.734	15.867	63.501	18.559	940.370
1968	82	9.788	1.684	8.104	14.864	65.482	20.487	1.006.072
1970	79	10.023	1.791	8.232	14.799	85.729	27.017	1.111.019
1972	79	9.858	1.977	7.881	13.986	101.170	36.152	1.244.903
1974	77	9.968	2.107	7.861	13.135	123.334	48.038	1.357.397
1976	68	8.797	1.859	6.938	11.667	133.380	51.216	1.647.866
1978	73	9.344	2.073	7.271	12.154	154.214	63.014	2.307.567
1980	71	8.731	2.050	6.681	11.008	162.220	72.571	1.760.089
1984	64	6.960	1.780	5.180	8.693	144.690	79.257	2.485.512
1985	63	6.924	1.793	5.131	8.551	148.457	81.318	2.375.301
1986	63	7.208	1.954	5.254	8.717	160.248	89.609	2.343.904
1987	65	7.411	2.008	5.403	8.844	169.061	93.829	2.332.589
1988	63	7.458	2.087	5.371	8.766	174.133	103.848	2.448.798
1989	60	7.627	2.166	5.461	8.885	183.302	112.423	3.308.608
1990	64	8.048	2.314	5.734	9.308	204.238	125.665	3.732.960

* ab 1977 Industrie- und Handwerksbetriebe mit 20 und mehr Beschäftigten
** in 1.000
*** ab 1968 ohne Umsatz-(Mehrwert-)Steuer
Quelle: Stadt Bayreuth (Hrsg.), Statistisches Jahrbuch der Stadt Bayreuth 1990, S. 200

Im Jahre 1990 stellten die Sektoren der Textilindustrie mit 1.457 Beschäftigten (18 %), der Nahrungs- und Genußmittelindustrie mit 1.303 Beschäftigten (16 %) und die elektrotechnische Industrie mit 1.163 Beschäftigten (15 %) die wichtigsten Industriebereiche der Stadt dar.[32]

---

32 Stadt Bayreuth (Hrsg.), Statistisches Jahrbuch 1990, Bayreuth 1991, S. 199

In diesem Zusammenhang ist es notwendig auf die Rolle der Betriebe hinzuweisen, die von seiten der Flüchtlinge und Heimatvertriebenen nach dem 2. Weltkrieg errichtet wurden und die wesentlich zur Umstrukturierung der Industriebranchen beigetragen haben.

Eine relativ große Zahl dieser Betriebe war nicht überlebensfähig und mußte schließen. Von den 38 in Bayreuth gegründeten Betrieben existieren heute noch 15, sie haben jedoch die wirtschaftliche Lage der Stadt entscheidend mit beeinflußt.

Wie aus Abb. 20 zu ersehen ist, gründete diese Bevölkerungsgruppe hauptsächlich in der Textil- und Bekleidungsindustrie ihre Betriebe. Der Rest teilte sich auf die Branchen 'Bau, Steine und Erden', 'Kunststoffverarbeitung' und 'Klimatechnik' auf [33].

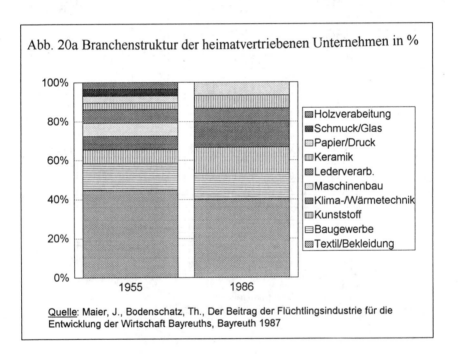

___

[33] vgl. Maier, J., Bodenschatz, Th., Der Beitrag der Flüchtlingsindustrie für die Entwicklung der Wirtschaft Bayreuths, Bayreuth 1987, S. 11 ff.

Tab. 12 Die noch existierenden Unternehmen Heimatvertriebener in Bayreuth 1987

Unternehmen	Branche	Beschäftigte	
		1980	1986
Blaha u. Arzberger	Textil	200	150
Ogawi	Textil	75	40
Riedl	Textil	150	260
Zappe	Textil	240	50
Weihermüller und Voigtmann	Textil	k.A.	150
Feinwirkerei Saas (bis 1972 Fa. Goetze)	Textil	80	14
Wiessner	Klimatechnik	350	350
Rüskamp	Wärme- u. Klimatechnik	80	130
Handschuh	Kunststoff	30	19
Gradl	Kunststoff	20	8
Markgraf	Baugewerbe	570	860
Reichmann	Baugewerbe	17	17
Kreher	Lederwaren	50	80
Hertel	Papier und Druck	37	57
Weidl	Feinkeramik	15	15
Insgesamt		1.914	2.460

Quelle: Maier, J., Bodenschatz, Th., a.a.O.

Die Betriebe der Heimatvertriebenen und Zugewanderten sind überwiegend mittelständischer Art; die Anzahl der Beschäftigten hat sich beispielsweise von 1960 bis 1986 wie folgt entwickelt:

Von den 1986 in Bayreuth bestehenden 64 Betrieben sind - wie bereits erwähnt- 15 sog. Flüchtlingsbetriebe. Sie beschäftigen mehr als 35 % der gesamten Arbeitnehmer, d.h. ihre Betriebsgröße ist überdurchschnittlich. Hierin spiegelt sich die Bedeutung dieser Betriebe im heutigen Bayreuther Wirtschaftsgefüge wieder. Fügt man noch die neueste Entwicklung an, so wird aus Tab. 13 ersichtlich, daß es neben dem erheblichen Rückgang im Textilgewerbe in der Branche der Nahrungs- und Genußmittel zu bemerkenswerten Zunahmen der Beschäften zwischen 1988 und 1992, im Bereich der Optik sogar zu einer Steigerung um rd. 36 %(!) kam, jedoch auch andere Branchen Zunahmen aufwiesen. Hierin wird der Strukturwandel der Industrie sichtbar.

Dabei fehlte es in Bayreuth an großen Gewerbeflächen, so daß der Ansiedlung neuer Betriebe Grenzen gesetzt sind. Umso beachtlicher ist das Bemühen der Stadtverwaltung, durch eine gezielte Politik der Flächenausweisung entlang der Autobahn neue Standortvoraussetzungen zu schaffen.

Tab. 13 Beschäftigte im Verarbeitenden Gewerbe in der Stadt Bayreuth in den Jahren 1988 - 1992

Wirtschaftszweig	1988	1992	Veränderung 1988 - 1992
Textilgewerbe	1.510	836	-44,6
Nahrungs- und Genußmittel	1.210	1.364	-12,7
Elektrotechnik	1.034	1.027	-0,7
Maschinenbau	1.033	1.118	-1,4
Optik	485	659	+35,9
Kunststoff	298	306	+2,6
Druckerei	306	328	+7,2
Sonstige	739	759	+2,7

Quelle: Stadtverwaltung Bayreuth (Hrsg.), Statistisches Jahrbuch 1992, Bayreuth 1993, S. 201, eigene Berechnungen

4.3.2 Strukturen und räumliche Wirkung

Karte 18 gibt einen umfassenden Überblick über sämtliche Industriebetriebe der Stadt Bayreuth. Grundlage der Kartierung war eine Auflistung der Industrie- und Handelskammer für Oberfranken von sämtlichen Industriebetrieben zum 8.1.1991. Von den 140 genannten Betrieben wurden 121 für die Kartierung erfaßt. Die Differenz von 19 Betrieben ergibt sich aus Betriebsstillegungen und Umzügen bzw. Unauffindbarkeit der Betriebe. Stichdatum der Kartierung war der Zeitraum von 1.2. - 7.2.1992. Für die Firmen Schinner-Bräu und Milchhof Bayreuth wurden im Vorgriff auf die bevorstehenden Umzüge zum Jahreswechsel 1992/93 bereits die neuen Standorte eingetragen.

Die Gesamtheit der 121 Industriebetriebe in Bayreuth läßt sich nach Größenklassen (Stichtag 8.1.1991) wie folgt aufteilen:

Tab. 14 Größe der Industriebetriebe in Bayreuth 1991 nach Zahl der Beschäftigten

Beschäftigte	Betriebe
1 - 4	32
5 - 9	13
10 - 19	14
20 - 49	16
50 - 99	20
100 - 199	14
200 - 499	7
500 - 999	2
999 und mehr	3

Quelle: Liste der Industrie- und Handelskammer Oberfranken Bayreuth vom 8.1.1991

Nach Branchen ist folgende Aufteilung festzustellen:

Tab. 15 Branchenstruktur der Bayreuther Industriebetriebe 1991

Branche	Betriebe
Bau	8
Maschinenbau	17
Elektrotechnische Industrie	13
Feinmechanische Industrie	4
Druckerei- und Vervielfältigungsindustrie	18
Herstellung von Kunststoff	8
Textilgewerbe	19
Nahrungs- und Genußmittelindustrie	9
Grundstoff- und Produktionsgüterindustrie	25

Quelle: Liste der Industrie- und Handelskammer Oberfranken Bayreuth vom 8.1.1991

Insgesamt befinden sich in Bayreuth 12 größere Betriebe mit mehr als 200 Beschäftigten. Darunter befinden sich 3 Betriebe aus der Textilbranche (Riedel, Webatex und Weihermüller), 2 Betriebe aus der Baubranche (Markgraf, Zapf), 2 Betriebe aus der Nahrungs- und Genußmittelbranche (Maisel, BAT), 2 Betriebe aus der Elektrotechnischen Industrie (Cherry, Grundig), 2 Betriebe aus dem Maschinenbau (Hensel, Wiessner) sowie einen Betrieb aus der Grundstoff- und Produktionsmittelbranche (EVO).

Festzustellen ist weiterhin zunächst eine relativ gleichmäßige Verteilung über das gesamte Stadtgebiet mit Schwerpunkten in den traditionellen Industriegebieten sowie einer Schwerpunktbildung vor allem im Industriegebiet Bayreuth Nord, auch in Bayreuth-Ost (vgl. Karte 18). Dabei ist eine Entwicklung aus den "alten" Industriegebieten in die neuen Industriestandorte (z.B. im Anschluß an die Käserei Bayreuth (vgl. Bild 10) bzw. in das Industriegebiet "Am Pfaffenfleck") zu beobachten. Damit gelang es auch Betriebe aus der Innenstadt, denkt man nur an die Brauerei Schinner oder die Reinigung Wild, umzusiedeln, zum Nutzen der Betriebe und der früheren Standorträume.

Für die Industrieentwicklung in Bayreuth werden in Zukunft kaum großflächige Industrieansiedlungen zu erwarten sein, dies vor allem auch wegen der begrenzten Bodenkapazitäten, die den Handlungsspielraum weiter einschränken. Vielmehr muß die Stadtentwicklungspolitik im Rahmen einer Bestandspflege bestrebt sein, die angestammten Industrieunternehmen zu fördern und zu sichern. Der fortschreitende Strukturwandel und die zunehmende Konkurrenz aus dem Ausland erfordern zudem aber auch die Bereitschaft, sich neuen Anforderungen zu stellen. Innovatives Denken, um neue, konkurrenzfähige Produkte und Fertigungsverfahren zu entwickeln sowie die Spezialisierung in zukunftsträchtige Märkte und Produkte

("Marktnischen"), sind auch in Bayreuth von Nöten, um den Industriestandort Bayreuth für die Zukunft zu sichern.

Bild 10 Neuere Entwicklungen in den Gewerbegebieten der Stadt Bayreuth in den frühen 90-er Jahren - am Beispiel des Gewerbegebietes an der Bindlacher Straße

4.3.3 Die Brauerei Gebrüder Maisel und die Wiessner GmbH als Beispiele bedeutsamer Industriebranchen

Die beiden folgenden Beispiele sollen die Entwicklung des Industriestandortes Bayreuth aus unternehmerischer Sicht darstellen. Es wurden dazu aus der Palette an Wirtschaftszweigen in Bayreuth ein Beispiel aus dem klassischen Bereich der Genuß- und Nahrungsmittelindustrie (allein im Sektor Brauereien gibt es unter den rd. 200 oberfränkischen Brauereien noch 6 in der Stadt Bayreuth, alles typische Mittelstandsbetriebe) gewählt, während das zweite Beispiel aus einer modernen Industriebranche gewählt wurde, die lange Zeit als besonders wichtig für die Wirtschaftsentwicklung Deutschlands angesehen wurde und die in den letzten Jahren nun auch in den Sog der konjunkturellen aber auch strukturellen Probleme, hineingezogen wurde.

- **Brauerei Gebrüder Maisel**

1887 wurde in der Kulmbacher Straße die heutige "Gebrüder Maisel Brauerei Bayreuth" unter dem Namen "Exportbierbrauerei Gebrüder Maisel" durch den Brauerei- und Grundbesitzer aus Kasendorf, Eberhard Maisel, und den Besitzer der Johann Kritzenthalerschen Bierbrauerei, Hans Maisel, als Gesellschaftsfirma errichtet. Obwohl zu jener Zeit viele kleine Brauerein gegründet wurden, konnten sich die beiden durch ihre besonderen Leistungen bald eine herausragende Stellung verschaffen und so kam es schon 6 Jahre nach der Errichtung zu einer ersten Erweiterung. 1896 übergab Eberhard Maisel an seinen Sohn Andreas und 1919 trat Fritz, der Sohn von Hans Maisel, in die Brauerei ein. Er übernahm 1936 die Brauerei, ihm folgten die heutigen Inhaber Hans und Oscar Maisel; die Gesellschaftsform stellt eine OHG dar.

Nach 1945 erholte sich die Baurerei schnell und es wurde bald mit dem bis heute andauernden stetigen Ausbau des Unternehmens auf nunmehr insgesamt 300 Mitarbeiter und 1 Mio. Hektoliter Kapazität begonnen. 1959 wurde der Flaschenkeller gebaut. Mitte der 60-er Jahre wurden Gär- und Lagerkeller hinzugefügt und schließlich ein Filterkeller, ein Sudhaus und Malzsilos errichtet, so daß 1974 auf einem stark erweiterten Firmengelände zwischen der Kulmbacher und der Hindenburgstraße eine moderne Brauanlage in Betrieb genommen werden konnte. Die alte Brauerei wurde stillgelegt und - aus der Sicht der Stadtqualität und Regionalkultur besonders verdienstvoll, fungiert seit 1981 als Brauerei- und Büttnereimuseum, in dem die alte Braukunst den jährlich rd. 25.000 Besuchern demonstriert wird. Doch auch diese Modernisierung und Erweiterung des Unternehmens bildete keinen Schlußpunkt in der Entwicklung, sondern gemäß dem Motto von Fritz Maisel: "Ein Brauer, der nicht baut, auch nicht mehr lange braut", wurde die Brauerei stetig vergrößert und modernisiert, bis sie ihr heutiges Ausmaß erreichte (vgl. Bild 11).

Dabei läßt sich die Größe einer Brauerei nicht nur an der Qualität ihrer Biere und damit der Braukunst, sondern quantitativ auch am Bierausstoß messen. Bereits vor dem 2. Weltkrieg konnte die Brauerei Maisel einen Ausstoß von 300.000 hl verzeichnen, dessen Höhe jedoch durch den 2. Weltkrieg stark beeinträchtigt wurde und sich erst ab 1950 (18.000 hl Ausstoß) erholte. So konnte aber bereits 1960 wieder ein Ausstoß von 100.000 hl verzeichnet werden, 1970 227.000 hl, 1980 307.000 hl und 1986 erreichte die Firma 410.000 hl. Enorm war die Steigerung dann nochmals bis 1990 auf 460.000 hl Ausstoß auf 516.000 hl 1991, was einen Zuwachs von 12,7 % ergab. Der Umsatz wuchs proportional zum Ausstoß; so wurde 1991 im Vergleich zum Vorjahr ein Wachstum um 15,3 auf insgesamt 68 Mio. DM verzeichnet.

Mit ca. 60 % an diesem Umsatz beteiligt ist das Hefeweizenbier, "Maisel's Weisse". Es ist das Hauptprodukt der Brauerei mit einer, in Deutschland an dritter Stelle unter den weissbierherstellenden Brauereien liegenden Ausstoßhöhe von 310.000 hl. Doch auch das alkoholfreie

Pilsner von Maisel, das sog. "Kritzenthaler", das 1986 als erstes alkoholfreies Bier auf den Markt kam, ist ein wichtiger Augenmerk der Bierbrauerei. Da es inzwischen mit einer Steigerung von 50 % einen Ausstoß von 75.000 hl hat, gehört es ebenfalls zu den drei für die Brauerei wichtigsten Produkten. Sein Ausstoß wird nur noch von dem des "Maisel's Edelhopfen Diät-Pilsners" übertroffen, das mit mehr als 100.000 hl als marktführend im Segment Diätbier gilt.

Bild 11 Die Fläche der Brauerei Gebr. Maisel

Neben den drei umsatzführenden Biersorten haben die Gebrüder Maisel sieben weitere Produkte auf dem Markt. Diese ganze Produktpalette wird durch verschiedene Vertriebspartner, wie Getränkefachgroßhändler oder Partnerbrauereien sowohl in den alten als auch in den neuen Budnesländern, auf den Markt gebracht.

Die Vielfalt der Maisel'schen Biersorten ist ein Spiegelbild der vielfältigen Bierlandschaft in Franken. Insgesamt setzt Maisel auf den Wahlspruch: "Ein Bier braucht eine Heimat", was auch die Verbundenheit zum Standort Bayreuth zeigt.

Trotzdem ist man schon seit längerem auf nationaler und internationaler Ebene tätig. Diese Kombination von Heimatverbundenheit und gleichzeitigem Weitblick über Grenzen hinweg trägt wohl sehr zum Erfolg der Brauerei bei, so daß ihr Bier sowohl in Österreich und Italien als auch in den USA und auf Teneriffa bekannt ist. Oscar Maisel beschreibt diesen Schwerpunkt seiner Unternehmensphilosophie mit folgenden Worten:

"Die Wahrung des Gleichgewichts zwischen nationalem Erfolg mit Bierspezialitäten und der Verbundenheit und Loyalität gegenüber der Stadt und ihrer Umgebung dürfte eines der Erfolgsrezepte der ständig wachsenden Brauerei sein"[34].

Grundlage eines erfolgreichen Brauvorgangs ist für die Gebrüder Maisel das Bayrische Reinheitsgebot von 1516, doch darüber hinaus bemühen sie sich, ein qualitativ hochwertiges Bier zu produzieren, indem sie z.B. auch weiterhin auf die klassische Flaschengärung bei Weissbieren setzen, die zwar teurer ist, jedoch die konsequente Pflege eines eigenständigen Markenprofils ermöglicht. So wird diese sog. Premiumstrategie zu einem weiteren Teil der Unternehmesphilosophie. Diese bildet auch die Grundlage für das Marketingkonzept. Die praktische Umsetzung vollzieht sich durch Plakat-, Zeitungs- und Zeitschriftenwerbung, Werbung in Rundfunk und Fernsehen sowie in Sportstätten und auf Fach- und Verbrauchermessen, wofür man eine eigene "Weissbier-Halle" im typischen "Maisel-Design" konstruierte.

Der Erfolg des Unternehmens bringt aber auch Probleme mit sich. So mußte der Betrieb in den letzten Jahren mehrmals erweitert werden, um die steigende Nachfrage erfüllen zu können - jedoch ist nun das Flächenangebot des Standortes ausgeschöpft. Als einzig verbleibende Lösung wurden 1991/92 die neu errichteten Anlagen über den alten buchstäblich "in die Höhe gebaut", um die angestrebte Kapazitätserweiterung auf 1 Mio. hl zu erreichen. Für einen vollständigen Umzug ist das Unternehmen inzwischen zu komplex, wobei außerdem die Suche nach einem geeigneten Standort in Bayreuth erhebliche Probleme bereiten würde.

Für die neuen Bundesländer erhoffen sich die Gebrüder Maisel eine ähnliche Akzeptanz ihrer Produkte wie in Nord- und Westdeutschland. Die Menschen müßten jedoch erst an die neuen Biersorten herangeführt werden, was insbesondere für das Weissbier gilt. Generell möchten sie aber auch dort mit derselben Strategie wie in den alten Bundesländern ihre Erzeugnisse in den Markt einführen, obwohl hier mit einem Verdrängungswettbewerb durch Konkurrenz aus den alten Bundesländern und wieder aufgebaute ansässige Brauereien zu rechnen ist. Dieser Trend macht sich bereits jetzt im alten Bundesgebiet bemerkbar, da die starken Zuwachsraten der vergangenen Jahre langsam geringer werden und Übernahmen oder Zusammenschlüsse zu Großbrauereien den Markt nicht einfacher machen. Verschärfen wird sich dieser Konflikt zusätzlich durch den EU-Binnenmarkt, wenn zahlreiche ausländische Brauereien, die nicht

---

34 vgl. Presse-Information, Gebrüder Maisel (Hrsg.), März 1991, S. 3

nach dem Reinheitsgebot brauen, auf den deutschen Markt strömen. Hier vertrauen die Gebrüder Maisel auf den guten Ruf und die Qualität ihrer Biere.

- Die Wiessner GmbH

Am 1. Juli 1919 wurde die heute in Bayreuth ansässige Wiessner GmbH als Ingenieurbüro von Carl Wiessner und Egon Georg Schmidt in Görlitz an der Neiße, unmittelbar an der polnischen Grenze gegründet. Nach zwei Jahren übernahm der Ingenieur Dr. Hans Frisch, aus Kulmbach stammend, das Ingenieurbüro und entwickelte bald darauf eine Maschinenfabrik, in der luft- und wärmetechnische Anlagen produziert wurden. Das Unternehmen zählte damit zu einem der ersten, die auf dem Gebiet der Klimatechnik tätig wurden. Bereits 1924 entstand die erste Anlage zur "Wiedergewinnung und Ausnutzung der Wärme aus der Abluft von Trockenanlagen". Zwischen 1934 und 1936 wurde die Firma um ein Verwaltungsgebäude und eine Werkhalle erweitert, bis zum Kriegsende beschäftigte das Unternehmen 500 Mitarbeiter.

1946 wurde Wiessner enteignet und im Zuge der Verstaatlichung in den "Volkseigenen Betrieb Luft- und Wärmetechnik Görlitz" umgewandelt. Er wurde dem Kombinat ILKA, dem noch drei weitere Unternehmenseinheiten angehörten, unterstellt.

Nach der Enteignung kehrte Dr. H. Frisch in seine Heimatstadt Kulmbach zurück. Da zu diesem Zeitpunkt keine Gewerbeflächen zur Neuansiedlung freigestellt wurden, erwarb er ein Grundstück in der Nachbarstadt Bayreuth. 1950 gründete Dr. H. Frisch mit einigen seiner Mitarbeiter aus Görlitz das Unternehmen neu in Bayreuth. Bereits 1953/54 entstanden die ersten Werkhallen.

Nach dem Tod von Dr. Hans Frisch im Jahre 1963 wurden die Gesellschaftsanteile an drei Stiftungen übertragen: 55 % an die erste Kirche der Wissenschaftler Christi, 30 % an die Hans-Frisch-Stiftung zur Förderung der Forschung an der Wirtschafts- und Sozialwissenschaftlichen Fakultät der Universität Erlangen/Nürnberg und 15 % an die Hans- und Martha-Frisch-Altenstiftung für die Stadt Bayreuth. Sein Nachfolger Hans Bachmann, der mit ihm von Görlitz nach Bayreuth gekommen war, leitete die Firma als Geschäftsführer bis 1984. Seitdem wird das Unternehmen von Dipl.-Ing. Klaus M. Groh, der für das technische Ressort zuständig ist, und Dipl.-Kaufm. Dieter W. Dichmann, dem der kaufmännische Bereich untersteht, geführt. Ganz im Sinne des von Dr. H. Frisch geprägten Leitsatzes "Ertragsstabilisation vor Expansion" konnte der Betrieb allein in den letzten fünf Jahren das jährliche Auftragsvolumen verdoppeln. 120 zusätzliche Arbeitsplätze sind in dieser Zeit geschaffen worden. Das Unternehmen beschäftigt heute ca. 380 Mitarbeiter, von denen 230 in der Fertigung und der Montage beschäftigt sind. Für die Projektierung, Konstruktion und Ausführung stehen 90 Ingenieure und Techniker zur Verfügung.

Die Wiessner GmbH legt besonderen Wert auf die betriebsinterne Ausbildung. Die Auszubildenden erfahren eine speziell auf das Unternehmen zugeschnittene Ausbildung. Neue Bereiche sind die Konstruktionsmechanik, die Industrie- und Energieanlagenelektronik. Hinzu kommen noch die traditionellen Bereiche der technischen Zeichner und die rein kaufmännische Ausbildung.

Bild 12   Das Gelände der Wiessner GmbH 1994

Obwohl die Wiessner GmbH weltweit operiert, beschränkte sie sich lange Zeit auf den Produktionsstandort Bayreuth sowie ein technisches Büro mit vier Mitarbeitern in Berlin. Der Kundenkreis ist international. Zu ihm gehören bekannte Hersteller aus der Textil-, Nahrungs- und Genußmittelindustrie, hier insbesondere der Brauwirtschaft sowie Unternehmen der Papier- und Druckindustrie, der Chemiefaserindustrie und der metallverarbeitenden Industrie.

Das Unternehmen liefert für die einzelnen Branchen Komplettsysteme, hat sich aber ansonsten dem maßgeschneiderten Anlagenbau verschrieben. Das Leistungsspektrum umfaßt die Entwicklung, Beratung, Projektierung, Konstruktion sowie die Fertigung der Anlagen und erstreckt sich nach erfolgter Nachfrage auch auf die Bereiche Service, Messung und Schulung. Ein aktiver Umweltschutz stand für das Unternehmen bereits zu Beginn seiner Tätigkeit im Vordergrund. So erreichte man beispielsweise die Verringerung der Energieemissionen an die Atmosphäre mit Hilfe von Wärmerückgewinnungssystemen, eine Reduzierung der Schallemission sowie die Verhinderung der Emissionen von Einsatzstoffen (z.B. Staub). Besonders in Ländern mit extremen Klimabedingungen, in denen ohne spezielle technische Lösungen jede Produktion unmöglich wäre, ist die Wiessner GmbH tätig, z.B. bei einer Tabakfabrik in Marokko, einer Zigarettenfabrik in Teheran, einer Brauerei in Bolivien usw.. Der europäische Markt zählte von Anfang an zu den wichtigsten Absatzmärkten. Auch in unmittelbarer Nähe hat Wiessner viele Kunden, vor allem in der Textilindustrie und in der Brauereibranche. Hier wäre insbesondere die Textilgruppe Hof zu nennen. In den ehemaligen Ostblockländern sieht Wiessner für die Zukunft einen interessanten Absatzmarkt, der zukunftsorientierte unternehmerische Blick geht sogar in den südostasiatischen Raum.

Rechtzeitig zum 40-jährigen Bestehen der Firma Wiessner GmbH in Bayreuth wurde der Neubau "Technik" fertiggestellt. Das neue Gebäude hat eine Länge von 47 m, eine Breite von 13 m und besitzt 5 Etagen. Die Kosten belaufen sich auf ca. 5 Mio. DM. Im Kellergeschoß sind auf einer Fläche von 600 qm die Pauserei, die Zeichnungsregistratur und ein Lager untergebracht. Im Erdgeschoß ist auf der gleichen Fläche, zentral gelegen im Werksgelände, die Werkzeugausgabe und die Produktion für Regelungs- und Elektrotechnik, einschließlich Schaltschrankbau, eingerichtet. Insgesamt beträgt die Werksfläche 35.000 qm. Zusätzliches Bauland für eine eventuelle Erweiterung kann aber angesichts der dichten Bebauung im Industriegebiet St. Georgen nicht erworben werden (vgl. Bild 12).

Nicht nur am Standort Bayreuth erweitert sich die Wiessner GmbH. Bereits im März 1990 begannen die gegenseitigen Besuche und Gespräche zwischen der Wiessner GmbH und den Direktoren aus dem ehemaligen Kombinat ILKA in Görlitz. Das Kombinat ist heute eine eigenständige Tochter der Wiessner GmbH in Bayreuth. Am Standort in Görlitz werden von den 100 Beschäftigten vorwiegend Komponenten aus Blechmaterialien hergestellt.

Derzeit bestehen auch Überlegungen, eventuell einen dritten Standort, in der Tschechischen Republik zu gründen. Der endgültige Entschluß hängt, nach Auskunft der Unternehmensleitung, nicht unwesentlich von der zukünftigen deutschen Tarifpolitik ab. Der wichtigste Standort wird aber weiterhin Bayreuth bleiben.

4.3.4 Industriebrachen und ihre Nachfolgenutzungen am Beispiel eines innenstadtnahen Areals

Wirtschaftlicher Strukturwandel, Verdrängungsprozesse aus der Innenstadt und neue Standortanforderungen industrieller Betriebe sind Auslöser von Standortaufgaben bzw. -verlagerungen im industriellen Bereich. Historisch gewachsene Industrieflächen werden in diesem Zusammenhang ihrer eigentlichen Nutzung entzogen und stehen oft in Folge geänderter Flächenansprüche der umliegenden Areale in der Diskussion, wie die entstandene Industriebrache einer stadtentwicklungspolitisch sinnvollen Nachfolgenutzung zugeführt werden kann. Die Auswirkungen des innerstädtischen Strukturwandels (siehe Abschnitt 5.2) und der gleichzeitig vorhandene Bedarf von Industrie und Handwerk nach Gewerbeflächen führen oft zu Konflikten über die zukünftige Nutzung. Auch die Umwidmung ehemaliger Industrieflächen zu Wohngebieten wird im Zuge der Wohnungsknappheit z.T. heftig erörtert. Der Umfang mit solch wertvollen, aber auch durchaus problematischen Flächen (weil teilweise eben auch mit Altlasten belastet) bietet für die Stadtentwicklungspolitik neue Möglichkeiten vor dem Hintergrund einer gezielten und maßnahmenorientierten, an zukünftigen Bedarfen der Stadt ausgerichteten Konzeption einer Steuerung der strukturellen Entwicklung der Stadt. Stichworte wie Stadtmarketing, City-Management und Flächen-Vermarktung sind hierzu zu nennen. Im folgenden sollen am Beispiel des Areals der Neuen Spinnerei Bayreuth (NSB) die Idee einer bedarfsorientierten Stadtentwicklung diskutiert werden.

- Die NSB-Fläche

Mit der Konkursanmeldung der Neuen Spinnerei Bayreuth; ein Unternehmen mit 100-jähriger Tradition im Februar 1992, sind zum einen mehrere hundert Arbeitsplätze in der Stadt Bayreuth verloren gegangen, zum anderen stellten sich damit die Fragen nach der Wiederverwertung des ehemaligen NSB-Geländes (vgl. Bild 13). Dieses Gelände, ein städtbaulich-historisch gewachsener Gewerbestandort an der Peripherie der Innenstadt, umfaßt ca. 105.000 qm Grundstücksfläche (siehe Karte 19). Im Flächennutzungsplan ist das NSB-Gelände als Gewerbegebiet ausgewiesen, obgleich die bisherige Nutzung der Fläche als Textilstandort eher industriellen Charakter besaß. Laut Baunutzungsverordnung (Stand 1990) dienen Gewerbegebiete vorwiegend der Unterbringung von nicht erheblich belästigenden Gewerbebetrieben (§ 8 Abs. 1 BauNV). In einem Gewerbegebiet sind folgende Nutzungen zulässig:

- Gewerbebetriebe aller Art, Lagerhäuser, Lagerplätze und öffentliche Betriebe,
- Geschäfts-, Büro- und Verwaltungsgebäude,
- Tankstellen und
- Anlagen für sportliche Zwecke (vgl. § 8 Abs. 2 BauNV; Ausnahmen: vgl. § 8 Abs. 3 BauNV).

Die Flächen in der näheren Umgebung sind entweder ebenfalls als Gewerbegebiete oder als Mischgebiete (MI-Gebiet: vgl. § 6 BauNV) ausgewiesen. Als besonders günstig ist im konkreten Fall des NSB-Geländes die gute lokale als auch regionale Verkehrsanbindung zu bewerten, die sich durch die Verlängerung des Nordrings ab 1994 noch maßgeblich verbessert hat.

Karte 19 Bisherige Nutzung der Gebäude auf der NSB - Fläche

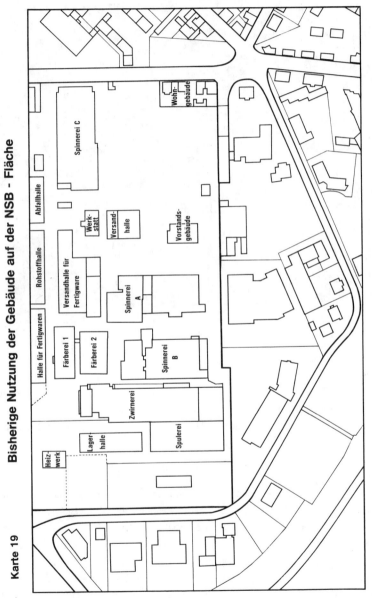

Quelle: Eigene Erhebungen, Bayreuth 1992

Bild 13 Das Gelände der ehemaligen NSB- eine Brachfläche mit hohem stadtentwicklungspolitischen Potential

Ausgehend von dem Stadtratsbeschluß vom 26.2.1992 sowie eigener empirischer Erhebungen böte es sich an, das NSB-Areal zu einem großen Teil als Gewerbegebiet auszuweisen. Ausschließlich für die "Spinnerei C" sind mehrere Nutzungsvarianten denkbar, wobei eine Variante die Ausweisung eines sonstigen Sondergebietes für großflächigen Einzelhandel zum Inhalt haben könnte.

Die Nachfrage von Handwerks- und Industriebetrieben sowie Dienstleistungsunternehmen nach neuen gewerblichen Flächen ist in der Stadt Bayreuth grundsätzlich gegeben, so daß der Absatz der gewerblich ausgewiesenen Flächen der NSB keine Schwierigkeiten mit sich bringen dürfte. Dennoch bedarf diese Aussage einer gewissen Differenzierung. Große Industriebetriebe scheiden als Zielgruppe für das NSB-Gelände aus, da diese ihren Standort vorzugsweise außerhalb der Innenstadt suchen (so auch von seiten der Gewerbeplanung der Stadt Bayreuth gewollt; Flächen am Pfaffenfleck oder in Wolfsbach seien dazu nur erwähnt). In bezug auf die Handwerksbetriebe konnte durch empirische Erhebungen festgestellt werden, daß insbesondere im Bau- und Ausbaugewerbe sowie im Metallhandwerk ein erheblicher Bedarf an neuen Flächen besteht. Voraussetzungen, die der neue Standort nach Angaben der Handwerksbetriebe erfüllen müßte - Lage, Verkehrsanbindung, Flächenverfügbarkeit - sind bei der NSB-Fläche gegeben. Die maßgebliche Rahmengröße, die letztendlich eine Ansiedlung dieser Betriebe regeln wird, ist der Miet- oder Kauf-Quadratmeterpreis. Nur wenige Betriebe könnten bis zu 150 DM/qm (Kaufpreis) für neue gewerbliche Flächen zahlen. Bei Beachtung aller Rahmenbedingungen könnte so ein Flächenbedarf bei Handwerks- und Industriebetrieben für das NSB-Gelände zwischen 30.000 und 40.000 Quadratmeter Grundstücksfläche geschätzt werden.

Auch im Dienstleistungsbereich besteht ein Bedarf an Flächen. Danach werden an Büroflächen 20.000 bis 25.000 qm Geschoßfläche und an Praxisräumen 3.000 bis 5.000 qm Geschoßfläche angenommen, denen auf der NSB-Fläche sowohl aus stadtentwicklungspolitischer Sicht als auch aus der Sicht späterer Investoren nachzukommen wäre. Die Standortvoraussetzungen der NSB-Fläche entsprechen den in einer Befragung ermittelten Standortbedingungen für eine Ansiedlung, u.a. Parkmöglichkeiten für Kunden bzw. Patienten. In Bayreuth bewegen sich 1992 die Mietpreise für Büro- und Praxisräume zwischen 15 und 25 DM Mietpreis pro qm.

Der in Bayreuth vorhandene Bedarf an Flächen für Handwerks- und Gewerbebetriebe legt die Möglichkeit nahe, das ehemalige Areal der NSB auch als Gewerbe- bzw. Handwerkerhof zu nutzen. Bei einem solchen Gewerbe- bzw. Handwerkerhof handelt es sich um eine Standortgemeinschaft von Unternehmen in einem einheitlich von einem Träger erschlossenen und vorgehaltenen Gebäude. Zielgruppe solcher Einrichtungen sind kleine und mittlere Unternehmen ohne größeren Flächenbedarf, insbesondere handwerklich orientierte Kleinbetriebe, die keine großflächigen Produktionsanlagen betreiben sowie Handels- und Dienstleistungsunternehmen. Gewerbe- bzw. Handwerkerhöfe stellen eine Strategie der kommunalen Wirtschaftsförderung dar, räumlich beengten oder sanierungsbedürftigen Betrieben aus innerstädtischen Bereichen ein Auffangbecken in der Nähe des alten Standortes zu bieten. Durch die räumliche Nähe der Unternehmen innerhalb einer solchen Einrichtung bietet sich die gemeinsame Nutzung bestimmter hausinterner Einrichtungen, wie Schreibdienst, Ver- und Entsorgung usw. an.

Aus stadtentwicklungspolitischer Sicht wäre die Verwirklichung eines Gewerbepark-Konzeptes wünschenswert. Vor allem kleineren und mittleren Betriebe wäre durch derartige Konzeptionen geholfen, die auch in Bayreuth mehr als bislang Unterstützung brauchen. Zur Umsetzung einer solchen Nachfolgenutzung ist jedoch ein einheitliches Planungs- und Realisierungskonzept erforderlich und es muß eine Trägerorganisation gefunden werden, die langfristig für die Einhaltung der aufgestellten Zielsetzungen verantwortlich zeichnet. Als mögliche Träger eines Gewerbeparks sind alle Spielarten von öffentlich bis hin zu einem rein privaten Träger denkbar.

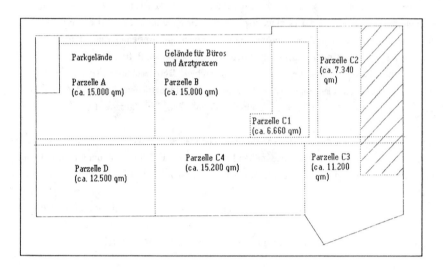

Abb. 21 Konzept einer nutzungsabhängigen Parzellierung der NSB-Fläche

Abb. 21 zeigt den Vorschlag einer nutzungsabhängigen Parzellierung der NSB-Fläche. Ein besonderes Problem bei der Diskussion von Nachfolgenutzungen der NSB-Fläche stellte das Gebäude der "Spinnerei C" dar (Parzelle D). Das unter Denkmalschutz gestellte Gebäude soll unbedingt erhalten bleiben, ein Umstand, der natürlich einer optimalen, den Bedürfnissen entsprechenden Nutzung entgegensteht. Aber gerade für dieses Gebäude böte sich die Nutzung als Handwerker- bzw. Gewerbehof an. Die Aufteilung des Geländes in Parzellen mit unterschiedlicher Nutzung ergibt in seiner Gesamtheit den Charakter eines Gewerbeparks auf dem ehemaligen NSB-Gelände. Die Parzellen C1 bis C4 könnten für das Produzierende Gewerbe und das Handwerk vorgehalten werden und entsprechen mit ca. 40.000 qm dem empirisch ermittelten Bedarf. Die letztendliche Flächenaufteilung in diesen Parzellen orientiert sich an den potentiellen Nutzern der Flächen. Durch eine flexible Flächenpolitik soll den Betrieben die Möglichkeit einer späteren Expansion offengehalten werden. Um Konflikte mit auf den anderen Parzellen angesiedelten Dienstleistungs- und Gewerbebetrieben zu vermeiden, ist es notwendig, nur emissionsarme Betriebe anzusiedeln. Auf der Parzelle B ließe sich die Idee des "Arbeitens im Grünen" realisieren. Dazu sind die Flächen zwischen den Büro- bzw. Praxisgebäuden weitestgehend zu begrünen und sowohl vom fließenden als auch dem ruhenden Verkehr freizuhalten. Um den anfallenden Verkehr, besonders zu den Büro- und Praxisgebäuden sowie des Handwerker- und Gewerbehofes, zu bewältigen und zu lenken, dient die Parzelle A als Auffangbecken. Unter Einbeziehung des vorhandenen und erhaltenswerten Baumbestandes entsteht hier eine Stellplatzzone für ca. 400 Fahrzeuge.

Ob letztendlich das Konzept eines Gewerbeparkes auf dem NSB-Gelände realisiert werden kann, ist einerseits von stadtentwicklungspolitischen Grundsatzentscheidungen abhängig, also dem Willen für das Bayreuther Gewerbe nötige Erweiterungs- und Ausweichflächen bereitzustellen und der Kooperation zwischen der Stadt Bayreuth und dem Eigentümer des Geländes.

4.4 Handwerk - Prototyp der kleineren und mittleren Betriebe sowie deren Strukturwandels

4.4.1 Entwicklung und Strukturwandel

Die Ansiedlung des Handwerks ist mit der Entwicklung der Stadt Bayreuth eng verbunden. Viele der angesiedelten Handwerksbetriebe, die in Zünften zusammengeschlossen waren, sorgten für qualitativ hochwertige Produkte und trugen zur Verbesserung der Lebensqualität bei. Der Niedergang und Zerfall der Zünfte im 17. Jahrhundert sowie tiefgreifende technische Änderungen in den folgenden Jahrzehnten hatten zur Folge, daß das Handwerk in eine strukturelle Krise geriet. Die aussterbenden Handwerksbetriebe und der Übergang zur Industriegesellschaft wurde erst 1897 durch die Handwerkernovelle gestoppt, die das Lehrlings- und Innungswesen sowie die Interessenvertretung regelte.

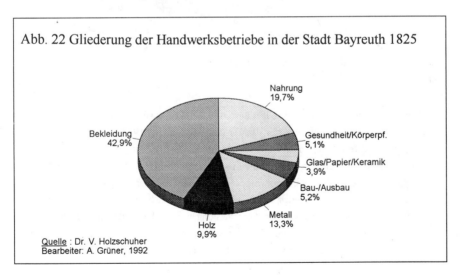

Abb. 22 Gliederung der Handwerksbetriebe in der Stadt Bayreuth 1825

Quelle: Dr. V. Holzschuher
Bearbeiter: A. Grüner, 1992

Als eines der ältesten Handwerke zeigt sich das Töpferhandwerk, das sowohl in Bayreuth als auch in Creußen sein Zentrum hatte. Viele Hafnermeister verliehen der Stadt durch ihre Kreativität und ihre Geschicklichkeit seit Mitte des 15. Jahrhunderts großes Ansehen. Von diesem Berufszweig ist heute in Bayreuth kaum mehr etwas zu sehen. Neben dem Töpferhandwerk war es das Textilhandwerk, das eine bedeutende Stellung einnahm. Die zahlreichen Weber, Tuchmacher und Gewandschneider, die regelmäßig eine Tuchschau auf dem Markt abhielten, waren die Wurzel der später entstehenden Textilindustrie, heute sind jedoch nur noch wenige dieser Handwerksbetriebe zu finden.

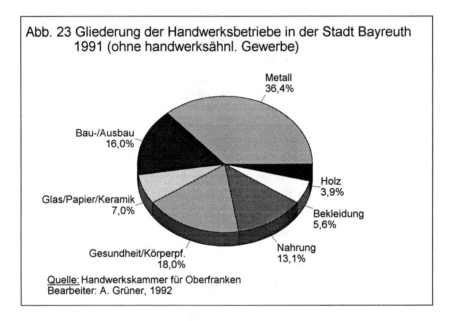

Abb. 23 Gliederung der Handwerksbetriebe in der Stadt Bayreuth 1991 (ohne handwerksähnl. Gewerbe)

Quelle: Handwerkskammer für Oberfranken
Bearbeiter: A. Grüner, 1992

Dafür finden sich Anfang unseres Jahrhunderts Handwerkszweige, die dem innerstädtischen Bedarf genügten, wie etwa Schuster, Bäcker und Metzger. Bis 1937 hatte die Zahl der traditionellen Handwerksberufe noch zugenommen, ab dem 2. Weltkrieg jedoch übernahm die Industrie viele dieser Bereiche, wie z.B. die Lebensmittelindustrie. Andere Bereiche sind von der zunehmenden Technisierung überrollt worden (Schmiede, Büttner, Wagner) oder haben einen Anpassungs- bzw. Umwandlungsprozeß durchlaufen. Lediglich das Baugewerbe konnte seine Stellung halten. Das Angebot von Dienstleistungen und die Verlegung auf den Handel (Friseure, Optiker, Polsterer) zeigen den Strukturwandel in der zweiten Hälfte des 20. Jahrhunderts. Abb. 22 und 23 zeigen den großen Bedeutungsverlust, den in erster Linie der Bekleidungssektor, aber auch das Nahrungsmittelgewerbe hinnehmen mußten. Gewinner hingegen sind allen voran der Metallbereich sowie die Bereiche Bau-/Ausbau und Gesundheit/Körperpflege.

Einen weiteren Strukturwandel durchlief das Handwerk nach dem 2. Weltkrieg. So zeigte sich sowohl in Deutschland als auch speziell in Bayreuth ein Rückgang der Handwerksbetriebe, der verbunden war mit einer Zunahme der Beschäftigten und des Umsatzes. Grund für diese Konzentrationstendenz, die auch heute noch anhält, war zum einen der Konkurrenzdruck von Industrie und Handel, zum anderen aber auch die allgemeine Tendenz von einer Industrie- zu einer Dienstleistungsgesellschaft. Allerdings gelang es dem Handwerk, sich aufgrund seiner Flexibilität an die veränderten Rahmenbedingungen anzupassen. So übernahmen manche Betriebe die Funktion des Zulieferers für die Industrie, andere spezialisierten sich auf die Bereitstellung von Dienstleistungen. Auch im Bereich der Beratung, der individuellen Fertigung und des Besetzens von Marktnischen läßt sich diese Anpassungsfähigkeit demonstrieren und zeigt eine erfolgreiche Bewältigung des Strukturwandels. Hier läßt sich als Beispiel der Schmied anführen, der zwar als aussterbender Beruf gilt, aus dem jedoch an die 70 andere Berufe entstanden. Ähnliches gilt für den Bereich des Verkehrswesens, das in den letzten 100 Jahren ebenfalls einschneidende Veränderungen verzeichnete, die aber vom Handwerk erfolgreich nachvollzogen wurden.

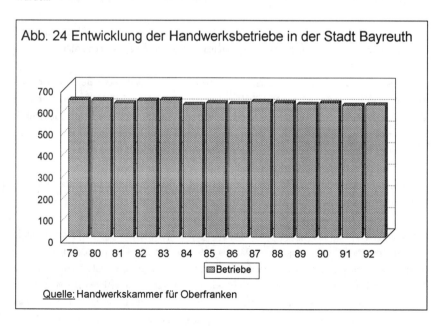

Ein Blick auf die Entwicklung in den einzelnen Handwerksbereichen dokumentiert den Strukturwandel der letzten Jahre. Es gab hierbei sowohl Gewinner als auch Verlierer. Wenn wir nun die Entwicklung in den letzten 12 Jahren betrachten (vgl. Abb. 24), so läßt sich keine nennenswerte Veränderung der Betriebszahlen erkennen. Das deutet daraufhin, daß zwischen den einzelnen Branchen starke Schwankungen auftreten müssen.

Als relativ ausgeglichen stellt sich dabei noch die Situation im Bau- und Ausbaugewerbe dar (Abb. 25/1). In der Entwicklung dieser Branche gab es zwar in den 80-er Jahren Schwankungen, die ihren Tiefpunkt kurz vor der Grenzöffnung erreichte, dann jedoch wieder zu alter Stärke zurückfanden. Als scheinbare Verlierer zeigt sich das Nahrungsmittelgewerbe, in dem ab Mitte der 80-er Jahre kontinuierlich die Zahl der Betriebe abnahm (Abb. 25/3), jedoch wird hier der Konzentrationsprozeß am stärksten deutlich, da etwa die Zahl der Beschäftigten anstieg.

Als tatsächliche Verlierer ergeben sich sowohl das Holz- als auch das Bekleidungsgewerbe (Abb. 25/2 u. 25/4). Sank in der Holzbranche die Zahl der Betriebe ab 1984 um ein Drittel, so ist im Sektor Textil/Bekleidung von einem Rückgang um fast die Hälfte zu sprechen. Hier zeigen sich die Probleme, die mit der Ausgereiftheit dieser Branchen zusammenhängen.

Als Gewinner läßt sich andererseits das Gewerbe bezeichnen, das sich mit Glas, Papier und Keramik beschäftigt. Hier ist ab 1987 ein sprunghafter Anstieg zu verzeichnen (Abb. 25/5).

Ebenfalls zu den Gewinnern zählt das Metallgewerbe und der Bereich Gesundheit/Körperpflege. Während der Metallsektor langsam aber kontinuierlich anstieg und seine dominierende Rolle in Bayreuth noch ausbaute, war der Anstieg im Gewerbe der Gesundheit und Körperpflege rasanter (Abb. 25/6 u. 25/7). Gerade beim letztgenannten sind wohl die veränderten Konsumgewohnheiten der Verbraucher ausschlaggebend.

Ein Strukturwandel läßt sich auch bei der Anzahl der Lehrlinge feststellen und bestätigt die genannten Ergebnisse:

Obwohl das Handwerk seine zentrale Bedeutung gerade im Ausbildungsgewerbe hat, nahm in Bayreuth die Zahl der Lehrlinge von 1983 bis 1991 um fast 25 % ab (Abb. 26), wobei die schon erwähnten Gewinner Metall, Gesundheit und Körperpflege sowie Glas/Papier/Keramik bei den Lehrlingszahlen keine bzw. geringe Verluste aufwiesen. Alle anderen Bereiche hatten enorme Einbußen zu verzeichnen, so am stärksten der Sektor Textil/Bekleidung mit 80 %, aber auch das Bau- und Ausbaugewerbe sowie das Nahrungsmittelgewerbe (je 50 %). Abb. 27 zeigt die momentane Aufteilung der Lehrlinge. Den größten Bereich stellt der Sektor der Metall-

Abb. 25 Entwicklung des Vollhandwerks in Bayreuth
Anzahl der Betriebe 1979 - 1992

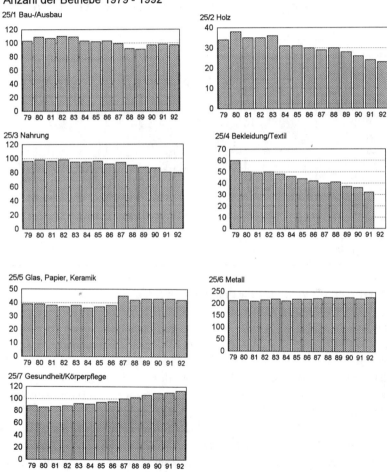

Quelle: Statistisches Jahrbuch der Stadt Bayreuth, versch. Jahrgänge

handwerke mit 59,7%, gefolgt von dem Sektor Gesundheit und Körperpflege mit 19,9%. Weiterhin von Bedeutung ist der Bereich des Nahrungsmittelhandwerks mit 7,9 %. Die starken Verluste im Bereich Bekleidung und Textil spiegeln sich in dem nur noch marginalen Anteil (1,4%) der Auszubildenden in dieser Handwerkssparte wieder.

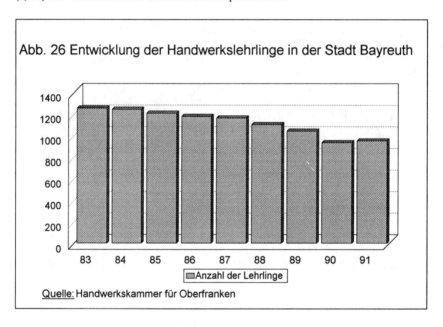

4.4.2 Innerstädtische Verteilung und Probleme

Wie aus Karte 20 ersichtlich wird, verteilen sich über 600 Handwerksbetriebe in der Stadt Bayreuth. Bei der Betrachtung der Karte fällt folgendes auf: Sowohl das Baugewerbe als auch das Metallgewerbe sind aufgrund des großen Platzbedarfs meist am Stadtrand angesiedelt. Bei den innerstädtischen Betrieben handelt es sich um kleinere Betriebe mit geringerem Platzbedarf. Da Bayreuth kaum große Holzindustrie besitzt, handelt es sich bei den kartierten Betrieben um kleinere Schreinereien, die im gesamten Stadtgebiet verstreut sind. Das in Oberfranken traditionell angesiedelte Bekleidungshandwerk findet sich ebenfalls im gesamten Stadtgebiet wieder, wobei allerdings Schwerpunkte im Stadtkern auszumachen sind. Die Standorte des Nahrungsmittelgewerbes sind auch hauptsächlich im Stadtkern zu finden. Gleichzeitig aber sind einzelne Betriebe dieses Gewerbes direkt in den Wohngebieten ansässig. Dort tragen sie zur direkten Versorgung des jeweiligen Gebietes mit Nahrungsmitteln bei.

Bei der Kartierung der Betriebe des Gewerbes der Gesundheits- und Körperpflege, des chemischen Gewerbes und des Reinigungsgewerbes fiel die große Anzahl der Friseurbetriebe auf.

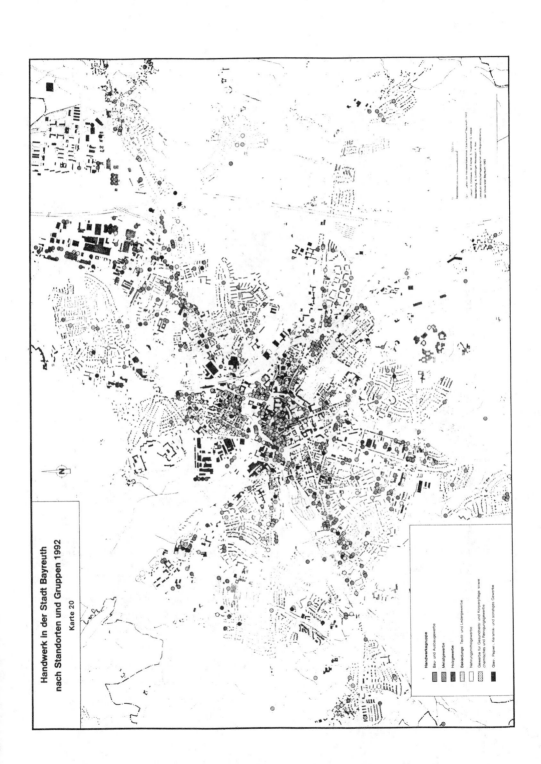

Diese Branche der Friseure ist besonders stark im Bereich der Fußgängerzone-Maxstraße und der Umgebung des Bahnhofs vertreten. Die Betriebe der Glas-, Papier-, Keramik- und sonstigen Gewerbes erstrecken sich über den City-Bereich, die Markgrafenallee bis nach Sankt Georgen. Insgesamt ist eine Ballung der Handwerksbetriebe im Stadtzentrum festzustellen. Von hier aus zieht sich ein Band über den Bereich Friedrich-von-Schiller-Straße, Schulstraße und

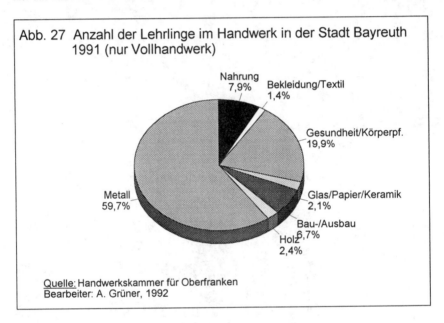

Bahnhof entlang der Markgrafenallee zum Gewerbegebiet Sankt Georgen. Ein zweites Band kleineren Ausmaßes ist als Fortsetzung des ersten entlang der Bismarck- und Bamberger Straße zu erkennen. Im südlichen Stadtteil befindet sich sehr wenig Handwerk. Dieses Gebiet ist besonders durch Universität und Wohngebiete geprägt.

4.4.3 Bau- und Ausbaugewerbe sowie Nahrungs- und Genußmittelbranche als klassische Schwerpunkte

Nach der Darstellung der Strukturen des Bayreuther Handwerks soll nun am Beispiel des Bau- und Ausbaugewerbes sowie der Nahrungs- und Genußmittelbranche detaillierter auf branchen-interne Entwicklungen und Tendenzen eingegangen werden.

Ausgehend von der aktuellen Situation werden auch Fragenkreise wie Absatzmarkt und Probleme innerhalb der Branche hinterfragt. Maßnahmen und Strategien sind das Ergebnis der Analyse der Strukturen und sollen Möglichkeiten und Wege aufzeigen, dem Strukturwandel im

Handwerk auch in Zukunft zu begegnen. Als Instrument zur Erfassung der relevanten Daten wurde die schriftliche und mündliche Befragung von Handwerksbetrieben herangezogen.

* Das Bau- und Ausbaugewerbe

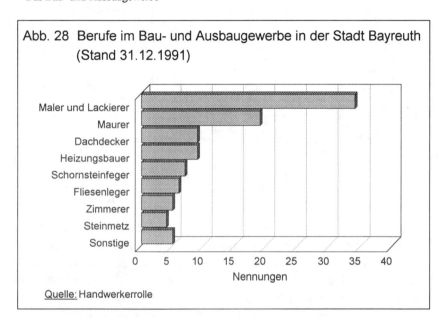

Zum Jahresende 1991 waren im Gebiet der Stadt Bayreuth 98 Betriebe in der Handwerksrolle unter der Gruppe der Bau- und Ausbauhandwerke eingetragen. 1979 waren es 104 Betriebe, die Anzahl der Betriebe kann also im Vergleich zu anderen Handwerksgruppen als relativ stabil angesehen werden. Die Gesamtzahl der in der Handwerksrolle eingetragenen Berufe der Gruppe des Bau- und Ausbaugewerbes in Bayreuth zeigt Abb. 28.

Die Gruppe der Bau- und Ausbau-Handwerker kennzeichnet ein sehr differenziertes Bild. Insbesondere wurden bei den empirischen Befragungen Unterschiede in den Betriebsgrößen deutlich. Über zwei Drittel der befragten Betriebe wiesen nämlich eine Zahl von unter 20 Beschäftigten auf, während auf der anderen Seite vier größere Bauunternehmen, davon drei sogar mit über 100 Beschäftigten befragt wurden.

Es wird deutlich, daß die Großunternehmen einen bescheideneren Beitrag zur Ausbildung neuer Kräfte im Handwerk leisten, beschäftigen sie doch kaum mehr Lehrlinge als die kleineren Betriebe. Um so erstaunlicher erscheint hier der Beitrag der kleineren und mittleren Unternehmen.

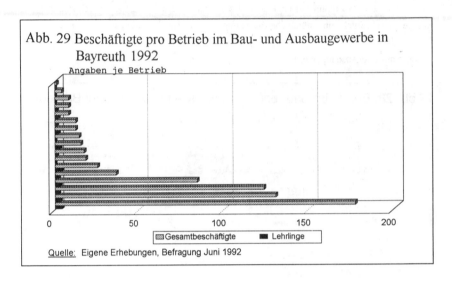

Von den insgesamt 609 bei den befragten Unternehmen Beschäftigten kommen fast alle aus dem Raum Oberfranken. Lediglich 30 Arbeitnehmer (knapp 5 % der Geamtbeschäftigten) wurden mit regionaler Herkunft aus den neuen Bundesländern angegeben. Gar keine Beschäftigten wurden offiziell aus der Tschechischen Republik registriert. Gleichwohl beklagte ein Bauunternehmer im mündlichen Interview die bekanntgewordene, illegale Beschäftigung ausländischer Arbeiter eines Kollegen, vorwiegend aus Polen und der Tschechischen Republik.

Die Gegensätzlichkeit der Betriebsgrößen spiegelt sich auch bei den angegebenen Umsatzzahlen wieder. Die vier Großunternehmen konnten der Umsatzklasse über 5 Mio. DM zugeteilt werden, während die kleinen und mittleren Unternehmen sich im Großteil der Klasse 1 bis unter 5 Mio. DM (ein Drittel der befragten Betriebe) sowie darunterliegend zuordnen ließen.

Was das Unternehmensalter angeht, so wurde die Mehrzahl der befragten Betriebe in den beiden Vierteljahrhunderten um die Jahrhundertwende innerhalb der Familientradition gegründet, wobei die angestammte Lage des Betriebssitzes in den meisten Fällen beibehalten wurde. Der zweite Schwung der Gründungen erfolgte in den Wiederaufbaujahren unmittelbar nach dem zweiten Weltkrieg. Nur zwei Neugründungen wurden bei den befragten Betrieben in den letzten fünf Jahren registriert.

Als wichtigste Kriterien der Standortwahl wurden eindeutig folgende Gründe angegeben: Am bedeutsamsten scheint die persönliche Beziehung des Handwerksmeisters zum Standort zu sein, gefolgt von dem traditionellen Standort des Betriebes - dieses Ergebnis unterstreicht die angestammte Verwachsenheit des Handwerkes mit seinem regionalen Standort! So gab auch nur ein Betrieb an, daß er seinen Standort außerhalb Bayreuths verlegen würde, wenn er dazu die Möglichkeit hätte. Drei weitere Betriebe gaben in einem solchen Fall an, daß sie bereit wären, auch innerhalb Bayreuths einen neuen Standort einzunehmen.

Als weitere entscheidende Kriterien der Standortwahl wurden der Absatzmarkt und die Kundennähe sowie die geeigneten Arbeitskräfte am Standort genannt. Die Betriebe verteilen sich etwa gleichmäßig auf Stadtmitte, Stadtkern und Stadtrand und nur sechs Betriebe weisen ihren Standort in einem ausgewiesenen Gewerbegebiet auf - es kann eigentlich nicht von einer ausgesprochenen Konzentration ausgegangen werden. Interessant erscheinen die Aussagen zu den Standortkonflikten mit anderen Nutzungen. Hier gab es bei den Befragungen nur vier angegebene Problemfälle, bei denen zweimal die Umweltauflagen Schwierigkeiten bereiteten. Ansonsten scheint es für den Betrieb des Bau- und Ausbaugewerbes zu gelten, daß in den meisten Fällen nicht am Standort des Betriebssitzes selbst gearbeitet wird - die Konflikte mit der umgebenden Nutzung also als nicht so gravierend in dieser Gruppe einzuschätzen sind. So wurde bei über drei Viertel der Betriebe die Frage nach einer Verlagerung des Standortes, falls Möglichkeit dazu bestünde, verneint. Der explizite Wunsch nach neuen, geeigneteren Betriebsflächen wurde nur zweimal geäußert.

Was den Absatzmarkt angeht, so zeigt sich folgender Trend: Je nach Berufsuntergruppe verschieden, überwogen meist die Privatpersonen vor der öffentlichen Hand. Bei einem Drittel der Betriebe wurde ein Privatkundenanteil von über 70 % angegeben, bei einem weiteren Drittel betrug der Anteil der öffentlichen Hand mehr als 50 % - sicherlich spielt aber dieser Bereich für das Bau- und Ausbaugewerbe eine besondere Rolle. Bemerkenswert ist jedoch, daß der gemeinsame Absatz an andere Handwerks- oder Industriebetriebe selten den Anteil von 30 % überstieg.

Über die räumliche Verteilung der Kundschaft ist zu sagen, daß sie überwiegend in der Stadt Bayreuth selbst ansässig ist. Dies trifft insbesondere auf die kleineren und mittleren Handwerksbetriebe der Maler und Lackierer sowie Zimmerer zu. Den weiteren regionalen Absatz über den Landkreis Bayreuth hinaus besitzen wenige, entweder größere oder spezialisierte Betriebe. Insgesamt wird jedoch das Ergebnis "Bauen bleibt weitgehend regional ausgerichtet"[35] bestätigt, denn lediglich ein Drittel der Befragten Betriebe gab ihre Kundschaft aus den neuen Bundesländern mit sehr geringem Prozentanteil an. Diese seien jedoch ausgesprochene Ausnahmefälle. In bezug auf Geschäftsbeziehungen in die Tschechische Republik wurde auf Schwierigkeiten für die Handwerksbetriebe hingewiesen und die Öffnung des Marktes nach Osten als eher negativ für die eigenen Zukunftsaussichten bewertet. Die gleiche Tendenz zeigt sich bei der Frage zum EU-Binnenmarkt. Diesem wird kein besonders positives Interesse ent-

---

35 Weber, H., EG-Baumarkt '92, Auswirkungen und Perspektiven für Baubetriebe, Zentralverband d. deutschen Baugewerbes ed., Köln 1989, S. 29

gegengebracht, vielmehr befürchten 65 % der Betriebe eine verschärfte Konkurrenz. Des weiteren wird mit einem gemeinsamen Markt eine Aushöhlung der deutschen Handwerksordnung befürchtet. Alles in allem wird der Trendaussage, daß im Baugewerbe eine "Verschärfung des Wettbewerbs in grenznahen Gebieten"[36] vor allem für den Mittelstand zu erwarten ist, gefolgt.

* Die Gruppe der Nahrungs- und Genußmittelbetriebe

Die Nahrungs- und Genußmittelbranche präsentiert sich in der Stadt Bayreuth z.B. im Januar 1992 mit 80 Betrieben. Diese Gesamtsumme läßt sich auf 24 Bäcker, 10 Konditoren, 42 Metzger sowie 4 Brauer und Mälzer verteilen. Diese Branche macht am Standort Bayreuth 12 % aller Handwerksbetriebe aus. Den Statistiken der Handwerkskammer Oberfranken Bayreuth zufolge waren 1979 94 Betriebe in dieser Branche tätig. Es erfolgte ein leichter Anstieg auf 98 Betriebe im Jahr 1982 und ein anschließender stetiger Rückgang, der seinen Tiefstand 1991 mit 80 Handwerksbetrieben erreichte. Eine neutrale Bewertung dieser Zahlen fällt schwer, da keine weiteren Vergleichszahlen bezüglich Produktionsausweitung oder Umsatzsteigerung der anderen Betriebe vorliegen. Dennoch herrscht der Eindruck vor, daß es zu keinem Bedeutungsverlust gekommen ist.

Zur Beschreibung der Größe der befragten Betriebe soll die Beschäftigtenzahl und die Umsatzklasse herangezogen werden: So haben drei der fünf befragten Metzgereien zwischen 20 und 30 Beschäftigte. Ihr Umsatz beträgt zwischen einer und fünf Mio. DM pro Jahr. Dieser Umsatzklasse kann auch ein weiterer Metzgereibetrieb zugeordnet werden, in dem 15 Personen beschäftigt sind. Ein Betrieb beschäftigt nur acht Personen und liegt in der Umsatzklasse zwischen 0,5 und 0,75 Mio. DM.

Bei den Bäckereien/Konditoreien handelt es sich um zwei Betriebe mit 27 bzw. 24 Beschäftigten und einem kleineren mit sieben Beschäftigten. Auch hier sind die mit mehr Personal ausgestatteten Betriebe in die Umsatzklasse zwischen einer und fünf Mio. DM einzustufen, der dritte Betrieb fällt in die Klasse 0,5 bis 0,75 Mio. DM.

Die befragte Brauerei hat auf den ersten Blick mit 47 Personen die meisten Beschäftigten. Von diesen sind jedoch der Hauptteil ungelernte Arbeitskräfte und weitere zehn kaufmännisches Personal. Der sonst im Handwerk übliche hohe Arbeitskostenanteil ist in diesem Fall unterschiedlich, da der größte Aufwand in der Abfüllung, Lagerhaltung und dem Vertrieb steckt, also eine industrielle Produktionsweise vorliegt. Dementsprechend liegt der Umsatz bei mehr als fünf Mio. DM im Jahr.

---

36 Weber, H., a.a.O., S. 30

Ein Ziel der Befragung war es gewesen, herauszufinden, inwieweit Arbeitskräfte aus den neuen Bundesländern und der Tschechischen Republik im Handwerk der Stadt Bayreuth ein Einkommen finden. In sechs der neun Betriebe ist mindestens ein Beschäftigter aus Thüringen oder Sachsen vorhanden, Arbeitnehmer aus der Tschechischen Republik spielen keine Rolle. Der Großteil der Beschäftigten stammt demgegenüber aus Bayreuth bzw. den benachbarten Landkreisen.

Vom Unternehmensalter her wurden die Betriebe überwiegend nach dem 2. Weltkrieg gegründet, und zwar geschah dies gleichmäßig während der letzten Jahrzehnte. Das Ausbildungsende des Handwerksmeisters, der in der Regel selbst Eigentümer ist, war der entscheidende Faktor für die Betriebsgründung.

Die Standortkriterien entsprechen den für die Nahrungs- und Genußmittelbranche erwarteten Faktoren. So stehen hier die traditionellen und persönlichen Beziehungen zum Standort des Betriebes und die Kundennähe an erster Stelle. Je nach Kundenstruktur schwankt die Bedeutung des Verkehrsanschlusses. Liegt der Betrieb außerhalb des Stadtkerns, so ist die Erreichbarkeit für die Laufkundschaft entscheidend. Es muß also möglich sein, schnell und unkompliziert Back- bzw. Fleischwaren einzukaufen. Sind diese Voraussetzungen nicht gegeben, so ist mit starken Umsatzrückgängen zu rechnen, da die Kundschaft sich umorientiert. Der Standort selbst, also ob Stadtmitte oder Stadtrand, hat keinen Einfluß auf den Umsatz, je nach bedientem Käufersegment.

Die untersuchten Handwerksbetriebe integrieren sich in ihr Umfeld. Konflikte mit anderen Nutzungen wie z.B. mit dem Wohn- und Verkehrsbereich oder mit Umweltauflagen entstehen nicht oder stellen kein Problem dar, da ein "gut nachbarschaftliches Verhältnis" zwischen dem Handwerksmeister einerseits und den Nachbarn andererseits besteht. Diesen günstigen Standortbedingungen zufolge besteht unter den befragten Betrieben auch kein Bedürfnis, ihren Standort zu verlagern. Selbst auf das Angebot, einen ähnlichen Standort zu bekommen, besteht kein Interesse, da die Geschäftssituation als durchaus zufriedenstellend beschrieben werden kann und eine weitere Expansion mit einem kaum zu bewältigenden Mehr an Arbeit und Kapital verbunden wäre. Dennoch plant einer der befragten Metzgereibetriebe sich zu erweitern. Probleme wird es dabei keine geben, da die benötigten Flächen bereits zum Betrieb gehören. Einer der befragten Konditoreibetriebe hat seine Produktion bereits vor Jahren in ein am Stadtrand ausgewiesenes Gewerbegebiet verlagert. Das Geschäft befindet sich aber nach wie vor in der Stadtmitte. Ein weiterer Betrieb hat vor kurzem verlagert. Es handelt sich dabei um die Brauerei Schinner, die ihren Standort mitten in der Stadt aufgegeben hat und in das neue Gewerbegebiet an der Bindlacher Straße umgesiedelt ist. Hier war eine Verlagerung notwendig, da nur so eine Erweiterung stattfinden konnte. Die Verkehrsanbindung ist jetzt wesentlich günstiger, was sich auch auf den Geschäftsbereich "Vertrieb" positiv auswirkt.

Für das Nahrungs- und Genußmittelhandwerk typisch, setzt sich dessen Kundenkreis zusammen. Sowohl bei den Metzgern als auch bei den Bäckern und Konditoren stellen Privatpersonen, im Durchschnitt mit 60 % - 80 %, den Löwenanteil der Kunden. Dieser Kundenkreis wiederum kommt größtenteils aus der Stadt Bayreuth und nur ein kleinerer Teil von 15 % bis 20 % stammt aus dem Landkreis. Nach Auskunft der Handwerksmeister spielen Kunden aus anderen Regionen keine Rolle.

Neben Privatpersonen werden auch Schulen oder der Handel beliefert. Hier zeigt sich die Innovationsfreudigkeit der Handwerksbetriebe ganz deutlich, denn einigen ist es gelungen, Marktnischen für sich zu besetzen. So wird beispielsweise im Metzgerhandwerk ein sog. "Partyservice" angeboten, der sich nicht nur auf das Belegen von Platten für festliche oder sonstige Anlässe beschränkt, sondern auch Feiern organisiert. Das "Imbiß-Segment" ist ebenfalls eine solche Marktnische.

Die Bäcker beliefern teilweise auch die öffentliche Hand und den Handel mit Teigwaren. Dem befragten Konditormeister ist es gelungen, während der Weihnachts- und Osterzeit repräsentative Artikel in Form von delikaten Pralinés lukrativ zu vermarkten.

Aus den Darstellungen geht hervor, daß die Metzgereien, Bäckereien und Konditoreien für einen bestimmten Kundenkreis in einem regionalen Marktgebiet produzieren, während die befragte Brauerei auf überregionale Geschäftsverbindungen angewiesen ist.

Der Ende 1992 verwirklichte Binnenmarkt löst dennoch die unterschiedlichsten Reaktionen aus. Einig sind sich die Befragten in einem Punkt, nämlich, daß keine besonderen Erwartungen in ihn gesetzt werden. Teilweise befürchten die Handwerksmeister, daß ein erhöhter Konkurrenzdruck auftreten könnte. Als weitere Gefahr wird die EG-Gesetzgebung empfunden, die die Handwerksordnung negativ beeinflussen könnte.

Alles in allem kann jedoch für das Handwerk in Bayreuth trotz des dargelegten Strukturwandels belegt werden, daß die Meister durchaus optimistisch in die Zukunft blicken. Zwar wird in einigen Bereichen, vor allem im Bekleidungs-, Textil- und Ledergewerbe, die Tendenz zur Konzentration weiter anhalten und somit werden wohl noch weitere Betriebe vom Markt verschwinden, doch im großen und ganzen wird das Handwerk seine starke Stellung behaupten. Dafür sprechen mehrere Faktoren:

Zum einen kann das Handwerk der Industrie drei große Vorteile entgegensetzen: die hohe Qualität der erbrachten Leistung, die Kundennähe und die traditonelle Verwurzelung am Standort, die sehr wohl einen Wettbewerbsvorteil bedeutet. Zum anderen hat das Handwerk für die regionale Entwicklung entscheidende Bedeutung, da es ein hohes Maß an Arbeitsplatzsicherheit und Qualität der Arbeits- und Ausbildungsplätze anbietet. Welche große Bedeutung ein starkes Handwerk für die Wirtschaftsstruktur eines Raumes hat, zeigt wohl auch die derzeitige Situation in den neuen Bundesländern. Der schleppende Aufschwung ist in hohem Maße auch darauf zurückzuführen, daß das Handwerk sowie ganz allgemein die kleinen und mittleren Betriebe lange Zeit vernachlässigt wurden und somit der für die Wirtschaftsentwicklung so wichtige Mittelstand fehlt.

Abschließend kann festgestellt werden, daß das Handwerk mit seiner hohen Flexibilität und seinem großen Anpassungsvermögen an neue Nachfragestrukturen auch weiterhin eine tragende Rolle in der Bayreuther Wirtschaft spielen wird. Voraussetzung ist allerdings, daß von staatlicher Seite sowie den Tarifpartnern dafür gesorgt wird, daß die Lohn- und Lohnnebenkosten nicht noch weiter steigen, und daß die Ausbildung im Handwerk ein neues und besseres Image in der Öffentlichkeit erhält.

4.5 Dienstleistungen als ein Ziel wirtschaftlichen Strukturwandels

4.5.1 Entwicklung bevölkerungs- und wirtschaftsnaher Dienstleistungen

Angesichts des sich abzeichnend wirtschaftlichen Strukturwandels stellt sich nun die Frage nach der Bedeutung des Dienstleistungsbereichs im öffentlichen und privaten Sektor. Die Rolle des tertiären Sektors für Bayreuth wird schon aus den Ergebnissen der Volkszählung 1987 ersichtlich (inzwischen noch angewachsen), besitzt doch die Stadt mit rd. 71 % aller Beschäftigten den höchsten Anteil unter den oberfränkischen Oberzentren (vgl. Tab 16). Dies liegt besonders an der großen Zahl der Beschäftigten im Bereich der Gebietskörperschaften (Regierung von Oberfranken, Landratsamt, Stadtverwaltung, usw.) , während etwa im Handel Bayreuth hinter Bamberg, im Bereich Verkehr sogar an 3. Stelle folgt. Innerhalb dieses thematischen Schwerpunkts Dienstleistungen werden nun folgende Aspekte in die Betrachtung mit einbezogen:

- Die Entwicklung der Zahl der Dienstleistungsunternehmen in einzelnen Branchen zwischen den beiden Volkszählungen 1970 und 1987, wobei neben den bevölkerungsnahen Dienstleistungen insbesondere den unternehmensnahen Dienstleistungen in bezug auf die Rolle Bayreuths als Oberzentrum hohes Gewicht zukommt,
- die Entwicklung der Zahl der Beschäftigten im Dienstleistungssektor,
- die quantitative und qualitative Entwicklung in ausgewählten bevölkerungsnahen Dienstleistungsbereichen, wobei dies an der Entwicklung der Zahl der Allgemein- und Fachärzte geprüft wurde,
- die Entwicklung des Einzugsbereichs des Klinikums Bayreuth als Teil der oberzentralen Bedeutung von Bayreuth.

In der Stadt Bayreuth trat der Dienstleistungssektor sehr früh auf, nicht zuletzt aufgrund der Standorte einer Reihe von mittleren und unteren staatlichen Behörden, denen eine hohe Bedeutung zukam. Schon bis 1960 hatte eine Strukturverschiebung hin zum tertiären Sektor stattgefunden, zwischen 1962 und 1972 haben die Arbeitsplätze in diesem Sektor erneut um 18 % zugenommen, während sie im primären Sektor um 39 % und im sekundären Sektor um 4 % abgenommen hatten. Einen weiteren Entwicklungsschub erfuhr der Dienstleistungsbereich durch die Gründung der Universität 1974/75. Die Ergebnisse der Volkszählungen 1970 und 1987 zeigen, daß die Zahl der Erwerbstätigen in diesem Bereich von rd. 12.000 im Jahr 1970 auf rd. 15.000 Beschäftigte 1987 stieg, so daß im Dienstleistungsbereich 1987 49,9 % der Beschäftigten tätig waren (die Entwicklung der Zahl der Dienstleistungsunternehmen im Zeitraum zwischen 1970 und 1987 belegt Tab. 16).

Tab. 16 Entwicklung der Zahl der Dienstleistungsbetriebe in Bayreuth nach Brachen 1979 - 1989

Branche	Zahl der Betriebe		Veränderung in %
	1970	1989	
Versicherungen	32	95	196
Banken	15	40	166
Sozialwesen/Gesundheit	41	66	61
Medien	3	26	766
Gastronomie	129	250	94
Bildungswesen/Kultur	34	42	23
Verkehrswesen/Speditionen/Lagerhaltung	17	137	705
persönliche Dienstleistungen	109	235	115
Sonstiges	6	15	150

Quelle: Deutsche Bundespost (Hrsg.), Branchenfernsprechbuch und amtl. Telefonbuch von Bayreuth, Bayreuth 1970 und 1987

Die Analyse der Entwicklung des Diensleistungsbereiches macht deutlich, daß neben der Medienbranche vor allem das Rechts- und Beratungswesen sowie die Speditionen und die Lagerhaltungsbetriebe besonders an Bedeutung gewonnen haben. Konnte das Rechts- und Beratungswesen durch die Grenzöffnung neue Impulse erhalten, so werden sich in den 90-er Jahren insbesondere in den Bereichen Bildung und Kultur sowie im Bereich Gesundheitswesen und Soziales ganz allgemein zusätzliche Entwicklungen und Steigerungsraten ergeben.

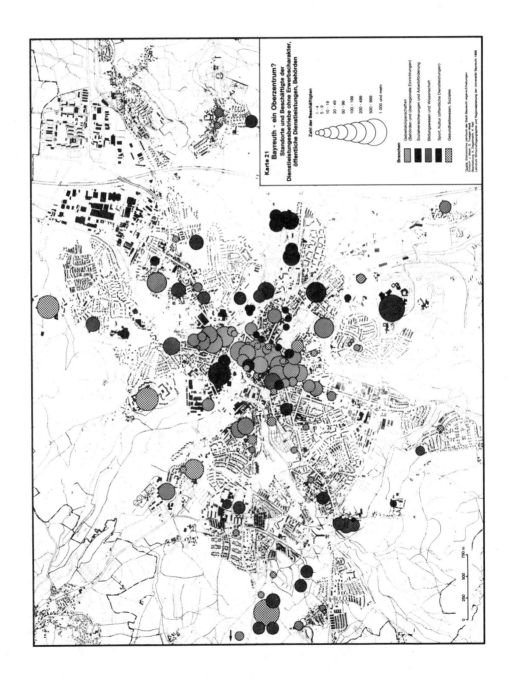

4.5.2 Bayreuth als Zentrum öffentlicher und halböffentlicher Verwaltungen

Auf die innerstädtische Standortsituation der Dienstleistungsbetriebe übertragen, zeichnet sich gerade bei den öffentlichen Dienstleistungen eine überaus hohe Konzentration in der Innenstadt und am Innenstadtrand ab (vgl. Karte 21), während am Stadtrand neben der Universität vor allem Einrichtungen des Gesundheitswesens (Krankenhäuser) ihren Standort haben. Diese Struktur ist in Hinblick auf die Entwicklung des Oberzentrums Bayreuth sicherlich als besonders günstig zu werten, andererseits werden durch die Vielzahl von Behördenstandorten in der Innenstadt hochwertige Flächen in großem Umfang in Anspruch genommen, die damit für private hochwertige Dienstleistungen, wie sie für Oberzentren kennzeichnend sind (z.B. Einzelhandel, Kultureinrichtungen, Gastronomie) nicht mehr zur Verfügung stehen. Konsequenzen aus dieser Entwicklung zeichneten sich in den vergangenen Jahren bereits ab, siedeln sich doch hochwertige (Dienstleistungs-)Funktionen im Bereich des Einzelhandels, jedoch auch im Bereich der Kultur zunehmend am (Innen-)Stadtrand an. Nicht übersehen werden sollte in diesem Zusammenhang, daß erste positive Ansätze in Richtung Verlagerung öffentlicher Verwaltungen an den Stadtrand in Gestalt des neuen Fernmeldeamtes der Deutschen Bundespost in den Bahnhofsbereich bereits durchgeführt wurden und damit etwa in der Alexanderstraße hochwertige Flächen zur Verfügung stehen.

4.5.3 Entwicklung und Struktur der Fach- und Allgemeinärzte als Beispiel privater Dienstleistungen

In Verbindung mit der Position Bayreuths als Oberzentrum ist die Betrachtung des bevölkerungsnahen Dienstleistungsbereichs wichtig. Eine besondere Bedeutung auch hinsichtlich der Größe des Einzugsbereichs stellt die ärztliche Versorgung dar (vgl. Tab. 17).

Tab. 17 Entwicklung der Zahl der Allgemein- und Fachärzte in Bayreuth 1970 - 1989

Arztgruppe	Zahl der Arztpraxen		Veränderung in %
	1970	1989	
Allgemeinärzte	27	31	+12,9
Fachärzte	29	99	+241,4
Zahnärzte	30	46	+53,3
Tierärzte	1	6	+600
Gesamt	87	182	+109,2

Quelle: Deutsche Bundespost (Hrs.), Fernsprechbuch der Stadt Bayreuth, Bayreuth 1970/1989

D.h. neben den Zahnärzten haben insbesondere die Fachärzte an Bedeutung gewonnen. Durchaus vergleichbar mit anderen Oberzentren zeigt sich, daß die Zahl der Internisten in den vergangenen Jahren sehr stark zugenommen hat, während Nervenärzte, Orthopäden, Kinderärzte, HNO-Ärzte und Augenärzte in Bayreuth in den vergangenen Jahren - im Vergleich zu anderen Oberzentren - nicht überproportional zugenommen haben. Der Versorgungsgrad mit Ärzten macht dabei deutlich, daß - gemessen an den Vorgaben der Kassenärztlichen Vereinigung - Bayreuth durchaus durchschnittliche Werte aufweist (vgl. Tab. 18).

Tab. 18. Der Versorgungsgrad der Bevölkerung mit Ärzten in Bayreuth 1970 und 1989

Arztgruppe	Einwohner/Arzt	
	1970	1989
Allgemeinärzte	2.390	2.252
Fachärzte	2.225	705
Zahnärzte	2.151	1.518
Tierärzte	64.536	11.636

Quelle: Eigene Erhebungen, Bayreuth 1989

Es läßt sich somit feststellen, daß die quantitative Entwicklung und die Struktur der ärztlichen Versorgung in Bayreuth den Anforderungen eines Oberzentrums gerecht wird, zumal unter Berücksichtigung der Relation der Versorgungsstandards zur Zahl der Bevölkerung.

Ergänzt und unterstützt wird diese Aussage bei der Analyse des regionalen Einzugsbereiches des Klinikums in Bayreuth, eines Krankenhauses der 2. Versorgungsstufe (vgl. Bild 14). Dabei zeigt sich, daß der Einzugsbereich des Klinikums den gesamten Regierungsbezirk Oberfranken umfaßt, wobei eine deutliche Schwerpunktsetzung in der Planungsregion Oberfranken-Ost zu beobachten ist. Obwohl in einer Distanz von ca. 60 km weitere Kliniken, etwa in Hof und Bamberg sowie die Universitätsklinik in Nürnberg-Erlangen vorhanden sind, zeichnen sich nicht zuletzt aufgrund des qualitativen Angebotsspektrums des Klinikums Bayreuth Überschneidungen in den Einzugsbereichen ab, was für die Marktpostition des Bayreuther Krankenhauses spricht (vgl. Karte 22). Nicht vergessen werden sollte dabei, daß das Klinikum Bayreuth selbst für angrenzende Regierungsbezirke (Unter- und Mittelfranken) eine gewisse Bedeutung hat, was auf einige Spezialangebote sowohl im Bereich der Unfallversorgung als auch der Gerontologie zurückzuführen ist. Von großer Bedeutung ist in diesem Zusammenhang, daß es im Vergleich zu 1961 gelungen ist, den Einzugsbereich des Krankenhauses zu verdoppeln, umfaßte doch damals der Einzugsbereich Städte und Gemeinden in einer Distanz von 20 - 30 km um Bayreuth. Die Bedeutung des Klinikums für Bayreuth wird auch durch die Wirkungen auf dem kommunalen bzw. regionalen Arbeitsmarkt deutlich. Für die Betreuung der 600 Patienten sind insgesamt 1.200 Arbeitsplätze geschaffen worden. Hinzu kommen Arbeitsplätze außerhalb des Klinikums, die durch Multiplikatorwirkungen entstehen.

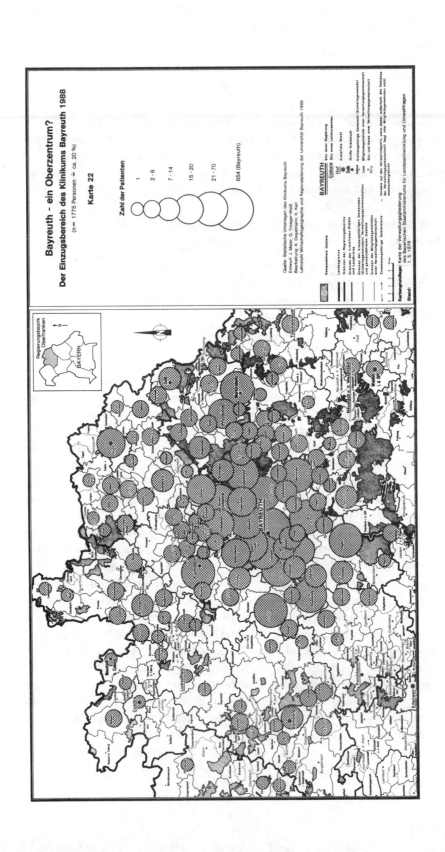

Bild 14 Das Klinikum Bayreuth am "Roten Hügel" - Einrichtung von überörtlicher Zentralität

Einen weiteren Bedeutungsgewinn wird das Klinikum durch den für 1996 geplanten Erweiterungsabschnitt "Herzchirurgische Klinik" erfahren. Die erste Einrichtung dieser Art in Oberfranken wird die Zentralität des Standortes Bayreuth im Bereich der ärztlichen Versorgung weiter steigern und auch zu einer Imageaufwertung des Standortes Bayreuth beitragen ("Medizin-Zentrum").

Neben dem Klinikum als Krankenhaus der 2. Versorgungsstufe im Krankenhausbedarfsplan der Bayerischen Staatsregierung spricht darüberhinaus für Bayreuth als Oberzentrum die Tatsache, daß eine Reihe von Fachkliniken ansässig sind, wobei neben dem Neurologischen Klinikum auch die beiden Rehabilitationskliniken für Schlaganfallserkrankungen und Schädel-Hirn-Verletzungen zu nennen sind. Auch in diesem Bereich zeichnet sich in den vergangenen Jahren eine hohe Entwicklungsdynamik ab, wurden doch die Kapazitäten durch Aufstockung der Zahl der Reha-Betten sowie durch Ansiedlung einer neuen Reha-Klinik erweitert. Allein schon aus diesen Entwicklungen der Landes- und Kommunalpolitik sowie deren Wirkungen in das nächste Jahrhundert kann ohne Übertreibung festgehalten werden, daß Bayreuth sich im Laufe der letzten Jahre immer mehr zu einem "Gesundheits-Zentrum" in Nordbayern entwickelt hat.

4.6 Einzelhandel - maßgeblicher Entwicklungsfaktor oder Sorgenkind der Entwicklung?

4.6.1 Entwicklung des Einzelhandels in Zeiten des "wheel of retailing"

In den vergangenen Jahrzehnten hat sich im Einzelhandel an den Stadtperipherien ein grundlegender Wandel vollzogen. Diese Veränderungen brachten die verschiedensten Probleme mit sich, wobei an die Sicherstellung der Nahversorgung, die Entwicklung des Handels in den Innenstädten und das verstärkte Auftreten des großflächigen Einzelhandels zu denken ist. Mit dem Hintergrund stagnierender bzw. rückläufiger Umsatzentwicklung vollzieht sich im Handel ein tiefgreifender Strukturwandel, der durch vier Hauptpunkte gekennzeichnet werden kann:

- Verdrängungswettbewerb,
- Konzentration,
- Verkaufsflächenexpansion und
- Rationalisierung.

Als entscheidende Trends dieses Strukturwandels haben sich die Selektion, die Konzentration und die Filialisierung herauskristallisiert [37].

Im Rahmen der Selektion und der Konzentration ist ein allgemeiner Rückgang der Betriebszahlen bis heute feststellbar, mit dem Insolvenzhöhepunkt 1985. Zum einen errangen die Großbetriebsformen Einkaufszentrum, Verbrauchermarkt, SB-Warenhaus und später auch Fachmarkt eine immer größer werdende Bedeutung für den gesamten Einzelhandel, die sog. "relative" Konzentration[38]. Zum anderen erzielten zahlenmäßig immer weniger Unternehmen einen immer größer werdenden Anteil am Umsatz. Dazu konkrete Zahlen für den Bereich Nahrungs- und Genußmittel:

Tab. 19 Betriebe und Umsätze im Lebensmitteleinzelhandel 1970 - 1990 (1970 = 100)

Jahr	1970	1975	1980	1985	1990
Betriebe	100	69	53	45	40
Umsatz	100	137	180	210	234

Quelle: Nielsen Universen 1991

Das Aufkommen von Großbetriebsformen mußte fast zwangsläufig eine starke Flächenexpansion mit sich bringen. Umsatzsteigerungen und Rationalisierungsstreben erforderten die Erset-

---
[37] vgl. Wiedemuth, J., Zöller, H., Konzerne beherrschen den Handel, Frankfurt/Main 1983, S. 8
[38] vgl. Wiedemuth, J., Zöller, H., Konzerne beherrschen den Han del, Frankfurt/M. 1983, S. 8

zung des teueren Personals durch eine ausgeprägte Flächenpolitik (Flächen- statt Personalargument). In den 80-er Jahren hielten die Expansionen zwar an, die Zunahmen waren aber deutlich geringer[39] 1960 waren es 22 Mio. qm Verkaufsfläche im Ladeneinzelhandel, 1970 dann 34 Mio. qm, 1980 56 Mio. qm und 1987 65 Mio. qm.

Selektion, Konzentration und Flächenexpansion verursachten ein umfassendes "Ladensterben" im Einzelhandel, wobei besonders der Lebensmittel-Sektor betroffen war. Der Anteil des Food-Bereiches am gesamten Einzelhandel ging zwischen 1960 und 1986 von 41,8 % auf 36,9% zurück, also um etwa 5 Prozentpunkte[40]. Viele Unternehmer dieser Branche versuchten infolge der Stagnation den Ausgleich in der Spezialisierung, zunehmend auch im Non-Food-Bereich, bis hin zur neueren Form der Fachmärkte. Diese Neuorientierung ist sicherlich der Hauptgrund dafür, daß der Einzelhandelsbereich Ende der 80-er Jahre boomte. Im Jahre 1987 haben die Umsätze um ca. 4 % zugenommen und die Verkaufsflächen um 2 %, der Beschäftigtenabbau scheint gebremst und die Investitionen im Einzelhandel sind expandierend: 1980 6,2 Mrd. DM, 1984 7,5 Mrd., 1986 9,5 Mrd. und 1988 geschätzt 11,8 Mrd. DM[41]. Großbetriebsformen wie Einkaufszentrum, Verbrauchermarkt, SB-Warenhaus und später auch Fachmarkt errangen eine immer größer werdende Bedeutung für den gesamten Einzelhandel. Ebenso ist die Filialisierung als Trend besonders in der Textil-, Schuh-, Teppich-, Hausrat-, Süßwaren-, Drogerie- und Kaffeebranche zu beobachten.

Die Entstehungsgründe für großflächigen Einzelhandel und die Fachmärkte liegen v.a. im Rahmen der Unternehmensausweitung durch Übernahme oder Neugründung von Geschäften und der Diversifizierung, v.a. bei Großhandels- und Industrieunternehmen mit dem Ziel der Risikostreuung. Als Vorteil ist dabei zu werten, daß Vorzüge des Großbetriebes in Anspruch genommen werden können, ohne auf wesentliche Vorzüge des Klein-/Mittelbetriebes verzichten zu müssen.

Als Ursachen für den Erfolg der Filialisierung sind u.a. zu nennen:

- Meist kapitalkräftige Unternehmen, die genügend Spielraum für entsprechende Investitionen aufweisen,
- die straffe Organisation der einzelnen Filialen durch die Unternehmensführung,
- die Tendenz zum sog. One-Stop-Shopping ("alles unter einem Dach"),
- neue Investoren im Einzelhandel (Großhändler, Industrie),

---

[39] Tietz, B., Strukturentwicklung und Wettbewerb - Erfahrungen und Perspektiven, in: Bundesarbeitsgemeinschaft der Mittel- und Großbetriebe des Einzelhandels (Hrsg.), Strukturentwicklung und Konzentration im Einzelhandel, Köln 1987, S. 21
[40] ders., S. 19
[41] Zahlenangaben vgl. Städtler, A., Investitionsboom im Einzelhandel, in: Ifo-Schnelldienst 21/1988, S. 3

- systematischer Verkauf unter Einkaufspreis als Konzentrationsbeschleuniger,
- höhere Lebenshaltungskosten und dadurch Zwang zur Sparsamkeit.

Mögliche Ursachen für den bis heute anhaltenden Strukturwandel im Einzelhandel sind sowohl Veränderungen auf der Angebotsseite als auch allgemeine gesellschaftliche Entwicklungen. Die einschneidensten Veränderungen brachte das in den USA entwickelte Selbstbedienungsprinzip als umfassende Rationalisierungsmaßnahme mit sich. Damit wurde erstmals der Faktor Personal durch den Faktor Fläche ersetzt (zusätzliche Verkaufsflächen). Fördernd war dabei die Entwicklung und die Umstellung auf problemlose (nicht erklärungsbedürftige) Sortimente. Erst durch die Einführung des SB-Prinzips, in der Bundesrepublik etwa Anfang der 70-er Jahre, waren die neuen Betriebsformen Verbrauchermarkt und Fachmarkt möglich. Daneben drang eine neue Generation von Investoren, wie Großhändler und die Industrie in den Einzelhandelssektor ein, was ebenfalls Expansionen der neuen Betriebsformen beschleunigte. Das Resultat war ein steigender Investitionszwang durch immer neue Konkurrenten und Rationalisierungsmaßnahmen. HATZFELD nennt hier die Dominanz des ruinösen Wettbewerbs, als eine Abstimmung von Marktstrategien, wie Discountprinzip, aggressiver Preis- und Sonderangebotspolitik mit dem einzigen Ziel, den Konkurrenten vom Markt zu drängen[42]. Betroffen davon war natürlich der finanzschwächere Mittelstand und die Nachbarschaftsläden. Großunternehmen hatten weit mehr Möglichkeiten, einen Zwang auf die v.a. klein- und mittelstrukturierten Hersteller und Distributoren ihrer Waren auszuüben (z.B. billigere Produktion, Rabatte usw.).

Der wichtigste Punkt bei den gesellschaftlichen Entwicklungen war wohl die Steigerung der Mobilität der Bevölkerung. Mit dem PKW als "Einkaufstasche" war der Großeinkauf für eine oder mehrere Wochen der neue Trend (Deckung des Grundbedarfs im One-Stop-Shopping). Die Erreichbarkeit wurde zu einem der wichtigsten Standortfaktoren besonders der Großbetriebsformen, Standorte auf der "grünen Wiese" fast die Regel. Fördernd waren dahingehend die räumlichen Entwicklungen zunächst der Urbanisierung und später der Suburbanisierung. Auch im Verbraucherverhalten selbst gab es Neuorientierungen, v.a. infolge der großen Wirtschaftskrisen Ende der 60-er und Anfang der 70-er Jahre. Höhere Lebenshaltungskosten der Bevölkerung machten den Hang zur neuen "Sparsamkeit" fast unumgänglich und förderten besonders die Expansion der Discounter, die z.T. auch heute noch anhält.

BERGER nennt das Verbraucherverhalten als wichtigstes Regulativ für die Entwicklung der Betriebsformen des Einzelhandels, die ihrerseits wiederum auch das Nachfrageverhalten beeinflußt[43]. So haben Konzentration und Selektion im Einzelhandel, wie schon angesprochen, zu

---

[42] vgl. Hatzfeld, U., Städtebau und Einzelhandel, Bonn 1987, S. 24
[43] vgl. Berger, S. Ladenverschließ - Ein Beitrag zur Theorie des Lebenszyklus von Einzelhandelsgeschäften, Göttingen 1977, S. 3

einem umfassenden Rückgang der Betriebszahlen geführt. Ergebnis ist also ein Wirkungskreis, bestehend aus:

- Verbraucherverhalten,
- Entwicklung der Betriebsformen und
- Store Erosion.

Store Erosion übersetzt man frei als Ladensterben oder aus volkswirtschaftlicher Sicht als Ladenverschleiß, einem Verschleiß, der sich bei allen Leistungskomponenten auswirkt. Hierzu gehören endogene und exogene Faktoren: Zu den endogenen zählen etwa die sachlichen und finanziellen Betriebsmittel, der personelle Bereich, die Ware und die Strukturmerkmale. Standortfaktoren, Gesetzgebung und wirtschaftliche Entwicklung faßt man unter den exogenen Komponenten zusammen. Der Konsument bewirkt diesen Verschleiß, indem er das eine Geschäft bevorzugt, das andere meidet. Der gesellschaftliche Wandel hat jedoch auch ihn verändert: Steigende Anzahl von Single-Haushalten, Berufstätigkeit der Frau und die gestiegene Mobilität haben sein Konsumverhalten und seine Konsumwünsche verändert. Man unterscheidet nicht mehr nur nach Alter, Geschlecht usw., sondern differenziert nach spezifischen Käuferwünschen.

Wichtigstes Kennzeichen der Store-Erosion sind die Umsatz- bzw. Gewinn-Stagnation und deren Folge, daß der Betrieb nicht mehr konkurrenzfähig ist. Bewirkt das Verbraucherverhalten, daß diese Stagnation eine ganze Gruppe von Betrieben ergreift, können sich andere oder neue Betriebstypen entwickeln. Als Auslöser dieser Entwicklung kommen natürlich auch alle anderen Ursachen des Strukturwandels hinzu. Ähnlich dem Produkt-Lebenszyklus und der konjunkturellen Entwicklung einer Gesamtwirtschaft weisen Einzelhandelsbetriebe und in deren Summierung auch Betriebstypen in ihrer Entwicklung Zyklen auf: Innovation - Marktdurchdringung - Sättigung - Stagnation - Veschwinden vom Markt. Diese Entwicklung wird in der Regel durch Modifikationen in Form des Trading-Up oder Umstellungen des Marketings beeinflußt. Die theoretischen Grundlagen zu dieser Thematik lieferten MCNAIR 1958 (Theorie des "wheel of retailing") und NIESCHLAG 1954 (Theorie der Dynamik der Betriebsformen) [44]. MCNAIR verwendet in der Darstellung der Entwicklung der Betriebsypen ein Vierstufenkonzept, bei dem jede Stufe durch spezifische Charakteristika gekennzeichnet ist:

1. Entstehung: Aggressive Preispolitik und eine Konzentration auf gängige Artikel bei raschem Lagerumschlag in billig ausgestatteten Räumlichkeiten erzeugen einen Preisvorsprung.

---

[44] Berger, S., a.a.O., 1977, S.98ff

2. Aufschwung: Über die niedrigen Preise wirkt die neue Betriebsform, die Umsätze steigen.
3. Annäherung: Die Unternehmen ändern ihre Strategie vom Preiswettbewerb zum Nichtpreiswettbewerb mit der Folge eines Trading-Up der gehandelten Ware (Kosten- und Preiserhöhung).
4. Integration: Völlige Angleichung an die, auf dem Markt bereits bestehenden Betriebsformen, verbunden mit einem Rückgang der Umsätze.

Auf den letzten beiden Stufen können ohne weiteres wieder neue Betriebsformen auftreten und sich entwickeln.

Betrachtet man nun die Entwicklung besonders der Großbetriebsformen des Einzelhandels, stellt man als Kennzeichen fest, daß die Zyklen im Laufe der Zeit immer schneller wechseln. Der Grund für diese Beschleunigung der Intervalle liegt darin begründet, daß neue Distributions- und Rationalisierungsmaßnahmen in immer kürzerer Zeit aufeinanderfolgen: So erreichten z.B. die Verbrauchermärkte bereits nach 25 Jahren Marktanteile, die die Kauf- und Warenhäuser in über 100 Jahren nie erreichen konnten und die Verbrauchermärkte weisen heute schon Assimilierungserscheinungen auf. Baumärkte hatten schon nach zehn Jahren teilweise Expansionsgrenzen erreicht [45]. Besonders wichtig ist diese Dynamik der Betriebsformen für die räumliche Planung. Hier sind immer kürzere Reaktionszeiten für die Analyse der Raumauswirkungen und entsprechende Gegenmaßnahmen notwendig. So hinkt das Planungsinstrumentarium, z.B. die BauNVO immer etwas hinter der aktuellen Entwicklung her. Dies ist einfach durch die Dissonanz zwischen der langfristig ausgelegten Planung öffentlicher Stellen und den kurzfristigen Investitionszeiträumen von Handelsunternehmen erklärbar.

Die "Generationsfolge" insbesondere der Verbrauchermärkte, SB-Warenhäuser und Fachmärkte haben BAUMGART und BUSSE näher untersucht [46]. In der ersten Phase (Ende der 60-er Jahre, Anfang der 70-er Jahre) entstanden Verbrauchermärkte und SB-Warenhäuser bis 5.000 qm Verkaufsfläche v.a. in peripheren Standorten ("grüne Wiese"). Vorrangiges Kriterium für die Standortfindung war die gute Erreichbarkeit und das Discoutprinzip als Bedienungsform. In der zweiten Phase (bis Ende der 70-er Jahre) wurden in denselben Lagen bestehende Standorte um Verbrauchermärkte und SB-Warenhäuser bis zu 30.000 qm Verkaufsfläche erweitert (verbesserte Ausstattung und erste Spezialisierung der Sortimente). Erste großflächige Fachmärkte entstanden im Umfeld der SB-Warenhäuser, v.a. Möbel-, Bau- und Gartencenter. Die dritte Phase (Anfang der 80-er Jahre) war gekennzeichnet durch die zunehmende Ansiedlung auch in innerstädtischen Bereichen. Unrentable Filialen von Warenhäusern wurden aufgekauft

---

[45] Hatzfeld, U., Einzelhandel in Nordrhein-Westfalen - Strukturwandel und seine Bedeutung für die Stadtentwicklung, Dortmund 1988, S. 18
[46] Baumgart/Busse: Fachmarktansiedlung - Erlebniskauf am Stadtrand, In: RuR 1/1990, S. 12/13

und umgewandelt, v.a. Drogeriemärkte erreichten so hohe Marktanteile. In der vierten Phase (seit Beginn der 80-er Jahre) bilden sich an den peripheren Standorten immer häufiger Fachmarkt-Agglomerationen mit typisch innerstädtischen Sortimenten, wie Bekleidung, Schuhe oder Unterhaltungselektronik. Verbrauchermärkte gelten weiterhin als Frequenzbringer. Daneben siedeln sich zusätzlich noch Betriebe ergänzenden Services und des Handwerks sowie zunehmend auch der Fast-Food-Branche und Freizeitanlagen an. Periphere Standorte führen so erstmals zu Gefahrenmomenten für die Struktur der Innenstädte und der Nebenzentren. Das extensive Verkaufsflächenwachstum wird in dieser Zeit zunehmend vom Flächenrecycling v.a. ehemaliger Warenhäuser abgelöst, auch in funktionsschwachen Gewerbe- und Mischgebieten mit Altsubstanz, bevorzugt an Ausfallstraßen. In der fünften Phase (ab Mitte der 80-er Jahre) entstehen mit Konzept geplante und betriebene Standort-Konzentrationen mit Gesamt-Verkaufsflächen von bis zu 50.000 qm an peripheren Lagen mit hervorragender überörtlicher Anbindung (v.a. an Autobahnausfahrten). Neue Strategien sind der Erlebniseinkauf und die starke Kombination mit Freizeitanlagen. Typische Erscheinungsformen sind das Fachmarktzentrum oder die aus den USA und Kanada bekannten Malls (überdacht, klimaunabhängig). Häufig werden solche Agglomerationen von einem Zentrumsmanagement geleitet.

Betrachtet man die weitere Enwicklung der wichtigsten Betriebstypen des Einzelhandels, werden sehr unterschiedliche Szenarien aufgespannt. Die wahrscheinlich älteste Form der Kauf- und Warenhäuser steckt seit Mitte der 70-er Jahre als Folge des "wheel of retailing" in einer tiefen Krise: 1985 konnten sie nur mehr einen Marktanteil von etwa 6 % erreichen [47]. Vor allem in Innenstadtlagen angesiedelt, weisen die Kauf- und Warenhäuser große Besuchereinbußen auf, besonders durch immense Konkurrenz von Fachgeschäften und den neuen Betriebsformen am Stadtrand und in Nebenzentren. Entwicklungschancen sind nur in verstärkter Investitionstätigkeit für Trading-Up-Maßnahmen, wie Discountorientierung und Kooperation zu sehen. Hier sind gerade in letzter Zeit erste Erfolge zu verzeichnen.

Die in den 60-er Jahren entstandenen Einkaufszentren weisen ähnliche Stagnationserscheinungen auf. War die Betriebsform in den 70-er Jahren noch expansiv, wurden in den 80-er Jahren erste Sättigungsgrenzen erreicht: Es gab in der Bundesrepublik etwa 700 Einkaufszentren, von denen ca. 10 % die Geschäftsflächenmarke von 15.000 qm überstieg [48]. In absehbarer Zukunft werden Neuerrichtungen eher die Ausnahme und dann relativ kleinstrukturiert sein, mit Standorten am Rand der Innenstädte und in Subzentren. Nicht ungewöhnlich wäre eine schrittweise Ablösung der Einkaufszentren durch die innovativen Fachmarktzentren.

---

[47] Hatzfeld, U.,a.a.O., 1988, S. 7
[48] ders., 1987, S. 22

Noch nicht abgeschlossen ist die Expansion der Verbrauchermärkte. Ein weiterer Anstieg der Betriebszahlen und Verkaufsflächen dieser expansivsten Betriebsform der letzten zwei Jahrzehnte ist zu erwarten. Aber auch bei den Verbrauchermärkten sind schon Sättigungserscheinungen zu beobachten. Der Marktanteil (1986: 14-15 %) wird kaum über 17 % steigen. Für die 90-er Jahre ist eher wahrscheinlich, daß die Entwicklung zwar noch anhält, aber in weit abgeschwächter Form. Die besten Entwicklungschancen werden der neueren Betriebsform der Fachmärkte eingeräumt. Mit ähnlich expansiver Entwicklung wie bei den Verbrauchermärkten wird der Fachmarkt sehr wahrscheinlich der Betriebstyp der 90-er Jahre sein.

Ein wichtiger Teil jeglicher Bewertung des Strukturwandels im Einzelhandel ist die Frage nach den Auswirkungen, auch auf räumliche Strukturen. Nach HAUTAU haben sich die monozentrisch orientierten Stadtstrukturen zugunsten der Peripherie aufgelöst [49]. Sicherlich ist diese Aussage in einer Reihe von Fällen zutreffend, als genereller Prozeß in der Bundesrepublik kann es sich bislang aber nur um Teilprozesse handeln, um die Verlagerung von Teilfunktionen. Diese Entwicklung ist auch eine Folge der Neuorientierung im Einzelhandel mit einer peripheren Teilverlagerung städtischer Marktpotentiale (Antwort auf die Suburbanisierung). Zentrale Standorte wurden durch den steigenden Mobilitätsgrad der Bevölkerung neu bewertet.

Ein planerischer Handlungsbedarf ergibt sich besonders aus den drei dominanten Entwicklungsprozessen [50]:

- Rückgang des Betriebsstandes mit einer zunehmenden Gefährdung der Nahversorgung der Bevölkerung,
- Dominanz der Großbetriebe, dadurch ein erhöhter Stellenwert von Einzelhandelseinrichtungen in der Planung,
- neue Standortstrukturen mit einer Beeinträchtigung der Innenstädte und landesplanerischer Leitbilder und Konzepte.

Die rückläufige Anzahl der Betriebe bedingt als erste Folge, daß sich auch die Erreichbarkeit zu Einrichtungen, insbesondere der Grundversorgung, verschlechtert. Besonders im ländlichen Raum und bei immobilen Bevölkerungsgruppen führte diese Entwicklung zu ersten Unterversorgungserscheinungen. Besonders das landesplanerische Ziel einer gleichmäßigen Versorgung der Bevölkerung wird immer schwieriger zu realisieren. Das hat auch rentabilitätsspezifische Gründe. So ist ein Betrieb mit einer Fläche unter 200 qm kaum mehr rentabel und konkurrenz-

---

[49] Hautau, H. Handel in City und Umland, In: structur %/1992, S. 123 ff
[50] Hatzfeld, U., a.a.O., 1987, S. 6

fähig [51]. Es werden auch angesichts der sozialen Bedeutung kleinerer Nachbarschaftsläden Forderungen nach der Subventionierung solcher Kleinbetriebe laut, also im Endeffekt einer Forderung nach einem Mittelstandsschutz im Einzelhandel.

Tab. 20 Kaufkraft und Zentralität der Stadt Bayreuth

Kaufkraftdaten Bayreuth 1991	Bayreuth	Bayern	Oberfranken
Einwohner	71.527	11.220.735	1.055.823
Haushalte	35.409		
Kaufkraftkennziffer je Einwohner (KKZ)	98,1	98,5	90,0
Umsatzkennziffer je Einwohner (UKZ)	141,5	97,4	85,8
Kaufkraftzufluß	320,6 Mio DM		
Zentralitätsindex	142,9		
Einzelhandelsumsatz	1.069,8 Mio DM		

Anm.: KKZ und UKZ sind im Bundesdurchschnitt = 100, Zentralitätsindex = 100 kennzeichnet eine Versorgung ohne Kaufkraftzu- und Abfluß.
Quelle: GfK, 1991a

Die Kaufkraft je Einwohner liegt in Bayreuth knapp unter dem Bundesdurchschnitt und annähernd gleich mit dem entsprechenden Wert für Bayern. Gemessen an Oberfranken ist die Kaufkraft in Bayreuth um 8,5 % höher. Somit leitet sich schon hieraus ein Zentralitätsüberschuß der Stadt Bayreuth gegenüber dem Umland ab. Die Umsatzkennziffer (UKZ) belegt noch eindeutiger die zentrale Funktion der Stadt Bayreuth: Mit einem Wert von 141,5 liegt Bayreuth zwar nicht an der Spitze der oberfränkischen Oberzentren (Coburg 142,5, Bamberg 152,9, Hof 163,8) doch ergibt sich hieraus, daß 29,3 % der Kaufkraft des Standortes Bayreuth aus dem Umland in die Stadt fließt. Beachtet man ferner, daß Oberfranken insgesamt weniger Kaufkraft je Einwohner hat als der Freistaat Bayern, dann begründet sich auch hier der Zentraliätsüberschuß, der für Bayreuth mit dem Zentralitätsindex von 142,9 angegeben wird (vgl. Tab. 20).

Vergleicht man die Umsätze (1991) der (damals) vier möglichen Oberzentren in Oberfranken - Bayreuth, Bamberg, Coburg und Hof - bezüglich der Branchen bzw. Sortimente Nahrungsmittel/Getränke/Tabak, Bekleidung/Schuhe, Bürobedarf/Druckerzeugnisse/Schreibwaren und Drogerie/Kosmetik/Medizin/Farben, so läßt sich die generelle Rangfolge Bamberg, Bayreuth, Hof, Coburg festhalten, lediglich bei "Bürobedarf/..." tauschen Bayreuth und Hof die Plätze zwei und drei bzw. bei "Drogerie/..." Coburg und Hof die Plätze drei und vier (vgl. Tab. 21).

---
[51] Grabow, B., Einzelhandel und Stadtentwicklung, In: Der Städtetag 6/1990, S. 410

Tab. 21 Vergleich der Umsätze ausgewählter Sortimente in den (damals) vier möglichen Oberzentren Oberfrankens

Branche/Sortimente	Umsatz in 1.000 DM			
	Bayreuth	Bamberg	Coburg	Hof
Nahrung, Getränke, Tabak	45.495	52.392	37.578	44.905
Bekleidung, Schuhe	80.272	132.421	56.543	56.955
Drogerie, Kosmetik, Medizin, Farben	46.180	51.890	31.087	30.660
Bürobedarf, Druckerzeugnisse, Schreibwaren	18.651	32.238	11.413	23.267

Quelle: GfK, 1991a

Nach internen Berechnungen der BBE-München, des Forschungsinstituts des bayerischen Einzelhandelsverbandes, wachsen die jährlichen Verbrauchsausgaben pro Kopf in Bayreuth von 7.795 DM im Jahr 1989 auf 8.325 DM im Jahr 2000 an [52]. Vorausgesetzt wird bei dieser Schätzung ein konstantes Verhältnis zwischen dem Spar- und Ausgabeverhalten der Bevölkerung, eine Steigerung der Verbrauchsausgaben um jährlich 0,6 % und eine positive Bevölkerungsentwicklung im Einzugsbereich des Bayreuther Einzelhandels. Hieraus ergibt sich für 1989 ein Marktpotential von 1.630 Mio. DM; der Soll-Betrag, den davon der Einzelhandel in Bayreuth binden kann, wird mit 59 % des Marktpotentials oder 961 Mio DM beziffert. Für das Jahr 2000 wird entsprechend ein Marktpotential von 1.936 Mio. DM errechnet, davon sollen als "Umsatzpotential" 1.140 Mio. DM gebunden werden (vgl. Tab. 22).

Tab. 22 Marktpotentiale und Umsatzpotentiale 1989 und 2000

Bedarf	Markt- Potential in Mio. DM		Umsatz- Potential in %		Umsatz- Potential in Mio. DM	
	1989	2000	1989	2000	1989	2000
kurzfristiger Bedarf	656,4	779,4	42,9	42,8	281,6	333,8
mittel-/langfristiger Bedarf	974,2	1.156,7	69,8	69,7	680,1	806,3
Summe	1.630,6	1.936,1	59,0	59,0	961,7	1.140,1

Quelle: BBE, 1990, S. 15

---

[52] BBE-Bayern Unternehmensberatung GmbH, Gutachten über die künftige Einzelhandelsnutzung des Bayreuther Schlachthofgeländes, München 1990, S. 13 - 15

Soll das Umsatzpotential von 59 % des Marktpotentials in Bayreuth gebunden werden, bedarf es nach Angaben der BBE zusätzlicher Verkaufsflächen von 8.648 qm für 1989, woraus sich für das Jahr 2000 ein Wert von 26.564 qm extrapoliert. Mit jeweils über 8.000 qm partizipieren hieran als größte Nutzer die Branchen Nahrungs- und Genußmittel sowie Textil, mit weitem Abstand gefolgt von den Branchen Hausrat und Elektro mit jeweils über 2.000 qm Zusatzbedarf sowie den Bereichen Schuhe und Drogerie/Parfum mit 1.234 qm bzw. 1.079 qm zu schaffender Verkaufsfläche (vgl. Tab. 23).

Tab. 23 Zusätzlich benötigten Verkaufsflächen im Einzelhandel der Stadt Bayreuth im Jahre 2000

Branche	zusätzlicher Flächenbedarf im Jahr 2000
Nahrungs- und Genußmittel	8.424
Textil	8.135
Hausrat	2.240
Elektro	2.003
Schuhe	1.234
Drogerie/Parfum	1.079
Sport	754
PBS	754
GPK	596
Spielwaren	522
Bücher	414
Foto	217
Optik	211
Insgesamt	**26.564**

Quelle: BBE, 1990

Der Einzugsbereich des Einzelhandels der Stadt Bayreuth wurde dabei für 1989 von der BBE-München unter Anwendung eines Computermodells ermittelt. Neben der Attraktivität des Standortes Bayreuth und seiner Konkurrenzstandorte wurden dabei Zeitdistanzen sowie "geographische, örtliche und verkehrsbedingte Faktoren" analysiert [53]. Es wurden so drei Kategorien von Einzugsbereichen für Bayreuth ausgegliedert: Das Stadtgebiet von Bayreuth als Einzugsbereich I mit 71.527 Einwohnern und der höchsten Kaufkraftbindung sowie die Einzugsbereiche II und III mit abnehmender Kaufkraftbindung und 49.700 bzw. 80.500 Einwohnern (vgl. Karte 23). Insgesamt bewohnen das so ermittelte Einzugsgebiet 201.700 Einwohner.

---

[53] BBE, a.a.O., 1990, S. 5

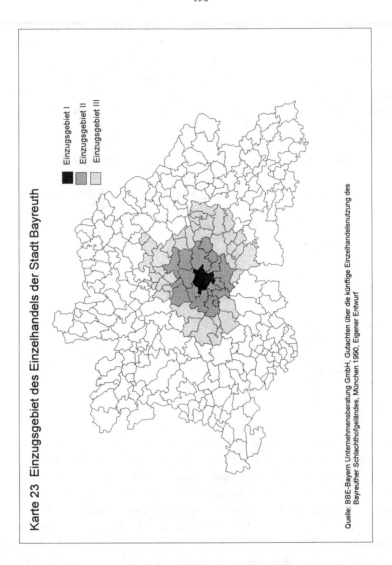

Karte 23 Einzugsgebiet des Einzelhandels der Stadt Bayreuth

Quelle: BBE-Bayern Unternehmensberatung GmbH, Gutachten über die künftige Einzelhandelsnutzung des Bayreuther Schlachthofgeländes, München 1990, Eigener Entwurf

Wichtig ist in diesem Zusammenhang, daß Bayreuth in den vergangenen Jahren seinen Einzugs- und damit Versorgungsbereich - erheblich ausdehnen konnte, zeigen doch Untersuchungen von 1985, daß die Käuferbereiche nicht über eine Distanz von 25 - 30 km hinausgehen. Andererseits ist auch nicht zu übersehen, daß im Gebiet von Kemnath Boden an die Stadt Weiden verloren gegangen ist und sich für die nächste Zukunft gerade hier Handlungsbedarf zeigt.

Um auch eine Vorstellung über die Struktur des Einzelhandels in Bayreuth zu geben, kann man leider nur mit den letzten öffentlichen Daten aus dem Jahre 1985 aufwarten [54], wonach

- der Einzelhandel mit Fahrzeugen, -teilen und -reifen mit 108 Mio. DM den höchsten Umsatz bei 33 Ladengeschäften erzielte,
- der zweitwichtigste Einzelhandelszweig nach Umsatz- und Beschäftigtenzahlen der Bereich Textilien, Schuhe und Lederwaren ist (80 Mio. DM Umsatz, 703 Beschäftigte),
- an dritter Stelle die pharmazeutischen, kosmetischen und medizinischen Erzeugnisse mit 46,1 Mio. DM aus 39 Ladengeschäften und 251 Beschäftigten lagen,
- der Wirtschaftszweig elektrotechnische Erzeugnisse mit einem Umsatz von 40 Mio. DM bei 31 Ladengeschäften und 114 Beschäftigten aufwies,
- der Einzelhandel im Bereich Einrichtungsgegenstände einen Umsatz von 26,7 Mio. DM aus 50 Ladengeschäften mit 265 Beschäftigten erzielte.

4.6.2 Einzelhandel als Bestimmungselement der Stadtentwicklung in der Innenstadt

Eng mit der Bildung neuer, dezentraler Schwerpunkte ist die Entwicklung der Innenstädte verbunden. Dort herrschen schon lange veränderte Rahmenvorgaben. So hat besonders in den letzten beiden Jahrzehneten die Tertiärisierung die Wohnfunktion in den City-Lagen verdrängt. Zusammen mit der zunehmenden Konkurrenz vom Stadtrand und der Peripherie bedingt diese Entwicklung nicht nur eine qualitative Verschlechterung des Einzelhandels, sondern auch eine Beeinträchtigung des Stadtbildes durch unschöne Warenhausfassaden, verstärktes Auftreten von Spielhallen und Videotheken und von Fast-Food-Ketten. Daneben haben sich aber auch andere Formen des Einzelhandels entwickelt, wie etwa Einkaufspassagen. Resultat sind dennoch Besucher- und Umsatzverluste in den Kernbereichen besonders der Oberzentren.

Der Bereich des Einzelhandels zeigt auch in Bayreuth eine große Dynamik. Neben der auch in Bayreuth stattfindenden Entwicklung neuer Verbraucher- und Fachmarktstandorte am Stadtrand oder in Gewerbegebieten wird die Innenstadt durch die nahezu überall zu beobachtenden Prozesse der Filialisierung und Textilisierung geprägt; neuere, dem Trend zur Banalisierung gegensteuernde Angebotsformen wie Passagen oder integrierte innerstädtische Einkaufszentren sind erst in Ansätzen vorhanden. Allerdings sind auf diesem Sektor in nächster Zeit größere Entwicklungen zu erwarten (Bsp. ECE-Konzept auf dem ehem. Schlachthofgelände).

---

[54] Quelle: Handels- und Gaststättenzählung in Bayern 1985

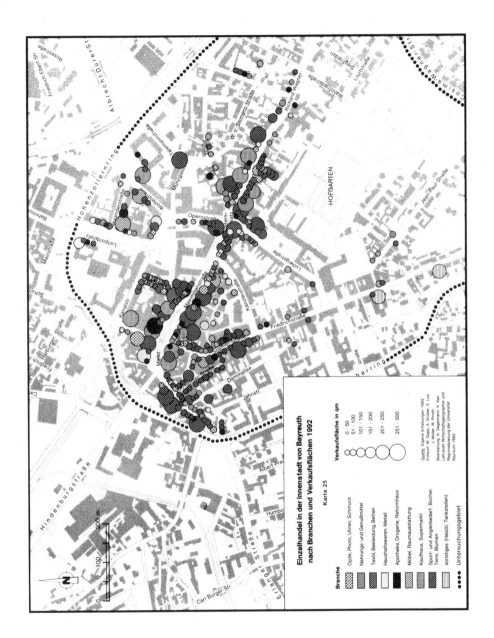

Die folgende Strukturanalyse des Einzelhandels in der Innenstadt von Bayreuth beruht auf eigenen Erhebungen der Branchen und Verkaufsflächen im Januar 1992. Wie der Vergleich mit der Situation 1992 und 1983 zeigt (vgl. Karte 24 und Karte 25), hat sich an der hohen Konzentration entlang der Richard-Wagner- und Maximilianstraße wenig geändert, ein für ein Oberzentrum doch erstaunlicher Vorgang. Als Untersuchungsgebiet wurde die Innenstadt innerhalb des Stadtkernrings, also innerhalb der Straßenzüge Hohenzollernring, Wittelsbacher-Ring und Cosima-Wagner-Straße festgelegt, erhoben wurden die Kriterien Branche und Verkaufsfläche. Die Ergebnisse sind als Schätzung zu werten, da wegen zeitlicher und personeller Eingrenzungen eine exakte Erhebung durch Befragung der jeweiligen Geschäftsleiter nicht in allen Fällen möglich war.

Zur Strukturierung der Daten wurde die Innenstadt hinsichtlich der Auswertung in acht Erhebungsgebiete unterteilt, die aufgrund ihrer Einzelhandelsstrukturen in sich relativ homogen sind. Diese Räume vergleichbarer Struktur sind:

Erhebungsgebiet I	Maximilianstraße, Markt, untere Maximilianstraße, Ladenpassage, Frauengasse und Schulstraße
Erhebungsgebiet II	Sophienstraße
Erhebungsgebiet III	Von-Römer-Straße und "Gassenviertel" zwischen Markt (excl.) und Kanzleistraße (excl.) und Sophienstraße (excl.)
Erhebungsgebiet IV	Innenstadt westlich Dammallee (incl.) und Friedrichstraße (incl.) ohne Stadtkernring
Erhebungsgebiet V	Richard-Wagner-Straße, Ludwigstraße, Hofgartenpassage
Erhebungsgebiet VI	Hofgarten und südlich daran anschließende Straße (ohne Stadtkernring) sowie nördlich anschließende Straßen bis Richard-Wagner-Straße (excl.)
Erhebungsgebiet VII	Innenstadt nördlich der Kanalstraße (incl.), Opernstraße (incl.) und Richard-Wagner-Straße (excl.)
Erhebungsgebiet VIII	Hohenzollernring, Wittelsbacher-Ring, Cosima-Wagner-Straße

Sowohl flächenbezogene als auch hinsichtlich der Zahl der Geschäfte ist die Bekleidungs-Branche der größte Anbieter in der Innenstadt in Bayreuth. Mit 26 % der Geschäfte und 28 % der Verkaufsfläche kommt die Branche auf eine durchschnittliche Verkaufsfläche von 175 qm, was etwa dem Durchschnittswert des gesamten Einzelhandels in der Innenstadt entspricht. Aus dieser Entsprechung folgt jedoch keineswegs, daß die Strukturen der Bekleidungsbranche typisch für den gesamten Einzelhandel wären.

An zweiter Stelle folgen die Geschäfte mit Warenhaussortimenten. Hierbei ist charakteristisch, daß 0,9 % aller Geschäfte der Innenstadt diesem Bereich zuzuordnen sind und dabei 20,5 % der Verkaufsfläche auf sich vereinigen. Mit etwas größerem Abstand folgt die Branche Nahrungs- und Genußmittel mit einem Flächenanteil von 10 %. Aufgrund geringerer durchschnittlicher Verkaufsflächen ist diese Branche mit gut 15 % aller Geschäfte in der Innenstadt vertreten. Ein Vergleich sowohl der Verkaufsflächen als auch der Zahl der Geschäfte je Branche zeigt, daß sich über das Geschilderte hinaus lediglich der Bereich Schuhe von den übrigen Branchen abhebt.

Während der Anteil an der gesamten Verkaufsfläche hier bei 6 % liegt, wird der Anteil der Geschäfte von Branchen wie der medizinischen Versorgung oder im Bereich Lebensmittel von den Bäckern übertroffen. Es handelt sich demnach auch bei der Schuhbranche um Strukturen, die durch große durchschnittliche Verkaufsflächen gekennzeichnet sind. Drei generelle Aussagen lassen sich hieraus ableiten und charakterisieren die Strukturen des Einzelhandels in der Innenstadt in Bayreuth:

❶ Die größten Verkaufsflächen werden von den Branchen Bekleidung, Warenhaussortimente, Nahrungs- und Genußmittel und Schuhe in dieser Reihenfolge genutzt. Die Verkaufsflächen aller weiteren Branchen liegen unter jeweils 5 %;
❷ Hinsichtlich der Zahl der Geschäfte dominieren die Branchen Bekleidung sowie Nahrungs- und Genußmittel;
❸ Das Kriterium der durchschnittlichen Verkaufsflächen fällt durch eine wesentlich homogenere Verteilung über alle Branchen auf, so daß in der Hauptsache einzelne Unternehmen mit sowohl branchenbezogenen als auch allegemein weit überdurchschnittlichen Verkaufsflächen für die Dominanz der Branchen Bekleidung, Nahrungs- und Genußmittel sowie Warenhaussortimente und Schuhe verantworlich sind.

Die übrigen Branchen haben, jeweils isoliert betrachtet, keine prägende Funktion für die Einzelhandelsstrukturen der Innenstadt. Während z.B. die Branchen Drogerie/Kosmetik und Sport mit 1.980 qm bzw. 1.570 qm noch relativ stark vertreten sind, tritt der Bereich Heim- und Handwerkerbedarf als nicht innenstadtrelevante Branche deutlich zurück.

4.6.3 Ausgewählte Branchen: "Bekleidung" als relativ häufiger und "Feinkost" als selten auftretender Repräsentant des Bayreuther Einzelhandels

Betrachtet man die Struktur des Bekleidungsmarktes in der Bundesrepublik Deutschland, so wird deutlich, daß vor allem der Anteil der Warengruppen Herren-, Damen-, Kinder-

Strickwaren und Wäsche sich in den letzten Jahren durch steigende Tendendenz ausgezeichnet hat und nun einen beträchtlichen Marktanteil von 44 % aufweist.

Im Bekleidungsmarkt (ohne Wäsche/Strickwaren) verlief die Distribution z.B. im Jahre 1988 wie folgt:

Tab. 24 Distributionsstruktur im Bekleidungsmarkt 1988 (Marktanteile in %)

Anbieter	DOB	HAKA	Kinderbekleidung
Facheinzelhandel	49,8	42,0	32,7
Warenhäuser	7,0	9,3	12,0
C & A	10,4	13,2	20,2
Filialisten	14,5	15,6	8,7
Versender	11,5	8,1	9,4
SB-Warenhäuser/Verbrauchermärkte	2,0	3,1	7,3
Diversifizierer/Sonst.	4,8	8,7	9,7
Gesamt	**100**	**100**	**100**
in Mrd. DM	**20,4**	**10,7**	**1,4**

Quelle: BBE-Fachmarktreport, 1989, a.a.O., S. 132

Traditionell ist die Distributionsstruktur von starken Anteilen

- des Facheinzelhandels,
- der Filialisten und
- dem C&A als "Großfachgeschäft"

gekennzeichnet. Die anderen Anbietergruppen konnten ihre Anteile in den letzten 3 bis 4 Jahren nicht nennenswert erhöhen, so daß von einer relativ stabilen Distributionsstruktur gesprochen werden kann. Das gilt auch für die mittelfristige Entwicklung des Bekleidungsmarktes. Im Bereich des Fachhandels konnten allerdings die Filialisten und auch C&A überproportional über Flächenexpansion zulegen.

Im Innenstadtbereich von Bayreuth gibt es 84 Geschäfte im Bekleidungssektor. Davon bieten 62 Geschäfte Damen-, Herren- und Kinderbekleidung, 12 Heimtextilien und der Rest Wäsche, Strümpfe und Sportbekleidung an. Sie haben zusammen eine Verkaufsfläche von 14.710 qm und sind somit mit Abstand die größte Branche. Die mittlere Verkaufsfläche beträgt 175 qm.

Dieser relativ geringe Wert rührt von zahlreichen kleinen Boutiquen und anderen kleinen Betriebstypen (100 qm und kleiner) im Bekleidungseinzelhandel in Bayreuth her. Bestimmend für das Bild der Innenstadt sind aber vor allem etliche Großanbieter wie beispielsweise C&A oder K+L Ruppert, die erheblich mehr Verkaufsfläche bieten.

Marktführer in der mittelmodischen DOB der mittleren Preislage dürfte der Filialist Carlson sein. Die Firma besticht durch eine moderne, ansprechende Einrichtung in bester Lage, wenn auch auf gegrenzter Fläche im Sinne einer großen Sortimentstiefe. Zu diesen größeren Fachgeschäften zählen auch die Firma Hettlage und die Firma Wiesend. Daneben gibt es noch eine Reihe alteingesessener, kleinerer DOB-Geschäfte, wie z.B. die Firma Wittmann oder die Firma Lacher. Diese beiden Betriebe dürften im klassischen DOB-Bereich eine dominierende Rolle spielen.

Laut BBE ist für diese Branche bis zum Jahr 2000 mit 8.135 qm zusätzlicher Verkaufsfläche zu rechnen. Dieser Wert kann aber durch Erweiterungen und Modernisierungen der bestehenden Unternehmen relativiert werden. Insgesamt läßt sich jedoch sagen, daß noch Platz für weitere Anbieter, z.B. in Form eines Bekleidungs-Fachmarktes oder eines in Sortimentbreite und -tiefe überzeugenden Fachgeschäftes ist.

Zieht man nun als zweites Beispiel ausgewählter Einzelhandelsbranchen den Feinkost-Bereich heran, so berücksichtigen zwar die meisten branchenübergreifenden Arbeiten zum Thema des Einzelhandels und seiner Betriebsformen den Bereich Lebensmittel, nicht aber speziell den Sektor Feinkost. Die Beschaffung branchenspezifischer Daten gestaltet sich hier ungleich schwieriger als hinsichtlich anderer Branchen. Feinkost bezeichnet Lebensmittel, die, deutlich abgehoben von den Grundnahrungsmitteln, durch besondere Qualität und darüberhinaus in vielen Fällen durch ihre Außergewöhnlichkeit gekennzeichnet sind. Beispiele sind exotische Früchte, Weine hoher und höchster Qualität, Krabben, Lachs in allen Zubereitungen, usw., aber auch eher "Gutbürgerliches" wie Herings- und Fleischsalat, hier jedoch in gehobener Qualität. Grundsätzlich ist im Feinkosthandel eine große Sortimentstiefe erforderlich - so gilt etwa für die Feinkostabteilungen der Kaufhof AG eine Auswahl von "30 Sorten Champagner" als angemessen- wohingegen die Sortimentsbreite von der Betriebsform abhängt und somit stark mit der Verkaufsfläche korreliert.

Die allgemein wachsenden Kaufkraftpotentiale in Folge realer Einkommensverbesserungen führten in den letzten Jahren zu einer Zunahme des Interesses an Feinkostprodukten. "Die Kaufkraft wächst von Jahr zu Jahr. (...) wo (...) beim Einkauf emotionale Werte, wie "Prestige", "Genuß", "Erlebnis" oder "Bequemlichkeit" zählen, steht der Preis nicht mehr an erster Stelle" [56]. Dabei spielt für den Verbraucher neben dem grundsätzlichen Reiz hochwertiger Delikatessen die Vielfalt des Angebotes eine wesentliche Rolle, er verhält sich "ambivalent" [57]. Bezieht man hier die zeitliche Verzögerung von Verhaltensänderungen infolge der Lernbedürftigkeit neuer Verhaltensmuster ein, so kann auf eine weitere Zunahme dieses Verhaltens geschlossen werden, was ebenso für das erlebnisorientierte Einkaufsverhalten gilt. Eine wichtige Entwicklung im Bereich der Nachfrage, die nicht übersehen werden darf, ist der "Trend zu natürlicher, unverfälschter und möglichst frischer Ware" [58]. Desgleichen nehmen die Kriterien der Qualität und der geschmacklichen Unverfälschtheit bei Kaufentscheidungen an Bedeutung zu.

Die Marketingkonzeptionen moderner Feinkostvermarktung berücksichtigen besonders die Qualifikation des Personals. So sind die Abteilungsleiter der Kaufhof AG als Lebensmittel-Kaufleute ausgebildet und erhalten spezifische Kenntnisse über den Umgang mit Delikatessen durch weitere Schulungsmaßnahmen. Der Erlebniswert des Feinkosteinkaufs wird durch eine Mischung aus "kaufanregenden Bedienungsabteilungen mit Feinkost-Spezialitäten und Delikatessen" mit Betonung kompetenter Beratung einerseits und der Möglichkeit einer Entdeckungsreise durch "attraktive Salatbars, (...) ansprechende Depots mit vielfältigen exotischen Früchten" oder "verkaufsaktive Brotshops mit Schaubacken" [59] andererseits erzielt. Der Feinkosthandel führt keinen Preiswettbewerb. Kaufkriterium ist vielmehr die Qualität. Daher nehmen frische Produkte in Feinkostsortimenten immer mehr Raum ein.

Zusammenfassend lassen sich damit vier wichtige Aspekte für das Feinkostmarketing festhalten:

- hohe Qualität bei großer Sortimentstiefe und -breite,
- beratungsintensiver Verkauf mit qualifizierter Schulung des Personals,
- erlebnisorientierte Warenpräsentation, evtl. mit der Möglichkeit des Direktverzehrs, und
- Sicherung ständiger Verfügbarkeit sämtlicher Waren des Sortiments durch eine der Umschlaggeschwindigkeit angepaßte Logistik.

Der Feinkosthandel ist in Bayreuth durch zwei Geschäfte vertreten: Duwe, H. u. L. in der Bahnhofstraße und Gruber, E. in der Erlanger Straße. Über diese, dem Branchenfernsprechbuch entnommenen Geschäfte hinaus, führen folgende Geschäfte Feinkostsortimente, wobei hier jeweils nur Teilbereiche der gesamten Produktpalette angeboten werden:

---

[56] Gruss, S. 31
[57] ebenda
[58] dersel, S. 32
[59] dersel., S. 32

- das Käsehüsli,
- die Räucherkammer,
- die Nordsee,
- die Lebensmittelabteilung bei Hertie, und
- die Süße Quelle mit drei Filialen in Bayreuth.

Darüber hinaus gibt es vier spezielle Wein-Geschäfte, drei Naturkostläden und insbesondere im Innenstadtbereich diverse Bäckereien, Konditoreien und Konfiserien, die Teilbereiche der Fein- und Naturkostsortimente abdecken. Käsehüsli, Räucherkammer und Nordsee beschränken sich auf jeweils ein Sortiment, wobei Nordsee als einzige die Möglichkeit des Direktverzehrs bietet.

Die Süße-Quelle bietet neben einem (relativ) tiefen Weinsortiment Süßwaren gehobener Qualität und somit eine größere Sortimentsbreite als die beschriebenen Betriebe. Der einzige Betrieb jedoch, der annähernd die diskutierten Marketingkonzeptionen verwirklicht und Sortimentstiefe mit Sortimentsbreite verbindet, ist die Lebensmittelabteilung bei Hertie. Nur hier ist auch eine größere Verkaufsfläche vorhanden, mit Ausnahme der Nordsee und der Süßen Quelle bleiben ansonsten sämtliche Betriebe unter 100 qm.

Die Struktur des Feinkosthandels in Bayreuth zeichnet sich primär dadurch aus, daß es Feinkosthandel nach modernem Muster, mit breitem und tiefem Sortiment, erlebnisorientierter Warenpräsentation und der Möglichkeit des Direktverzehrs nur ansatzweise gibt. Somit bietet der Feinkosthandel dieser Stadt den aktuellen Nachfrage- und Konsumentenentwicklungen noch nicht ein oder zumindest in noch nicht umfassender Weise ein entsprechendes Angebot.

4.6.4 Die Rolle der Stadtteilzentren: Das Beispiel des Stadtteils St. Georgen

Ergänzt man die Dartstellung zur Innenstadt noch durch ein Beispiel eines Stadtteilzentrums, so bietet sich hierbei besonders der Stadtteil St. Georgen an. Die Einzelhandelsgeschäfte verteilen sich auf 3 Straßen (Markgrafenallee, Bernecker Straße und Brandenburger Straße), wobei der Schwerpunkt auf der Brandenburger Straße liegt. Dort befinden sich 21 von 40 Einzelhandelsgeschäften (vgl. Karte 26).

Die meisten Geschäfte sind kleine Geschäfte mit einer Verkaufsfläche bis 50 qm (24 von 40) und 51 - 100 qm (10 von 40). Auffallend ist auch das Fehlen von mittelgroßen Geschäften mit 151- 200 qm oder gar 201 - 250 qm Verkaufsfläche. Typisch ist dagegen für Stadtteilzentren die Branchenvielfalt, wobei Schwerpunkte im Bereich Nahrungsmittel, Getränke, Tabak (8 von 40 Geschäften) und Bekleidung/Textilien (7 von 40) liegen. Daneben sind auch andere Branchen mit Fachgeschäften vertreten, wobei der Bereich Blumen, zoologischer Bedarf, Brennstoffe (6 von 40) nicht nur einen sehr hohen Anteil aufweist, sondern auch durch eine große Zoohandlung (über 500 qm) vertreten ist.

Zusammenfassend kann man feststellen, daß die Größenstruktur auf ein gewachsenes Subzentrum mit vielen traditionsreichen Geschäften hindeutet, was durch den räumlichen Schwerpunkt im alten Zentrum von St. Georgen bekräftigt wird. Diese Einstufung als Subzentrum kann ebenfalls durch die vorhandene Branchenvielfalt belegt werden.

4.7 Exkurs: Arbeitsplatzdynamik und Unternehmensneugründungen

In der regionalpolitischen Diskussion wurde der Stellenwert kleiner und mittlerer Betriebe jahrelang vernachlässigt. Untersuchungen ab den 70-er und 80-er Jahren zeigten allerdings, daß es angesichts der Schwierigkeiten der von Großunternehmen geprägten Regionen vor allem die kleinen und mittleren Betriebe sind, die regionalpolitische Effekte im Sinne der Mobilisierung endogenen Potentials sowie der Arbeitsplatzschaffung erzielen können. Dies wird in den intensiven Verflechtungen über Vor- und Nachleistungen der Betriebe sowie in der Stabilisierungsfunktion für den regionalen Arbeitsmarkt aufgrund der Diversifizierung der Arbeitsplätze deutlich. Verschiedene Untersuchungen kommen zu dem Schluß, daß vor allem aus Klein- und Mittelbetrieben Existenzgründungen generiert werden, wodurch sich wiederum Multiplikatoreffekte einstellen. Die Bedeutung der Klein- und Mittelbetriebe wird zudem durch ihre Krisenfestigkeit betont. Großbetriebe, insbesondere im industriellen Sektor, erwiesen sich in der derzeitigen Strukturkrise als zu schwerfällig, um auf Problemlagen reagieren zu können. Speziell für den ländlichen Raum hat dies negative Auswirkungen: die hier bestehenden Großbetriebe, häufig in den 50-er und 60-er Jahren gegründet, werfen bei Struktur- oder Konjunkturkrisen durch Arbeitskräftefreisetzungen erhebliche lokale und regionale arbeitsmarktpolitische Probleme auf. Im Gegensatz dazu wiesen die Klein- und Mittelbetriebe positive Arbeitsmarkteffekte auf. Eine entscheidende Rolle spielt dabei das Unternehmensalter. Hierbei sind vor allem die ersten Unternehmenslebensjahre für den Generierungsprozeß verantwortlich.

Besonderen Stellenwert in der regionalpolitischen Diskussion besitzen damit neben der Strategie der Bestandserhaltung von seiten der Kommunalpolitik vor allem die Existenzgründungen. Konkret heißt dies, daß für Personen, die den Schritt in die Selbständigkeit gehen wollen und damit die Träger der positiven Arbeitsmarkteffekte sind, durch Regional- und Kommunalpolitik ein positives "Gründer-Umfeld" geschaffen werden muß. Es gilt, die Existenzgründer aktiv zu unterstützen, um die Survivorquote zu maximieren und Problemlösungen für die Schwierigkeiten bei der Gründung und in den ersten Unternehmensjahren anzubieten.

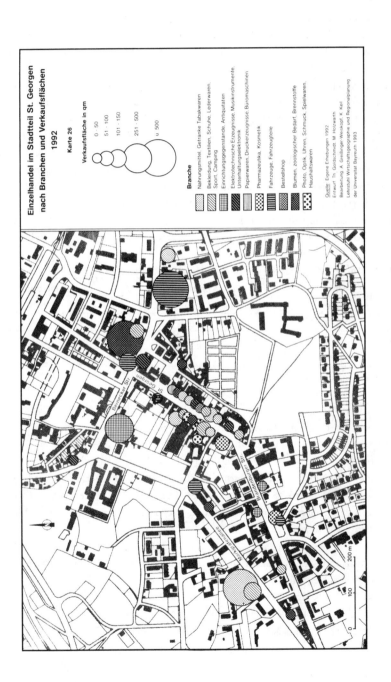

Dies soll nun am Beispiel der Stadt Bayreuth näher untersucht werden. Dabei wurde - um den Grenzöffnungseffekt 1990 bzw. die anschließende Sonderkonjunktur (bis 1992) auszuschließen - auf den Daten des Jahres 1989 aufgebaut und sowohl die überlebenden Betriebe Ende 1993 als auch die inzwischen geschlossenen Betriebe über Daten der Handwerkskammer Oberfranken Bayreuth und des Amtsgerichts Bayreuth erfaßt. Die bei der Industrie- und Handelskammer Oberfranken in Bayreuth eingetragenen Betriebe konnten aufgrund von Datenschutzbestimmungen leider nicht berücksichtigt werden. Nachrichtlich wurden noch die Neuanmeldungen des Jahres 1992 beim Ordnungsamt der Stadt Bayreuth erfaßt. Die Datenverfügbarkeit erwies sich beim Ordnungsamt jedoch als problematisch, konnten aus Datenschutzgründen nur die Personen erfaßt werden, die einer Weitergabe ihrer Daten zugestimmt hatten. Deren Anteil lag bei 20 %. Aufgrund der Tatsache, daß hier Abmeldungen nicht zugeordnet werden konnten, mußte hier auf eine Querschnittsanalyse zurückgegriffen werden. Im Rahmen einer Längsschnittanalyse können daher nur globale Aussagen getätigt werden, eine Gegenüberstellung von An- und Abmeldungen zeigt folgende Struktur:

Tab. 25 An- und Abmeldungen von Betrieben in der Stadt Bayreuth 1989 - 1992

Jahr	Anmeldungen	Abmeldungen
1989	443	291
1990	606	418
1991	486	387
1992	549	383

Quelle: Daten des Ordnungsamts Bayreuth

Als besonders "umsatzstark" erwies sich das Jahr 1990 mit 606 An- und 418 Abmeldungen, womit sich die durch die Wiedervereinigung bedingte Sonderkonjunktur auch in Bayreuth nachweisen läßt.

Insgesamt wurden für die durchzuführende schriftliche Befragung 448 Existenzgründer ermittelt (davon 18 % Frauen). 68 dieser Betriebe (= 15 %) sind in der eingetragenen Form nicht mehr existent, d.h. umgeschrieben, verlagert oder gelöscht. Die Erhebungseinheiten setzen sich damit wie folgt zusammen:

- 91 Existenzgründer wurden auf Grundlage der Neuanmeldungen beim Ordnungsamt der Stadt Bayreuth ermittelt,
- in die Handwerkerrolle haben sich im Zeitrum 1989 - 1992 115 Betriebe eintragen lassen. Davon wurden sowohl die zum Erhebungszeitpunkt noch bestehenden 90 Betriebe als auch die bereits wieder erloschenen 25 Betriebe ausgewählt und 242 Erhebungseinheiten wurden

anhand der Handelsregistratur des Amtsgerichtes Bayreuth ermittelt (mit 71 Personengesellschaften und 171 Kapitalgesellschaften).

Die Auswertung der Handwerkerrolle ergab folgende Survivorquoten:

Tab. 26 Survivorquoten im Handwerk

Gründungsjahr	1989	1990	1991	1992	1993
Anzahl der Gründer	25	29	25	36	34
davon bereits wieder geschlossen	7	7	5	6	1
in %	28	24	25	17	3

Quelle: Handwerkskammer für Oberfranken Bayreuth, interne Daten mit freundlicher Genehmigung ausgewertet, Bayreuth 1994

- Von den 1989 geschaffenen neuen Handwerksbetrieben sind heute, also im 6. Jahr, noch 72% im Bestand.
- Von den Existenzgründungen aus dem Jahr 1990 sind heute im 5. Geschäftsjahr noch 76 % in der Handwerkerrolle eingetragen.
- Im 4. Geschäftsjahr, bezogen auf das Gründungsjahr 1991, sind noch 75 % der Betriebe existent.
- 83 % beträgt die Survivorquote der Existenzgründer aus dem Jahr 1992, die sich derzeit im 3. Geschäftsjahr befinden.
- Von den Existenzgründern aus dem Jahr 1993 sind im 2. Geschäftsjahr noch 97 % im Bestand.

Man kann also von einer gewissen Stabilität ab dem 3. Jahr ausgehen.

Die Heranziehung der Handelsregistratur zur Ermittlung von Existenzgründungen muß allerdings kritisch betrachtet werden. Eine Neueintragung in das Handelsregister kann von der tatsächlichen Betriebsgründung zeitlich erheblich divergieren. Über die Survivorquoten der Betriebe aus dem Handelsregister lassen sich folgende Aussagen treffen:

Tab. 27 Survivorquote der im Handelsregister eingetragenen Betriebe
(Untersuchungszeitraum: 1.1.1989 - 26.1.1994)

Jahr der Eintragung	1989	1990	1991	1992
Anzahl der Eintragungen	49	46	61	81
Löschungen	8	5	8	0
in %	16	11	13	0
Verlagerungen	5	4	9	8
in%	10	9	15	9

Quelle: Amtsgericht Bayreuth, Handelsregistratur, eigene Auswertung, 1994

- Von den Betrieben, die sich 1989 in das Handelsregister haben eintragen lassen, haben heute, also im 6. Jahr, noch 74 % ihren Firmensitz in Bayreuth.
- Von den Eintragungen aus dem Jahr 1990 sind heute im 5. Geschäftsjahr noch 80 % existent.
- Im 4. Geschäftsjahr, bezogen auf das Eintragungsjahr 1991, sind noch 72 % der Betriebe im Handelsregister mit dem Firmensitz Bayreuth registriert.
- 91 % beträgt die Survivorquote der Existenzgründer aus dem Jahr 1992, die sich derzeit im 3. Geschäftsjahr befinden.
- 62 % aller Betriebsverlagerungen wurden in die neuen Bundesländer vorgenommen, somit haben ca. 7 % aller Firmen ihren Geschäftssitz in die neuen Bundesländer verlagert.
- Die Relation Kapitalgesellschaften zu Personengesellschaften beträgt 7:3.

Ein Vergleich der Zahlen zeigt für Existenzgründungen aus dem Jahr 1991 eine auffallende Instabilität, die mit einem "Konjunkturrausch" nach der Wende erklärt werden kann.

Von den 448 verschiedenen Fragebögen erhielten wir 103 auswertbare Antworten, 3 Mitteilungen über Betriebsverlagerungen sowie 6 Briefe als unzustellbar zurück (Rücklaufquote 25%). Von den 103 auswertbaren Fragebögen waren 76 Existenzgründer i.e.S., 22 hatten den Betrieb entweder von den Eltern oder Verwandten übernommen oder gekauft. Da es sich hier um keine Existenzgründer im eigentlichen Sinn handelt, wurden sie in die Auswertungen nicht mit einbezogen.

Die Auswertung der Fragebögen der Existenzgründer ergab folgende Wirtschaftszweige: Die Industrie mit 5 % (4 Betrieben), das Handwerk mit 30 % (23) und die Bereiche Dienstleistungen und Handel sind mit 65 % (49) vertreten. Differenziert man noch nach einzelnen Branchen, so ergibt sich folgendes Bild:

- Verbrauchsgüterindustrie   5 %
- Bau- und Ausbaugewerbe   13 %
- Bekleidungs- und Textilgewerbe   4 %
- Elektro- und Metallgewerbe   4 %
- Gesundheits- und Körperpflege   9 %
- Einzelhandel   7 %
- Großhandel   3 %
- Verkehr und Nachrichten   5 %
- Kredit- und Versicherungsgewerbe 4 %
- sonstige Dienstleistungen   46 %

Das nicht nur in den neuen Bundesländern boomende Baugewerbe spielt also auch im ländlichen Raum Oberfranken einen entscheidenden Faktor im Konjunkturbild. Was das Motiv für die Selbständigkeit betrifft, so stellt sich der Wunsch "sein eigener Herr zu sein", mit 80 % als Hauptgrund für den Weg in die Selbständigkeit heraus. Als weitere Gründe wurden genannt:

- bessere Verdienstchancen   46 %
- gute Marktchancen   34 %
- Zusatzeinkommen   12 %
- wäre sonst arbeitslos gewesen 7 %
- Familientradition   5 %
- günstige Investitionsbedingungen 4 %

Von besonderem Interesse ist dabei, daß die Existenzgründer im Gegensatz zu den Annahmen staatlicher Förderung keineswegs alle Beratungsdienstleistungen nachsuchen, denn insgesamt nahmen nur 32 % aller Unternehmen eine Existenzgründerberatung in Anspruch. Dagegen haben 51 % Weiterbildungsmaßnahmen besucht, wobei diese Rate mit zunehmendem Alter des Existenzgründers deutlich abnahm. Auf die Frage, inwieweit sich die in die Unternehmertätigkeit gesteckten Ziele erfüllt haben, antworteten 34 % mit "voll und ganz erfüllt", 43% mit "großteils erfüllt", 20 % mit "teilweise erfüllt", für nur 1 % konnten die gesteckten Ziele "nicht erfüllt" werden.

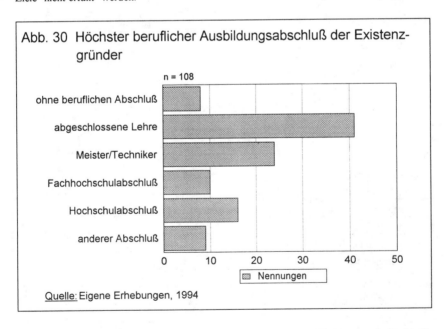

Was die Gewichtung in Umsatzklassen angeht, so erreichten immerhin knapp 50 % die 500.000 DM-Grenze. Da 52 Unternehmer (oder mehr als zwei Drittel) die Entwicklung in den nächsten drei Jahren positiv einschätzen, ist das Ergebnis noch wichtiger als zunächst erwartet, nämlich daß zum Gründungszeitpunkt 12 Gründer (oder ein Sechstel) mehr als zwei Vollarbeitskräfte beschäftigt hatten und im Laufe der Zeit auf zwei Fünftel erhöhte, also ohne Zweifel hier von einem positiven Beschäftigungseffekt gesprochen werden kann.

Um den Kreis der Existenzgründer noch näher zu kennzeichnen, kann aus den Abb. 30 und 31 festgestellt werden, daß die Personen mit abgeschlossener Lehre vor denen mit Hochschulabschluß im Vordergrund stehen. Was die frühere Berufstätigkeit betrifft, so dominiert eindeutig die des Angestellten.

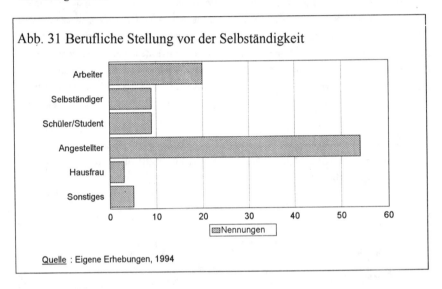

Tab. 28 Höchster allgemeinbildender Schulabschluß

Schulabschluß	Altersklasse I	Altersklasse II	Altersklasse III
keinen Abschluß	6	3	0
Hauptschulabschluß	15	17	46
qual. Hauptschulabschluß	9	14	0
Mittlere Reife	30	24	31
Fachhochschulreife	6	21	
Abitur	33	21	15
Sonstiger Abschluß	0	3	0

Quelle: Eigene Erhebungen, Bayreuth 1994

Der Vergleich mit drei ausgewählten Altersklassen der Existenzgründer (vgl. Abb. 32 und 33) macht deutlich, daß im Handwerk die Personen unter 30 Jahren weit höher als andere Altersklassen vertreten sind, während dies bei den Dienstleistungen für die Gruppe der über 40-jährigen gilt.

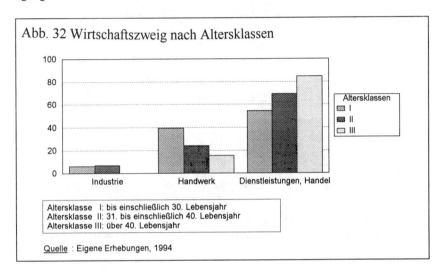

Ebenso zeigt Tab. 28, daß Personen mit Hauptschulabschluß eher in fortgeschrittenem Alter den Sprung in die Selbständigkeit wagen, während dies für Personen mit Abitur umgekehrt gilt. Bezogen auf das Geschlechterverhältnis wird in Abb. 34 deutlich, daß Frauen vor allem zwischen dem 30 und 40 Jahren als Existenzgründer auftreten, also nach der Familienaufbauphase.

Versucht man nun aufgrund der vorhandenen Daten verschiedene Typen von Existenzgründern herauszufiltern, so können zwei Unterscheidungsansätze getroffen werden:

- Unternehmertyp 1 ("der Dynamiker")

Als Kennzeichen können eine überdurchschnittliche Arbeitsplatzschaffung angesehen werden, ausnahmslos sind es Männer, die jährlich mindestens zwei Arbeitsplätze geschaffen haben. Insgesamt konnten zehn Vertreter dieses Typus herausgefiltert werden. Ihre Betriebe weisen einen für Existenzgründer hohen Umsatz auf (meistens ein Jahresumsatz größer als 500.000 DM). Der "Dynamiker" verfügt über ein überdurchschnittliches Fachwissen, sei dies durch seine Branchenerfahrung, die er sich durch praktische Tätigkeit (abgeschlossene Lehre) bzw.

durch akademisches Wissen (FH oder Hochschulabschluß) erworben hat. Auch seine schulische Ausbildung weicht von der Masse ab, die Hälfte besitzt die Fachhochschulreife bzw. Abitur. Über zwei Drittel der "Dynamiker" (gegenüber 34 % in der Grundgesamtheit) planten ihre Selbständigkeit von langer Hand, was in der Antwortkategorie "günstige Marktchancen" bei der Frage nach den Gründen der Existenzgründung zum Ausdruck kommt.

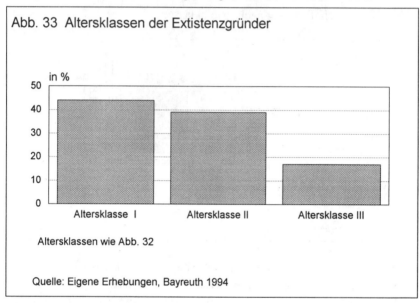

- Unternehmertyp 2 ("der Bodenständige")

Vertreter dieses Typus verhalten sich vorsichtig beim ersten Schritt in die Selbständigkeit. Insgesamt konnten 14 solcher "bodenständigen" Unternehmer selektiert werden. Meist unterstützt die Familie ihn durch Mitarbeit im eigenen Betrieb. Sein Alter liegt über dem Durchschnittsalter eines Existenzgründers. Sein Wissen hat er sich in seiner praktischen Tätigkeit (zwei Drittel abgeschlossene Lehre, ein Fünftel Meister, Techniker) angeeignet. Bevorzugt findet man ihn im Dienstleistungsbereich, teilweise im Handel wieder.

Angesichts der gerade in den ländlichen Räumen für die weitere regionalwirtschaftliche Entwicklung notwendigen Unternehmensgründungen und der Forderungen nach neuen Tugenden dieser Existenzgründer wie Kreativität, Spontanität, Risikofreudigkeit und Querdenken, haben unsere Untersuchungen im Raum Bayreuth gezeigt, daß nicht nur netto rd. 150 Existenzen pro

Jahr vorhanden sind, bei rd. 30.000 Erwerbspersonen, sondern daß damit auch in einer eher durch Angestellten- und Beamtenstrukturen gekennzeichneten Wirtschafts- und Sozialstruktur im Sinne einer regionalen Regionalpolitik eine Aktivierung endogener Ressourcen vorhanden ist. Auf dieses Potential müssen in Zukunft stärker denn je die Bemühungen der Regionalpolitik ausgerichtet werden.

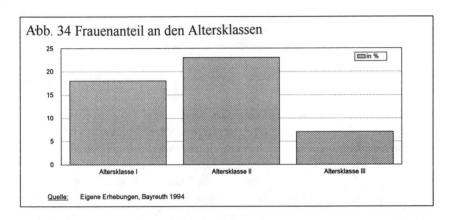

Die kommunale Ebene kann dabei, was den erstgenannten Typus angeht, weniger durch klassische Wirtschaftsförderung Hilfestellungen geben, denn durch eine Politik des "weniger an Staat", durch flexibles Reagieren, durch Schaffung eines unternehmerfreundlichen Klimas und durch Herstellung von Kontakten, während beim zweiten Typus von Existenzgründern eher das Sicherheitselement vorherrscht, braucht doch dieser Existenzgründer eine klare Aussage der weiteren Entwicklung der Stadt-/Kommunalentwicklung und damit der wirtschaftlichen Chancen der Region. Dabei kann ihm die kommunale Wirtschaftspolitik eine bedeutsame Hilfestellung sein.

4.8 Tourismus und Sport als Entwicklungsfaktoren

Der Bereich "Freizeit und Tourismus einer Stadt genießt derzeit und sicherlich auch in Zukunft eine hohe Beachtung, wie gerade die Diskussion um die sog. "weichen Standortfaktoren" zeigt. Deshalb muß im Rahmen einer Stadtanalyse diesem Bereich der entsprechende Platz eingeräumt werden. Nicht zuletzt gilt es, die Entwicklung, Strukturen und vorhandene Potentiale der Stadt Bayreuth aufzuzeigen, um hieraus die möglichen, zukünftigen Impulse für die Stadtentwicklung aus diesem Bereich erkennen zu können. Dabei werden Fremdenverkehr, Kultur und Sport gemeinsam skizziert.

4.8.1 Fremdenverkehr in Bayreuth

4.8.1.1 Entwicklung und derzeitige Situation

Dank der Festspiele erreichte Bayreuth schon in den 30-er Jahren über 200.000 Gästeübernachtungen im Jahr und zählte damit zu den bedeutendsten Fremdenverkehrsorten in Franken. Bereits in den 60-er Jahren konnten in Bayreuth rd. 30.000 Übernachtungen pro Jahr in den privaten und gewerblichen Betrieben verzeichnet werden. Seit diesem Zeitraum haben sich am Niveau der Übernachtungszahl keine wesentlichen Veränderungen mehr ergeben.

Charkteristisch für die Geschichte des Fremdenverkehrs in Bayreuth war und ist die starke Verbreitung einer besonderen Art der Privatvermietung. Da die Gästebetten in gewerblichen Beherbergungsbetrieben lange Zeit nicht ausreichten den saisonal bedingten Bedarf während der Festspielzeit zu decken, war man seit Beginn der Festspiele (1876) darauf angewiesen, daß Bayreuther Bürger Privatquartiere für Festspielgäste und -mitwirkende zur Verfügung stellten. Bei Hotelbetrieben und Gasthöfen stand eine Kapazitätserweiterung zur Bewältigung der Nachfragespitzen aus Rentabilitätsgründen nicht zur Diskussion. Bereits im ersten Jahr der Festspiele wurden durch eine städtische "Wohnungskommission" 1.800 bis 2.000 Betten für Festspielgäste ausfindig gemacht und an die Gäste vermittelt [60]. Später wurde diese Aufgabe vom Fremdenverkehrsverein übernommen, der auch heute noch den größten Teil dieser "privaten Quartiere" vermittelt.

Wieviele private Gästebetten heute noch vorhanden sind, läßt sich nicht exakt ermitteln, da seit der Umstellung der Fremdenverkehrsstatistik 1980/81 private Quartiere mit weniger als neun Betten nicht mehr meldepflichtig sind, und ein Teil der Quartiergeber die Zimmer direkt an langjährige Stammgäste vergibt. War in den 20-er Jahren das Verhältnis von Gästebetten in Privatquartieren zu Betten in gewerblichen Quartieren noch 6 : 1, so steht inzwischen den saisonal angebotenen Privatbetten eine etwa gleichgroße Anzahl von gewerblichen Gästebetten gegenüber. Die absolute Zahl der angebotenen Betten ist besonders von 1977 auf 1978 sprunghaft auf nunmehr 1.200 - 1.300 Betten zurückgegangen. Als Ursache kann hier die Eröffnung der Universität Bayreuth angenommen worden, in deren Zusammenhang ein Teil der Privatquartiere an Studenten und Hochschulbedienstete vermietet wurde. Als weitere Ursache für die heute insgesamt geringere Bedeutung der Privatquartiere kann auch die zunehmende Motorisierung der Gäste vermutet werden, die zu einer verstärkten Nachfrage von preiswerten Quartieren im Bayreuther Umland geführt haben mag.

---

[60] vgl. Fremdenverkehrsverein Bayreuth, Stadtgeschichten (1988), S. 11

In den Jahren von 1979 bis 1990 waren in Bayreuth folgende Entwicklungen festzustellen. Bei den Hotels, Gasthöfen, Pensionen, Sanatorien und Privatquartieren kann man bis 1986 eine Stagnation der Belegungszahlen (im Durchschnitt 66.000) erkennen, die 1987 von einem Anstieg der Besucherzahlen auf über 81.000 abgelöst wurde (vgl. Tab. 29). Allerdings ist kein nennenswerter Anstieg der Übernachtungszahlen in der gleichen Weise vorhanden. Auffällig bleibt im Zeitverlauf der deutliche Anstieg der Gästebesuche in den frühen 90-er Jahren, mithin wohl ein Indiz dafür, daß die Stadt Bayreuth im Bereich des Fremdenverkehrs zuerst einmal von der Wiedervereinigung der deutschen Staaten und der Öffnung der Grenze zur Tschechischen Republik profitieren konnte und eine Steigerung ihrer Zentralität erlangte. Kurzreisen dominieren, was sich schon darin zeigt, daß die durchschnittliche Aufenthaltsdauer der Gäste in Bayreuth bei Gästen aus dem Inland 2,83 Tage, bei Gästen aus dem Ausland sogar nur 1,96 beträgt. Dies ist ein Indiz dafür, daß vorwiegend Geschäftsreisende, Tagungsteilnehmer und Festspielbesucher nach Bayreuth kommen.

Tab. 29 Entwicklung des Fremdenverkehrs in Bayreuth von 1979 bis 1990

Jahr	Gäste	Übernachtungen	davon aus dem Ausland	mit Übernachtungen
1979	68.340	323.603	11.643	70.529
1980	66.842	342.479	12.139	74.334
1981	65.437	283.175	11.626	65.640
1982	62.325	280.132	11.346	61.981
1983	66.028	288.997	12.130	70.942
1984	68.694	270.799	12.842	52.214
1985	67.721	264.454	13.935	57.298
1986	71.876	290.524	13.211	52.003
1987	81.732	310.272	13.914	57.915
1988*	71.816	225.871	10.141	25.197
1989	76.097	228.630	11.986	26.592
1990	94.187	252.325	16.617	32.697

* ab 1988 ohne Übernachtungen in Privatquartieren
Quelle: Jahrbuch der Stadt Bayreuth, 1990

Das Fremdenverkehrsjahr in Bayreuth wird nach wie vor sehr stark von den Festspielen bestimmt. Rund zwei Drittel aller Übernachtungen in gewerblichen und privaten Quartieren entfallen auf die Monate Juni bis August, bei den ausländischen Gästen sogar über 80 % [61]. Obwohl in den letzten Jahren eine Steigerung der Gästezahlen vor und nach der Festspielsaison beobachtet werden kann, weist Bayreuth immer noch die stärkste Saisonalität unter allen kreisfreien Städten in Bayern auf, mit den entsprechenden Auswirkungen auf die Wirtschaftlichkeit der Betriebe des Beherbergungsgewerbes (vgl. Abb. 35).

---

[61] Häfner, Th., Marktanalyse und Konzept des Stadttourismus in Bayreuth, Arbeitsmaterialien zur Raumordnung und Raumplanung, H. 82, Bayreuth 1989, S. 43

Neben den Festspielbesuchern und -mitwirkenden sind Geschäftsreisende die wichtigste Zielgruppe, die gerade in den auslastungsschwachen Monaten eine gewisse Grundauslastung der Betriebe garantieren. Der Tagungs- und Kongreßtourismus sowie der kulturorientierte Städtetourismus gewinnen zwar an Bedeutung, bedürfen aber zum weiteren Ausbau einer aktiveren Vermarktung als dies bisher der Fall ist.[62]

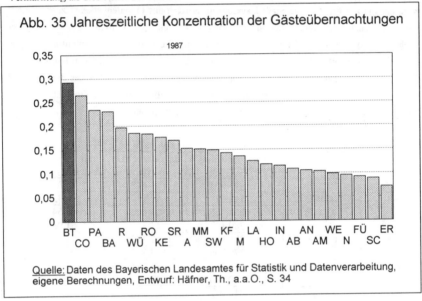

Nachdem zwischen 1989 und 1991 in Oberfranken die Zahl der Gästeankünfte gemäß der amtlichen Statistik von 1,3 Mio. auf 1,7 Mio. anstieg, verzeichnete das oberfränkische Fremdenverkehrsgewerbe im Jahr 1992 erstmals seit der Grenzöffnung sowohl bei den Ankünften als auch bei den Übernachtungen einen Rückgang, Ausdruck einer Normalisierung der Nachfrage nach der Sonderkonjunktur im Zuge der Wiedervereinigung. Eine positive Entwicklung bis 1992 war dabei - neben den Zunahmen in den oberfränkischen Kurorten - insbesondere im Städtetourismus festzustellen, deutlich in rd. 275.000 Übernachtungen in Bamberg und rd.

---

[62] vgl. Häfner, T. und Maier, J., Entwicklungssituation und denkbare neue Strategien für das Beherbergungsgewerbe in Bayreuth, in: Bayreuth und sein Hotelmarkt, Unternehmerclub Franken (Hrsg.), Bayreuth 1989, S. 10

248.000 Nächtigungen in Bayreuth im Jahr 1992 zum Ausdruck kommend. Während im folgenden Berichtsjahr 1993 sowohl Coburg, Bamberg als auch Hof rückläufige Übernachtungszahlen im Vergleich zu 1992 verbuchen mußten, konnte Bayreuth sein Jahresergebnis sogar auf rd. 257.000 Nächtigungen ausbauen und damit das Ergebnis von 1991, das von der Sonderkonjunktur im Zuge der Grenzöffnung beeinflußt wurde, erneut erreichen.

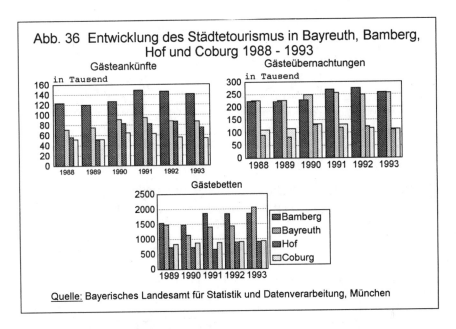

Ist dies nun als ein besonders positives Ergebnis für die Stadt Bayreuth zu bewerten? Die Antwort ist deshalb nicht so erfreulich, weil zwar die Zunahme sicherlich zutrifft, sie jedoch angesichts der ab Juli bzw. Oktober 1993 vorhandenen neuen Kapazitäten durchaus höher hätte ausfallen können. Reduziert man naiv diese neuen Kapazitäten, so ist wohl auch in Bayreuth von einem Rückgang von 8 - 10 % der Übernachtungen auszugehen. Offensive Marktbearbeitung tut sicherlich not!

Weitere aktuelle Merkmale des Städtetourismus in Bayreuth im Zeitraum 1989 bis 1993 sind:

- Eine Steigerung der Zahl der Gästenakünfte von rd. 75.000 auf rd. 86.500, bei einem Spitzenwert jedoch, der 1991 bei 94.800 Ankünften lag, verbunden mit - ein bayernweiter

Trend - rückläufigen Gästeankünften aus dem Ausland seit 1990, sich auf den Wert von 1989 wieder einpendelnd,
- eine nach der Grenzöffnung zwischen 1989 und 1991 sich erhöhende durchschnittliche Auslastung der gewerblichen Quartiere, die im Jahr 1989 rein statistisch bei 44 % lag, im Jahr 1991 sogar 52,3 % betrug, dann aber bis 1993 wieder auf den noch ausbaufähigen Wert von 48,7 % abnahm, nicht zuletzt auf ein viertes Kennzeichen zurückzuführen, nämlich
- die Expansion der Bettenkapazität in den gewerblichen Quartieren von 1.484 Betten im Jahr 1989 auf 2.055 Betten 1993, bedingt vor allem durch die in Bayreuth realisierten Neuinvestitionen im Hotelgewerbe.

Dies bedeutet, Bayreuth ist sicherlich in mancherlei Hinsicht kein regionaler Sonderfall, jedoch trifft dies für die Zunahme des Kapazitätsausbaus und für die durchschnittliche Aufenthaltsdauer zu. Die Strategie kann deshalb nur heißen, ein gemeinsames Entwicklungskonzept für die bislang ansässigen wie auch die neuen Betriebe zu finden und umzusetzen.

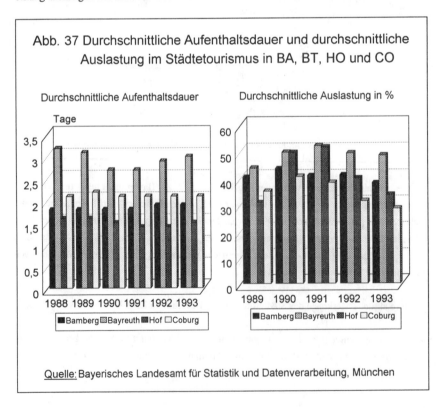

Abb. 37 Durchschnittliche Aufenthaltsdauer und durchschnittliche Auslastung im Städtetourismus in BA, BT, HO und CO

Quelle: Bayerisches Landesamt für Statistik und Datenverarbeitung, München

4.8.1.2 Hotels und Gaststätten in Bayreuth

Einen Überblick über die Standorte der Beherbergungsbetriebe in Bayreuth gibt Karte 27. Unter wirtschaftlichen Gesichtspunkten haben heute die gewerblichen Beherbergungsformen Hotels, Gasthöfe und Pensionen die größte Bedeutung. Die Zahl der Gästebetten in gewerblichen Quartieren verdoppelte sich von 1923 (401 Betten) auf 807 Betten im Jahr 1975, um bis 1980 nochmals um 40 % anzusteigen auf 1.142 Betten.[63] Nach der Umstellung der Statistik wurden 1981 noch 986 Betten gezählt; bis 1987 erhöhte sich deren Zahl leicht auf 1.055.[64] Das Unterkunftsverzeichnis für 1989 gab 34 Betriebe mit zusammen 1.108 Gästebetten an, davon

- 660 Betten in 13 Hotels und Hortels garni (mit durchschnittlich 51 Betten),
- 371 Betten in 17 Gasthöfen (mit durchschnittlich 22 Betten),
- 77 Betten in 4 Pensionen und Gästehäusern (mit durchschnittlich 19 Betten).

Bild 15 Neuere Entwicklungen im Hotelgewerbe - das Hotel "Rheingold"

---

[63] vgl. Stat. Landesamt, Die Beherbergungskapazität in Bayern (1975)
[64] vgl. Bayer. Stat. Landesamt, Beherbergungskapazität in Bayern (1981, 1987) und eigene Berechnungen

Das Unterkunftsverzeichnis für 1992 weist 32 Betriebe mit zusammen 1.043 Gästebetten aus, 1994 sind es durch die neuen Hotels in Bayreuth 4 Betriebe mit 1.009 Gästebetten (in Bindlach ist noch das Transmar Travel Hotel mit 296 Gästebetten zum engeren Fremdenverkehrsraum Bayreuth hinzuzurechnen).

Die Struktur der gewerblichen Beherbergungsbetriebe, von denen im folgenden ausschließlich die Rede sein soll, läßt sich gut erkennen, wenn man die Bettenzahl der einzelnen Betriebe den mittleren Übernachtungspreisen gegenüberstellt.

Dabei lassen sich sieben Typen von Betrieben bilden:

1. Die klassischen "Flaggschiffe" des Bayreuther Hotelgewerbes mit hohem Übernachtungspreis und relativ großer Bettenzahl (z.B. Bayerischer Hof, Königshof),
2. die "neuen" Hotels mit großer Bettenzahl, in der Regel großem Angebot an Kongreß- und Tagungsmöglichkeiten, auch für Bus-Reisen und deren Gruppengröße sehr geeignet (z.B. Arvena oder Treff Rheingold, vgl. Bild 15),
3. das Schloßhotel Thiergarten, das sich belegen ließe mit dem Titel "klein, aber fein",
4. die größeren Mittelklassehotels, die sich auch für Gruppen eignen (ab ca. 60 Betten), ergänzt nun durch das Grunau Hotel im Gewerbepark Grunau des Ortsteils Aichig,
5. kleinere Mittelklassehotels, die sich nur für Individualreisende eignen,
6. der Gasthof "Zum Edlen Hirschen", der besonders auf weniger zahlungskräftige Busgruppen ausgerichtet ist, und
7. eine Vielzahl von kleinen Gasthöfen und Pensionen.

Nachdem lange Zeit erstaunlich war, daß Bayreuth von neueren Betriebsformen des Hotelgewerbes nicht tangiert wurde, trat nun - durch die Erwartungen und Signale der "Sonderkonjunktur" der Wiedervereinigung in den Jahren 1990 bis 1992 bedingt, eine gravierende Veränderung in der Struktur des Bettenangebots ein. In den Jahren 1993 und 1994 wurden allein in Bayreuth 6 Hotelprojekte mit insgesamt 1.300 Gästebetten geplant, davon rd. 1.000 Betten auch realisiert. Dies ist damit in etwa eine Verdopplung der 1992 vorhandenen 1.043 Gästebetten. Davon sind zwei Hotels im Segment "Tagungen" orientiert, wobei insbesondere das Arvena-Hotel, aber auch das Treff Rheingold (vgl. Bild 15) im 4-Sterne-Bereich nicht nur als Magnete wirken können, sondern eben auch eine neue qualitative Note im Standard nach Bayreuth bringen werden. Bei den anderen Hotelprojekten ist anzunehmen, nachdem sie im Angebotsbereich der vorhandenen Beherbergungsbetriebe liegen, daß es zu erheblicher Konkurrenz kommen wird. Bei konjunkturell bedingten Nachfrageeinbrüchen muß deshalb mit einem Verdrängungswettbewerb bzw. einer Reihe von Betriebsaufgaben gerechnet werden. Es ist zu vermuten, daß der Strukturwandel im Beherbergungsmarkt, der vor allem in den Verdichtungsräumen breits weiter vorangeschritten ist, in den nächsten Jahren auch in Bayreuth zum Tragen kommen wird.

Interessant erscheint in diesem Zusammenhang auch die Frage, wie sich diese Veränderungen in der Hotellerie auf den Arbeitsmarkt auswirkten. Um hier einen Einblick zu erlangen, wurden im März 1993 eigene empirische Erhebungen durchgeführt. Bei einer Befragung der Gastronomie- und Hotelleriebetriebe, nicht nur in der Stadt Bayreuth, sondern in der gesamten Region Bayreuth - Kulmbach - Pegnitz konnten 169 ausgefüllte Fragebögen als repräsentative Stichprobe ausgewertet werden. Dabei sind die Teilräume des Fremdenverkehrsraumes Bayreuth unterschiedlich nach Betriebsgröße der Unternehmen und Mitarbeiterzahl strukturiert (vgl. Tab. 30).

Tab. 30 Zahl der Beschäftigten im Hotel- und Gaststättengewerbe des Raumes Bayreuth 1993

Zahl der Mitarbeiter	Std. BT	Std. KU	Lkr. BT	Lkr. KU	Pegnitz	Hotelleriebetriebe insg.	Gastronomiebetriebe insg.
1 - 2	7	4	8	23	2	15	23
3. - 5	7	7	6	13	4	19	18
6 - 10	2	4	4	7	3	10	10
11 - 15	4	3	1	5	3	10	6
16 - 20	2	-	1	1	1	2	3
21 - 30	3	3	1	1	-	4	4
31 u. mehr	3	-	1	-	1	7	-

Quelle: Eigene Erhebungen, Bayreuth 1993

Hierbei zeigt sich deutlich, daß sich in der Stadt Bayreuth die größeren Gastronomie- und Hotelleriebetriebe konzentrieren, wohingegen im Landkreis die Kleinbetriebe dominieren. Durch den Bau der neuen Hotels in Bayreuth wird sich dieser Trend noch steigern. Insgesamt kann man allerdings bisher im gesamten Untersuchungsraum von einer klein- bis mittelbetrieblichen Struktur sprechen.

Knapp 16 % der Hotellerie- und Gastronomiebetriebe bewirtschaften ihren Betrieb allein, 17 % zu zweit und ca. 10 % mit 3 Mitarbeitern, zusammen also fast die Hälfte der Betriebe haben 3 und weniger Mitarbeiter. Lediglich 11 % der Betriebe beschäftigen mehr als 20 Arbeitskräfte, wie Abb. 37 für den Untersuchungsraum zeigt.

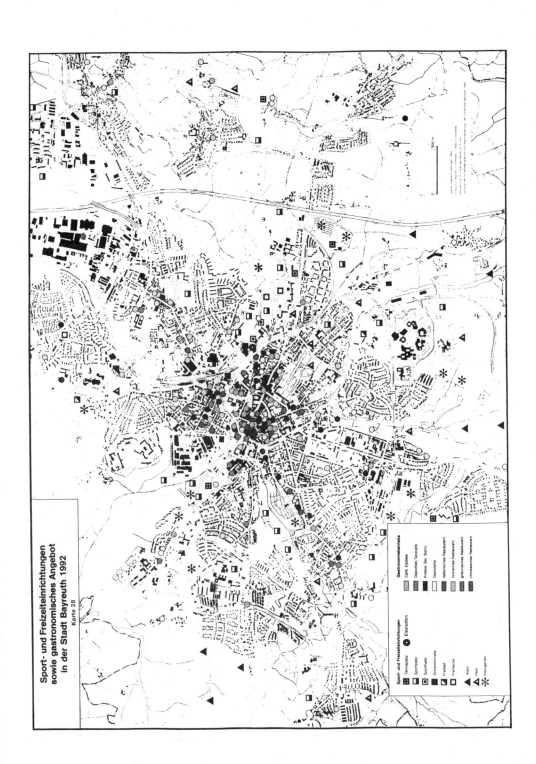

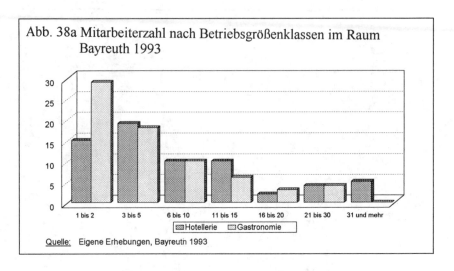

Abb. 38a Mitarbeiterzahl nach Betriebsgrößenklassen im Raum Bayreuth 1993

Quelle: Eigene Erhebungen, Bayreuth 1993

4.8.2 Innerstädtische Verteilung von Freizeit- und Sporteinrichtungen im Überblick

Ergänzend zum Aspekt des Fremdenverkehrs stellt die Freizeit und da gerade der Sport eine Freizeitbeschäftigung breiter Bevölkerungsteile dar. In der Stadt Bayreuth bieten zahlreiche Sporteinrichtungen Möglichkeiten sowohl für aktive, als auch "passive" Sportbetätigung. So wird der aktive Sport von 51 Vereinen organisiert, die einerseits eine leistungsorientierte Schulung für Wettkämpfe sowie den Sport als reine Erholung durchführen. Bisher umfassen die verschiedenen Sportanlagen Spielfelder, Leichtathletikanlagen, Rollschuhbahnen, Tennisplätze und -hallen, einen Eislauf- und einen Minigolfplatz und einen Trimm-dich-Pfad sowie den Golfplatz in Seulbitz (derzeit im Auf- und Ausbau). Vor allem die Hallen- und Freibäder fördern auch außerhalb des Vereinswesens die sportliche Betätigung. Daneben veranstalten die Stadt und die Volkshochschule Sportveranstaltungen wie Schwimm-, Gymnastik-, Joga- und Ballettkurse. Auch dem "passiven" Sport kommt ein großes Publikumsinteresse zu, besonders wenn es sich um "wichtige" Basketball-, Fußball- und Eishockeyspiele handelt. So gibt es neben dem städtischen Stadion, das ca. 20.000 Zuschauer faßt, noch weitere fünf Freizeitsportanlagen mit 3.000 bis 10.000 Plätzen.

Da die Stadt dem Sport einen hohen Stellenwert einräumt, bezuschußt sie die Vereine und Einrichtungen mit jährlich über DM 100.000. Diese Förderungen bilden vor allem eine Hilfestellung und auch Voraussetzung dafür, daß der Bayreuther Leistungssport konkurrenzfähig ist. Karte 28 gibt einen Überblick über sämtliche Sporteinrichtungen in Bayreuth mit einer hohen Standortdichte in der Innenstadt sowie im eigens dafür errichteten Sport-Zentrum (besonders vom damaligen Oberbürgermeister H.-W. Wild forciert).

Um aus der Fülle des breiten Angebots einen für Fragen der Stadtplanung so interessanten Standort wie das Sportzentrum (Ausdruck einer Planungsphilosophie der räumlichen Trennung der menschlichen Grundfunktionen bei entsprechender Standortkonzentration) auszuwählen, sollen noch einige Daten zum städtischen Eisstadion ergänzt werden.

Am 22. Dez. 1972 wurde das Städtische Eisstadion mit einem Fassungsvermögen von 3.118 Personen als Ergänzung des Sport- und Freizeitangebotes eröffnet. Die Kosten in Höhe von 4,2 Mio. DM konnten hauptsächlich durch Fördermittel gedeckt werden. Sukzessive wurde in den folgenden Jahren das Eisstadion ausgebaut: 1981 erfolgte, wieder überwiegend durch Fördermittel finanziert, die Überdachung mit Kosten in Höhe von 3,8 Mio. DM, 1985 mit einem Volumen von 0,6 Mio. DM eine Stehrangerweiterung um 480 Stehplätze auf nunmehr gesamt 3.598 Plätze und 1991 schließlich wurde die Tribüne in Richtung Oberfrankenhalle neu- bzw. ausgebaut. In diesem Fall waren langwierige Verhandlungen nötig, um die Finanzierung in Höhe von 3,3 Mio. DM zu sichern. Durch diesen Umbau finden nun 4.730 Personen in der Halle Platz.

Die zeitliche Nutzung konnte Stück um Stück gesteigert werden: War die Eishalle 1979 58,75 Stunden in Woche geöffnet, lag die Nutzungsdauer in der Saison 1991/92 bei 80.25 Stunden und 1993/94 bei 91,25 Stunden, was einer täglichen Nutzung von gut 13 Stunden entspricht. In Anbetracht der hohen Bewirtschaftungskosten von jährlich ca. 350.000 DM ist der hohe Auslastungsgrad begrüßenswert, da die Einnahmemöglichkeiten begrenzt sind: 1991/92 wurden aus dem Verkauf von Eintrittskarten 150.000 DM erlöst. Eine Erhöhung der Eintrittspreise zur Saison 1993/94 war nach Auskunft des Sportamtes trotz Rücksichtnahme auf das überwiegend jugendliche Publikum unumgänglich. Weitere Einnahmequellen bestehen in Erlösen aus der Vermietung der Halle an auswärtige Vereine, die die Vorbereitung auf die Saison durchführen. Von den Nettoeinnahmen der stattfindenden Eishockeyspiele fließen 5 % in die Stadtkasse. Außerhalb der Saison (Mai - August) wird das Eisstadion zum Rollkunstlaufen, Rollschnelllaufen und Asphaltschießen genutzt. Daneben fanden in der Vergangenheit größere Veranstaltungen wie "Kreuz ist Trumpf" oder ADAC-Fahrradturniere statt. Hinsichtlich der Besucherstruktur während der Saison ist zwischen Veranstaltungsarten und Veranstaltungstagen zu differenzieren. Eine eigene empirische Analyse im Janur 1992 kam zu folgenden Ergebnissen: Bei den beim öffentlichen Lauf an einem Donnerstag Abend Befragten wies die Gruppe der Schüler und Studenten einen Anteil von 64 % auf. Verstärkt wird die Dominanz des jüngeren Publikums durch den Anteil der Altersgruppen bis 30 Jahre, die damit bereits 94% der Besucher ausmachen. Dabei zeigte sich, daß 37 % der Besucher regelmäßig, 33 % gelegentlich und 30 % selten oder zum ersten Mal in das Stadion kamen. Als Wohnort benannten 47 % der Befragten Bayreuth, während 53 % aus der Region stammten. Dies zeigt die über die Stadtgrenzen hinaus reichende Ausstrahlung des Eisstadions. Es fällt auf, daß trotz des recht hohen Anteils der Befragten aus Bayreuth selbst bzw. des hohen Anteils der Schüler und Studenten doch insgesamt 73 % der Befragten den PKW benutzen. Demgegenüber kamen nur 20% mit dem Fahrrad oder zu Fuß und 7 % mit dem öffentlichen Verkehrsmittel.

Die Besucherstruktur des öffentlichen Laufes an einem Sonntag Nachmittag weicht in den meisten Punkten von der des Donnerstag Abend ab. So ist der verstärkte Besuch von Familien dafür verantwortlich, daß sich die Altersstruktur der Befragten verschiebt. Exemplarisch dafür istder Rückgang der unter 30-jährigen auf 67 % und der der Schüler und Studenten auf 42 %. Dabei ist jedoch zu berücksichtigen, daß die anwesenden Kinder der Befragten nicht gezählt wurden. Zugleich stieg der Anteil der regelmäßigen Besucher auf 52 % und sank der Anteil der gelegentlichen Besucher auf 17 %, während die selten oder erstmalig eislaufenden Gäste weitgehend gleich stark wie am Donnerstag vertreten waren. Insgesamt jedoch ist der Sonntag als Familientag wohl eher ein Tag für das "Stammpublikum", wobei der hohe Anteil der Stammgäste den großen Stellenwert des Eislaufens als Freizeitbeschäftigung in und außerhalb Bayreuths dokumentiert. Dies gilt vor allem für die Bayreuther Besucher, denn ihr Anteil stieg am Sonntag auf 66 %. Zugleich erhöhte sich auch der Anteil der ÖPNV-Benutzer auf 20 %.

Ähnlich hoch wie beim öffentlichen Lauf am Nachmittag ist mit 68 % der Anteil der Altersgruppe unter 30 Jahren unter den Befragten beim Eishockeyspiel am Sonntag Abend. Es fällt auf, daß Schüler und Studenten nur noch 24 % des befragten Publikums ausmachen. Im Gegensatz zum öffentlichen Lauf (vor allem Donnerstag Abend) rekrutiert sich daher das Eishockeypublikum zum großen Teil aus Arbeitern, Angestellten und Beamten (zusammen 65 %). Als Wohnort gaben ca. die Hälfte der Befragten (52 %) Bayreuth an, während 48 % aus dem näheren und weiteren Umland kamen. Eine genauere Analyse der regionalen Ausstrahlungseffekte des Eishockeyspiels brachte die parallel im Parkhaus an der Albrecht-Dürer-Straße durchgeführte Parkplatzzählung. Derzufolge sind die gezählten Autos zu 42 % in der Stadt und zu 36 % im Landkreis Bayreuth angemeldet, d.h. mit 78 % der Besucher eine klare Orientierung am engeren Raum Bayreuth.

Wie die Befragungen zeigten, stellt das Eisstadion Bayreuth einen wichtigen Faktor für die Freizeitgestaltung sowohl für aktive und passive Sportler aus der Region Bayreuth dar. Vor allem junge Leute und Familien nutzen diese Einrichtung . Mit der 1988 fertiggestellten Oberfrankenhalle, dem SVB-Hallenbad und dem Städtischen Stadion bildet das Eisstadion das Bayreuther Sportzentrum, das aus stadtplanerischer Sicht bewußt auf einen zentralen Ort konzentriert wurde und somit eine funktionale Einheit bildet. Durch den Bau des Parkhauses an der Albrecht-Dürer-Straße wurde die Erreichbarkeit und damit die Attraktivität für PKW-Fahrer erheblich gesteigert, wenn auch vor allem bei Großveranstaltungen Staus bei An- und Abfahrt entstehen.

5. Stadtentwicklung auf Stadtteilebene - Teil des Ganzen oder eigenständige Strukturen und Entwicklungen?

5.1 Stadtteilentwicklung als dezentrale Entwicklungspolitik

Nach der Behandlung der Grundelemente wirtschaftlicher Entwicklung und der wirtschaftlichen Strukturen der Stadt Bayreuth werden im folgenden Kapitel ausgewählte Stadtteile Bayreuths in ihrer Entwicklung näher betrachtet. Ausgehend vom Kern der Stadt, der Innenstadt oder City, der als Zentrum des städtischen Lebens mit seiner funktionalen Vielfalt (Wohnen, Arbeiten, sich Versorgen, Freizeit) besondere Bedeutung besitzt, wird im anschließenden Teil die Möglichkeit einer Erweiterung der Innenstadt anhand der Beispiele Richard-Wagner-Straße und "Neuer Weg" besprochen. Gewachsene Nebenzentren wie die Altstadt oder St. Georgen sind in erster Linie wichtige Wohnareale für Bayreuth. Aufgrund ihrer historischen Entwicklung und den Ansprüchen einer sich ausdehnenden Stadt befinden sich jedoch gerade in diesen Stadtteilen auch wichtige Gewerbegebiete oder Schnittstellen zu solchen, wie beispielsweise in St. Georgen zum Gewerbegebiet St. Georgen/West. Veränderte Wohnbedürfnisse, Segregationsprozesse in einzelnen Stadtteilen, Bevölkerungswachstum sowie die Aufnahme von Heimatvertriebenen nach dem Zweiten Weltkrieg waren die Auslöser für eine weitere Expansion der Stadt Bayreuth. An den Grenzen entstanden neue Wohnviertel (Grüner Hügel, Roter Hügel, Meyernberg). Der soziale Wohnungsbau prägte besonders in den 60-er und 70-er Jahren das Bild der Stadt (z.B. im Stadtteil "Burg"). Seit den 60-er Jahren nimmt die Bedeutung der Suburbanisierung zu. Das Streben nach höherer Wohnqualität ist Auslöser dieser Wanderungsbewegungen aus der Stadt in das nahe Umfeld.

Doch Stadtentwicklungsprozesse laufen nicht nur im räumlichen Niederschlag des Wohnverhaltens der Bevölkerung ab, gerade der gewerbliche Sektor ist oft Akteur für einschneidende räumliche Entwicklungen. Die in den 60-er Jahren entstandenen Verbrauchermärkte, Verwaltungsstandorte, Institutionen der öffentlichen Hand und anderweitiger Büroeinrichtungen sind fast ausschließlich in der Innenstadt zu finden. Insgesamt läßt sich für diesen Zeitraum eine stete Zunahme der Bedeutung des tertiären Sektors feststellen. Spätestens seit den 80-er Jahren ist jedoch ein ständiger Bevölkerungsrückgang in den Innenstädten zu beobachten, verursacht insbesondere durch verschiedene Verdrängungsprozesse. So werden neben den Menschen in zunehmenden Maße auch als störend empfundene Industrie- und Handwerksbetriebe verdrängt, die nicht zuletzt wegen der günstigeren Flächensituation neue Standorte am Stadtrand finden.

Durch diese Prozesse wandelt sich das Bild einer Stadt - Teilräume spezialisieren sich. So sind die Stadtteile Meyernberg, Roter Hügel und Saas als reine Wohngebiete zu bezeichnen. St.

Georgen oder neuerdings auch Aichig zeigen dagegen zumindest Ansätze einer funktionalen Vielfalt, so daß etwa die Grundversorgung mit Gütern des täglichen Bedarfs für die dortige Wohnbevölkerung gedeckt ist. Gaststätten, teilweise oder - wie im Fall von St. Georgen - ein eigenes Vereinsleben, Kino sind hier ebenfalls im Gegensatz zu den mehr oder weniger monofunktional ausgestatteten Wohnvierteln angesiedelt, so daß sich aus dieser Grundausstattung mit Versorgungseinrichtungen räumliche Wirkungen auf das Verhaltensmuster der Bevölkerung ergeben. Die Funktion der Nebenzentren wurde durch einen auch in Bayreuth befürchteten Bedeutungsverlust der Innenstadt als Einkaufsstandort aufgewertet. Durch Suburbanisierungsprozesse der Bevölkerung, des Einzelhandels und der Dienstleistungen entwickeln sich Stadtteil- bzw. Nebenzentren außerhalb des Innenstadtbereichs. Sind diese Proezsse in Großstädten z.T. gewünscht, so ist für eine Mittelstadt der Größenordnung Bayreuths die Frage zu stellen, ob der zunehmende Attraktivitätsverlust der Innenstadt und der damit verbundene Kaufkraftabfluß für die Zukunft tragbar ist.

Eine dezentrale Stadtteilpolitik hat zum Ziel, die Entwicklung der einzelnen Stadtteile aus sich selbst heraus zu steuern. Nebenzentren mit Versorgungs- und kulturellen Einrichtungen sollen die Lebensqualität der Bevölkerung in den Stadtteilen verbessern. Karte 11 zeigt die Verteilung der kulturellen Einrichtungen in der Stadt Bayreuth. Neben der deutlich erkennbaren Konzentration auf den Innenstadtbereich besitzt nur der Stadtteil St. Georgen Bedeutung als kulturelles Zentrum. Besonders in den Wohngebieten im Süden bzw. Westen der Stadt fehlen solche Einrichtungen.

5.2 Innenstadt als Beispiel gesellschaftlicher Bewertung

5.2.1 Nutzungswandel in der Bayreuther Innenstadt

Für eine Bewertung des "Bildes" einer Stadt scheint zuerst einmal die Betrachtung der Innenstadt wichtig. Hier konzentrieren sich die wirtschaftlichen, politischen und kulturellen Funktionen und der Wandel städtischer Strukturen wird hier am ehesten sichtbar. Im folgenden soll deshalb der Nutzungswandel in der Innenstadt Bayreuths und die Ansätze seiner Gestaltung kurz dargestellt werden, bevor mit dem Entwurf eines Innenstadtkonzepts auf die zukünftigen Entwicklungsmöglichkeiten eingegangen wird (vgl. Bild 16).

Die Grundtendenzen des innerstädtischen Nutzungswandels lassen sich zum überwiegenden Teil auch in Bayreuth wiederfinden. Wie fast überall hat die Innenstadt bis in die 80-er Jahre hinein durch Stadt-Rand-Wanderung und Suburbanisierung deutlich an Einwohnern verloren, während sich in einzelnen Teilbereichen der Altstadt Ansätze einer sozialen Segregation zeigten. So verlor der historische Stadtkern, also die westliche Innenstadt zwischen Dammallee und Kanalstraße, Sternplatz und Stadtkernring zwischen den Jahren 1970 und 1985 28,7 % seiner Einwohner. Wenn man den Innenstadtbegriff jedoch etwas weiter faßt und auch die an das unmittelbare Stadtzentrum angrenzenden Viertel innerhalb des Stadtkernrings sowie das Schlachthofgelände und das Sanierungsgebiet A-1 in die Betrachtung miteinbezieht, lassen sich seit einigen Jahren durchaus positive Entwicklungen konstatieren. Nicht zuletzt der starke Anstieg der Studentenzahlen und die sich in den letzten Jahren verschärfende Wohnungsnot haben eine beträchtliche Neubautätigkeit vor allem in den Innenstadtrandbereichen angeregt, die inzwischen zu nahezu ausgeglichenen Wanderungsbilanzen geführt hat. Zum ganz überwiegenden Teil entstehen dabei hochwertige Eigentumswohnungen, während der (soziale) Mietwohnungsbau auch hier fast völlig zum Erliegen gekommen ist.

Bild 16 Luftaufnahme der Bayreuther Innenstadt - Deutlich erkennt man die städtebauliche Achse Maximilianstraße - Richard-Wagner-Straße

Die Verdrängung der Wohnbevölkerung durch Tertiärisierungsprozesse hat in der Mittelstadt Bayreuth nie eine bedeutende Rolle gespielt, auch wenn gerade der attraktive Gebäudebestand am östlichen Rand des Stadtzentrums sowie die höheren Stockwerke der Maxstraße in starkem Maße durch Büros und Praxen geprägt sind. Allerdings wurden in den Nachkriegsjahren verschiedene Verwaltungskomplexe neu errichtet, die durch ihren, der damaligen Planungsphilosophie entsprechenden Baustil, erhebliche Auswirkungen auf die innerstädtische Struktur und das Stadtbild hatten. Gerade in Bayreuth wurden der Innenstadt im Zuge eines auf Abriß und Neubebauung fixierten Städtebaus in den 50-er, 60-er und 70-er Jahren vielfältige Schäden zugefügt. Durch - aus heutiger Sicht - unnötige Flächenumwidmungen wurde wertvolle Bausubstanz vernichtet, wofür das Rathausviertel ein beredtes Beispiel abgibt.

Weitere Eingriffe in das innerstädtische Gefüge verdankt die Stadt einer am Leitbild der "autogerechten Stadt" orientierten Verkehrsplanung, die mit dem Bau eines vierspurigen Stadtkernrings den Forderungen nach zügigem Verkehrsfluß nachkam. Diese Ringstraße schlug eine Schneise in die vorhandene Bebauung und trennt seitdem wie eine Barriere das Stadtzentrum von den benachbarten Vierteln. Auch die bereits seit den 30-er Jahren dieses Jahrhunderts betriebene Kanalisierung und Verrohrung der innerstädtischen Bachläufe, die Anfang der 70-er Jahre mit der Überdachung des Mainbetts ihren (traurigen) Höhepunkt fand, hat viel zur Beeinträchtigung des Erscheinungsbildes und der Aufenthaltsqualität der Bayreuther Innenstadt beigetragen. Allerdings ermöglichte der Bau des Stadtkernrings eine relativ großzügige Verkehrsberuhigung im Zentrum selbst, wobei sich die Fußgängerzone zunächst nur auf die Maxstraße beschränkte. Als jedoch vor allem nach der C&A-Ansiedlung die Passantenströme in der Richard-Wagner-Straße deutlich anstiegen, wurde auch dieser Straßenzug als Fußgängerzone ausgewiesen, wobei das in der Richard-Wagner-Straße angesiedelte Parkhaus allerdings ein bis heute ungelöstes Problem darstellt (vgl. Karte 1).

Insgesamt ist seit Beginn der 80-er Jahre ein Zurückdrängen des motorisierten Individualverkehrs aus der Innenstadt zu beobachten, womit die Bayreuther Stadt- und Verkehrsplanung den bundesweiten Trends folgt. Auch die handwerklichen und industriellen Nutzungen sind auf dem Rückzug: die Prozesse der Absiedlung von Gewerbebetrieben am innerstädtischen Standorten und der Nachnutzung durch Wohngebäude oder tertiäre Nutzungen haben vor allem in den letzten Jahren deutlich zugenommen. Beispiele hierfür sind die Verlagerung des Autohauses Hensel oder die Stillegung und der nachfolgende Abriß der alten Mälzerei an der Austraße.

Dagegen konnte der innerstädtische Einzelhandel seine zentrale Rolle in der Bayreuther Innenstadt weitgehend aufrechterhalten. Obwohl auch in Bayreuth mit dem Aufkommen neuer Betriebsformen wie SB-Warenhäuser oder Fachmärkte neue Konkurrenzstandorte am Stadtrand entstanden, konnte der innerstädtische Einzelhandel seine Position gegenüber dem Angebot der Einzelhandelsgroßprojekte am Stadtrand behaupten, wobei allerdings eine gewisse Verlagerung der Kundenströme vom traditionellen Zentrum in der Maxstraße in die Richard-Wagner-Straße eingetreten ist.

5.2.2 Gegenwärtige Situation

Die beschriebenen Entwicklungsprozesse der letzten Jahrzehnte hinterließen deutliche Spuren in der Innenstadtstruktur Bayreuths, die als Folge davon gewisse Defizite und Schwächen aufweist, jedoch bei objektiver Betrachtung auch viele attraktive Seiten hat. Aufgrund ihrer Vergangenheit als Residenzstadt beherbergt Bayreuth neben herausragenden Parkanlagen wie insbesondere dem zentrumsnah gelegenen Hofgarten wertvolle Baudenkmäler wie das Alte und das Neue Schloß, das Opernhaus oder das Ensemble der Friedrichstraße, die erheblich zur Attraktivität der Bayreuther Innenstadt beitragen. Der Stadtplanung ist es darüberhinaus durch Aufpflasterungen und andere bauliche Maßnahmen gelungen, Straßenzüge und Plätze wie z.B. die Opernstraße, die Friedrichstraße oder den Jean-Paul-Platz in ihrer städtebaulichen Qualität deutlich aufzuwerten.

Postiv zu vermerken sind sicherlich auch die kontinuierlichen Aktivitäten zur Verkehrsberuhigung der Innenstadt, die für 1992 auch die seit langem geforderte Sperrung und Umgestaltung des Sternplatzes beinhaltete.

Überprüft man die gegenwärtige Nutzungsstruktur der Bayreuther Innenstadt dahingehend, ob die Überlegungen eines Innenstadt-Konzeptes erfüllt werden, läßt sich folgendes Ergebnis konstatieren:

- Die Multifunktionalität als zentrale Forderung der Innenstadtentwicklung ist in Bayreuth überwiegend gegeben. Allenfalls bestimmte Viertel (Rathausviertel, Block zwischen Friedrichstraße, Wilhelminenstraße und Wittelsbacherring) weisen eine extreme Ballung von Verwaltungsfunktionen auf, wodurch die geforderte lebendige Vielfalt etwas verloren geht.
- Ihrer Aufgabe als Wohnstandort wird die Bayreuther Innenstadt vor allem durch Neubauvorhaben am Innenstadtrand gerecht, die ganz überwiegend Eigentumswohnungen beherbergen, da sich auf diesem Sektor hohe Renditen erwirtschaften lassen. Die Schaffung von Mietwohnungen, z.B. im Rahmen der Stadterneuerung, tritt dagegen in den Hintergrund.
- Handlungsbedarf besteht im Bereich sozio-kultureller Funktionen, wobei hier jedoch vielversprechende Planungen im Gange sind (Umnutzung des ehemaligen Rathauses, Umbau der Lateinschule zum Stadtmuseum).
- Da diverse Gutachten belegen, daß der Bayreuther Einzelhandel einen beträchtlichen Anteil seines möglichen Umsatzpotentials nicht ausschöpft, sind im Einzelhandelssektor größere Entwicklungsmaßnahmen zu erwarten; entsprechende Entscheidungen des Stadtrates sind inzwischen getroffen worden.

- Die Rolle des Dienstleistungs- und Freizeitzentrums erfüllt die Bayreuther Innenstadt bereits in ausreichendem Maße, weitere Entwicklungen müssen hinsichtlich ihres Konfliktpotentials (vor allem mit benachbarten Wohnungen) einer sorgffältigen Prüfung unterzogen werden.
- Trotz ermutigender Ansätze verfügt Bayreuth sicherlich noch nicht über eine "grüne" Innenstadt. Hier besteht Handlungsbedarf, wobei die Vorschläge im Zusammenhang mit der Bewerbung für die Landesgartenschau eine ausgezeichnete Basis für diesbezügliche Aktivitäten liefern.
- Zu stark ausgeprägt ist die Rolle der Bayreuther Innenstadt als Verwaltungszentrum. Neben den südlichen Innenstadtbereichen um die Wilhelminenstraße und dem "Regierungsviertel" (vgl. Bild 17) ist hier vor allem auch das Rathausviertel zu nennen, daß durch seine überwiegend monofunktionale Ausrichtung die zentrale Ausrichtung Stadtkern - Luitpoldplatz - Hauptbahnhof unterbricht.
- Andere weniger "innenstadtfreundliche" Nutzungen wie störende Industriebetriebe oder der motorisierte Individualverkehr dagegen sind bereits bzw. werden demnächst aus der Innenstadt verdrängt.

Bild 17 Das Bayreuther "Regierungsviertel"

5.2.3 Funktionale Schwerpunkte der zukünftigen Stadtentwicklung

Unterteilt man die innenstadtrelevanten Funktionen in "innenstadtfreundliche" und "weniger innenstadtfreundliche" Nutzungen, so ergeben sich Schwerpunkte der zukünftigen Innenstadtentwicklung.

⊃ Das Wohnen

Sowohl die Untersuchung der PROGNOS AG als auch die Studie der Arbeitsgruppe Stadtplanung aus München und Berlin (AGS) betonen den erfreulich hohen Bestand an Wohnnutzung in der Bayreuther Innenstadt, da in vielen anderen Städten der Wegzug bzw. die Verdrängung der Wohnbevölkerung die oft kritisierte Monofunktionalität des Stadtzentrums maßgeblich bedingten. Insofern fordern beide Gutachter als zentrales Ziel den Erhalt der Wohnfunktion der Bayreuther Innenstadt. Angesichts des in den letzten Jahren spürbaren Wertewandels hin zu einer neuen Wertschätzung innerstädtischer Wohnstandorte ist dieses Ziel heute leichter zu realisieren als noch vor 10 Jahren. Deshalb sollte die Kommunalpolitik alle Möglichkeiten wahrnehmen, bestehenden Wohnraum zu erhalten bzw. neuen zu schaffen, wobei sich neben den Aktivitäten der Stadtsanierung vor allem Entwicklungsvorhaben privater Bauträger anbieten. Der Trend hin zu sehr kleinen Wohnungseinheiten muß dabei zumindest in zentrumsnahen Lagen wohl akzeptiert werden, da die Bodenpreise an diesen Standorten gewisse Fixpunkte setzen. Während im Gassenviertel mittelfristig Formen des studentischen Wohnens (vor allem auch in Wohngemeinschaften) forciert werden müßten, bieten sich die Areale entlang des Hofgartens als Wohnstandorte höchster Qualität an, wobei insbesondere auch altengerechte "Senioren-Residenzen" in die Überlegungen mit einbezogen werden sollten. Bei größeren innerstädtischen Entwicklungsvorhaben sollte besonderer Wert darauf gelegt werden, daß die oberen Stockwerke als Wohnungen genutzt werden, um auch die zentralen Bereiche wie z.B. die Maxstraße durch Wohnfunktion zu beleben.

⊃ Sozio-kulturelle Einrichtungen

In der innerstädtischen Entwicklungspolitik früher eher vernachlässigt, wird dieser Bereich in den nächsten Jahren eine beträchtliche Aufwertung erfahren. Sehr zu begrüßen sind dabei die Ansätze zur Schaffung eines Museumsdreiecks in der östlichen Richard-Wagner-Straße oder die für 1995 geplante Eröffnung des Bayreuther Stadtmuseums. Der zukünftigen Nutzung des Alten Rathauses sollte große Aufmerksamkeit geschenkt werden, da der Standort im unmittelbaren Stadtzentrum ganz besondere Chancen bietet. Neben diesen traditionellen Ansätzen einer Stärkung der sozio-kulturellen Funktion der Innenstadt sollten auch unkonventionelle Formen, die insbesondere das große Nachfragepotential der Studierenden ansprechen, gefördert werden. Zu denken ist hier an Angebote wie Studentencabarets, Kleinkunstbühnen,

Begegnungsstätten mit anderen Kulturkreisen usw., wofür sich das Gassenviertel als Standort mit viel Flair und Atmosphäre anbieten würde.

⊃ Einzelhandel
Die Notwendigkeit, das innerstädtische Einzelhandelsangebot in Bayreuth sowohl qualitativ als auch quantitativ aufzuwerten ist unbestritten. Jedoch erfordern größere Entwicklungsvorhaben eine genaue Prüfung der zu erwartenden Auswirkungen auf die bestehende Zentrenstruktur, da der Einzelhandel im Gegensatz zu den beiden vorher diskutierten Nutzungen keineswegs an allen Standorten und insbesondere nicht in beliebiger Dimension als uneingeschränkt erwünscht gelten kann.

⊃ Freizeiteinrichtungen
Wie bereits angeregt, sollten auf diesem Feld vor allem Freizeitangebote für Studierende ausgeweitet werden, wobei hier keineswegs eine ungehemmte Ausbreitung von Gaststätten und Kneipen befürwortet wird. Vielmehr sind neue, unkonventionellere Einrichtungen zu schaffen, die auch eine nicht-kommerzielle Nutzung der freien Zeit ermöglichen. Ein sehr positives Beispiel - wenn auch selbstverständlich auf eine andere Zielgruppe ausgerichtet - ist die Installation verschiedener Kinderspielgeräte im Stadtzentrum, die die Aufenthaltsqualität der Fußgängerzone nicht nur für die spielenden Kinder selbst deutlich erhöht hat. Nicht übersehen werden kann in diesem Zusammenhang jedoch die Beeinträchtigung der Wohnfunktion vor allem im Gassenviertel südlich der Maxstraße, weshalb eine einzelfallbezogene Abwägung zwischen gesamtstädtischen Belangen und individuellen (Ruhe-)Bedürfnissen unumgänglich scheint.

⊃ Dienstleistungen
Kundennahe Dienstleistungen mit höher Besucherfrequenz sind an nahezu allen innerstädtischen Standorten erwünscht, wobei eine Verdrängung der Wohnbevölkerung ausgeschlossen werden sollte. Neben dieser Problematik, die vor allem in den höheren Stockwerken des Stadtzentrums nach wie vor gegeben ist, sind jedoch auch Dienstleistungsbetriebe wie z.B. Bankfilialen, die in der Regel Flächen im Erdgeschoß beanspruchen, kritisch zu bewerten, da sie aufgrund ihrer überdurchschnittlichen Mietzahlungsfähigkeit dem ansässigen Einzelhandel bei der Standortwahl deutlich überlegen sind. Einer zu großen Häufung von Bankfilialen in einzelnen Straßenzügen sollte möglichst entgegengewirkt werden, da die Einzelhandelsattraktivität dadurch nicht unmaßgeblich beeinträchtigt wird.

⊃ Öffentliche und private Verwaltungen
Da in der Innenstadt Bayreuths vor allem öffentliche Verwaltungsgebäude bereits sehr viel Raum beanspruchen und zur Herausbildung monofunktionaler Bereiche geführt haben, sollte sich jegliche weitere Entwicklung dieser Funktionen auf Flächen außerhalb der Innenstadt rich-

ten. Aktuelle Überlegungen, vorhandene Verwaltungseinrichtungen in der Innenstadt zu erweitern, sollten deshalb kritisch bewertet und wenn möglich auf Flächen außerhalb des Stadtkernrings gelenkt werden.

➲ Handwerks- und Industriebetriebe
Auch wenn die Stadtentwicklungspolitik längst von der Forderung abgekommen ist, sämtliche gewerbliche Funktionen aus der Innenstadt an den Stadtrand zu verlagern, spielen diese Prozesse nach wie vor eine große Rolle. Zentrale Kriterien bei der Entscheidung, ob ein Betrieb verlagert werden sollte, sind der jeweilige Flächenbedarf und die Störung durch Emissionen, die von dem Betrieb ausgehen. Industriebetriebe sollten allein aufgrund ihres Flächenbedarfs und der oft gegebenen Beeinträchtigung des Stadtbildes ausgelagert werden, während vor allem dienstleistungsorientierte Handwerksbetriebe in der Innenstadt gehalten werden sollten. In diesem Zusammenhang sind die Verlagerungen der Brauerei Schinner und der Reinigung Wild sehr zu begrüßen, während die wenigen verbliebenen Handwerksstandorte gehalten werden sollten.

Bild 18 Der Bereich der Richard-Wagner-Straße aus der Luft gesehen

➲ Verkehr

Auf diesem Sektor besitzt die Stadt Bayreuth durch das Innenstadtkonzept von 1979 und das neue Verkehrskonzept von Dr. Schubert eine gute konzeptionelle Basis.

5.3 Innenstadterweiterung: oder Tertiärisierung innerstädtischer Wohn- und Gewerbestandorte am Beispiel der Richard-Wagner-Straße und des "Neuen Wegs"

Die Prozesse der letzten Jahre in der Innenstadt haben gezeigt, daß sich der Bayreuther Stadtkern mit seinen vielfältigen Funktionen ausdehnt. Im Sinne einer zukunftsorientierten Stadtentwicklungspolitik müssen nun Erweiterungsflächen am Rand der heutigen Innenstadt gesucht werden, die die Voraussetzungen besitzen, Funktionen einer Innenstadt zu übernehmen. In Bayreuth bieten sich in diesem Zusammenhang zwei Bereiche an. Zu einem das Gebiet der Richard-Wagner-Straße, wo durch den Strukturwandel der Betriebe Flächen frei wurden, die geeignet erscheinen innerstädtische Nutzungen aufzunehmen, zum anderen das Gebiet des "Neuen Wegs", wo sich bereits heute deutliche Ansätze zeigen, die auf eine Erweiterung der Innenstadt in Richtung Nordosten hindeuten.

5.3.1 Die Richard-Wagner-Straße

Die Bebauungsdichte der Richard-Wagner-Straße zwischen Dilchert-Straße und Romanstraße nimmt nach Osten, also stadtauswärts, ab. Während an der Einmündung der Dilchertstraße noch eine lückenlose Bebauung der Straßenfronten festzustellen ist, beginnt etwa ab Ende des ersten Drittels dieses Abschnittes der Richard-Wagner-Straße durch unüberbaute Einfahrten eine Einzelhausbebauung. Hier verliert die Richard-Wagner-Straße ihren dichten "Reihenhauscharakter" und wird, insbesondere auf ihrer Süd-Seite, zu einer Straße, die durch einzelne Gebäude und nicht durch geschlossene Fassadenfronten gekennzeichnet ist. Die Bebauung der Nord-Seite bleibt demgegenüber deutlich geschlossener. Im Bereich der Einmündung der Romanstraße bzw. des Hauses Wahnfried hat die Richard-Wagner-Straße durch angrenzende Grünflächen beidseitig einen offenen Charakter (vgl. Bild 18).

Im Gebiet zwischen Richard-Wagner-Straße und Hofgarten nimmt die Bebauungsdichte in zweierlei Richtungen ab: einerseits ist die Hinterhofbebauung im westlichen Teil (stadteinwärts) deutlich dichter und unstrukturierter, andererseits nimmt die Bebauungsdichte mit Ausnahme des Grundstücks "Haus Wahnfried" zum Hofgarten, also nach Süden hin ab, um dann auf Höhe der Linie der Schloß- und Gartenbauverwaltung, des Hauses der Freimaurerloge und der Rückfront des Hauses Wahnfried ganz in Grünfläche überzugehen.

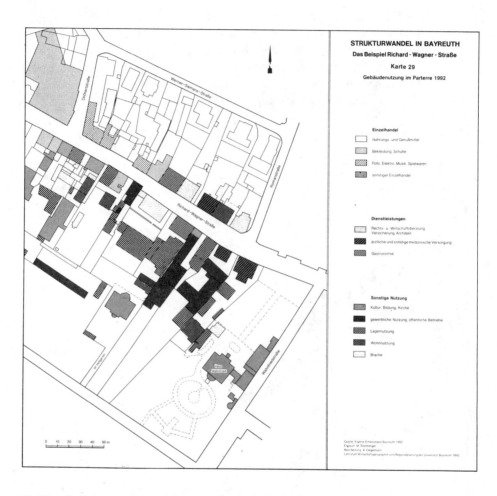

Die Hinterhofbebauung der Südseite erstreckt sich im mittleren Bereich nicht bis ins erste Obergeschoß, wogegen dieses am stadtauswärts gelegenen Ende des betrachteten Bereichs genutzt wird. Die stadteinwärts vorhandene dichte Hinterhofbebauung erstreckt sich bis ins erste Obergeschoß, nur in zwei Fällen ist auch noch das zweite Obergeschoß einbezogen. Ein drittes Obergeschoß ist im gesamten Betrachtungsraum nur direkt an der Richard-Wagner-Straße zu finden. Eine Ausnahme hinsichtlich der nach Süden hin abnehmenden Bebauungshöhe stellt der Bereich Freimaurerloge/Haus Wahnfried dar. Hier sind zweite Obergeschosse vorhanden.

Die Bebauungshöhe ist bei den, die Richard-Wagner-Straße direkt flankierenden Gebäuden am größten. Sowohl die Nord- als auch die Südseite der Richard-Wagner-Straße sind mindestens bis zum zweiten Stock bebaut. Ein drittes Obergeschoß fehlt lediglich in einem Gebäude der Südseite und ein viertes Obergeschoß ist auf der Nordseite bei mehr als der Hälfte der Häuser vorhanden, auf der Südseite fehlt es bei etwa der Hälfte der Gebäude. Es handelt sich also um eine noch typisch innerstädtische bzw. innenstadtnahe Bebauung.

Tab. 31 Nutzung der Geschoßflächen im Untersuchungsgebiet Richard-Wagner-Straße

Gebäudenutzung	Flächenanteil	
	in qm	in %
Einzelhandel	6.900	20,1
Dienstleistungen	3.150	9,1
Bildung, Kultur, Kirche	3.600	10,4
Sonst. Gewerbe	2.150	6,1
Lagernutzung, Garagen	6.250	18,2
Wohnungen	8.450	25,6
Brachflächen	3.350	9,6
Sonstige Nutzung	350	1,0
Gesamtfläche	34.200	100,0

Quelle: Eigene Erhebungen, Bayreuth 1991

Die im Untersuchungsgebiet insgesamt nutzbare Geschoßfläche betrug bei entsprechenden Untersuchungen im Dezember 1991 ca. 34.200 qm. Hieran nimmt der Wohnbereich mit etwa einem Viertel der gesamten Geschoßfläche den größten Raum ein. Beachtet man jedoch, daß ein großer Teil der Lagernutzung den gewerblichen Nutzungen zuzurechnen ist, so gilt derzeit noch ein Überwiegen der gewerblichen Nutzung mit deutlich über 20 % (vgl. Tab. 31). Der Einzelhandel belegt rd. 20 % der verfügbaren Geschoßfläche, eine Zahl, die aufgrund des geringen Anteils der kurzfristigen Einzelhandelsversorgung (Nahrungs- und Genußmittel mit nicht über 20 %; vgl. Tab. 32) nicht mit der Wohnnutzung korrespondiert. Zu erwähnen ist der hohe Anteil ungenutzter Geschoßfläche, der mit annähernd 10 % über dem Anteil des Dienstleistungssektors liegt (vgl. Karten 29. bis .31).

Die Verteilung des Einzelhandels in der Richard-Wagner-Straße zwischen den Einmündungen Dilchert- und Roman-Straße dünnt nach Osten hin aus. Dabei erstreckt sich der Einzelhandel auf der Nordseite bis etwa zur Hälfte des betrachteten Abschnittes, die Südseite wird im Erdgeschoß bis zum Ende des ersten Drittels mit einer Ausnahme ausschließlich, und im weiteren Verlauf noch einmal durch den Einzelhandel genutzt. Bei den vertretenen Branchen dominieren die Bereiche Bekleidung/Schuhe und Foto/Elektro/Musik/Spielwaren, beide deutlich zum stadteinwärts gelegenen Teil des Untersuchungsgebietes hin konzentriert. Die Nahrungs- und Genußmittelbranche ist mit zwei Betrieben vertreten, ansonsten sind keine Branchenkonzentrationen festzustellen.

Tab. 32 Geschoßflächeninanspruchnahme durch Einzelhandelsnutzungen im Untersuchungsgebiet nach Branche

Branche	Flächenanteil in qm			
	incl. C & A absolut	incl. C & A in %	excl. C & A absolut	excl. C & A in %
Nahrungs- und Genußmittel	350	5,0	350	17,0
Bekleidung, Schuhe	5.500	80,0	650	31,7
Foto, Elektro, Musik, Spielwaren	650	9,4	650	31,7
Gesundheitsversorgung	100	1,4	100	4,9
Sonstiger Einzelhandel	300	4,3	300	14,6
Summe	6.900	100	2.050	100

Quelle: Eigene Erhebungen, Bayreuth 1991

Mit Ärzten und sonstigen gesundheitsorientierten Dienstleistungen, Rechts- und Wirtschaftsberatern sowie den Bereichen Versicherung und Architektur ist der Dienstleistungsbereich im östlichen Teil des Gebietes eine Hauptnutzergruppe an der Richard-Wagner-Straße. Im Gegensatz zum Einzelhandel sind die Dienstleister im ersten Obergeschoß zu finden, jedoch auch im Erdgeschoß, in einem Fall ist ein Betrieb sogar im zweiten Obergeschoß angesiedelt.

Nutzungen durch Kultur und Bildungseinrichtungen sowie kirchliche Einrichtungen sind im Gebiet in zwei Bereichen lokalisiert: einerseits im Bereich Haus Wahnfried/Freimaurerloge, wobei hier jeweils das ganze Gebäude (zwei Obergeschosse) zu kulturellen Zwecken genutzt wird, einschließlich des Jean-Paul-Museums und des Franz-Liszt-Museums (sog. Museums-Dreieck), zum anderen am westlichen, stadteinwärts gelegenen Rand des betrachteten Gebietes. Hier reicht die Nutzung bis ins erste Obergeschoß.

Die Wohnnutzung ist die am weitesten gestreute Nutzung im Gebiet, und zwar sowohl in der Fläche als auch über die Geschosse. Das Erdgeschoß wird im westlichen Teil der südlich der Richard-Wagner-Straße gelegenen Hinterhofbebauung zu Wohnzwecken genutzt, außerdem in zwei Gebäuden der an den Hofgarten grenzenden Grundstücke im Bereich Freimaurerloge/Haus Wahnfried. Im ersten Obergeschoß dominiert in der Richard-Wagner-Straße die Wohnnutzung eindeutig, ebenso im zweiten Obergeschoß. Ausschließlich Wohnnutzung findet sich in der dritten Etage.

Was eine zukünftige Nutzungsstruktur angeht, so dient der Bereich der Richard-Wagner-Straße als südöstliches Eingangstor zur Innenstadt, er übernimmt demnach eine Entrée-Funktion gerade für auswärtige Besucher, die die Parkmöglichkeiten im Bereich des Volksfestplatzes nutzen. Hinzu kommt die hohe Attraktivität für Wohnen im gehobenen Qualitätsniveau durch die Nähe zum Hofgarten, der als "grüner Pol" den Bereich in südlicher Richtung abschließt.

Wie kann der Bereich der Richard-Wagner-Straße für die Zukunft entwickelt werden? Eine Stärkung von Funktionen wie Wohnen, Dienstleistungen, Einzelhandel und Kultur würde die derzeit vorhandene Nutzungsstruktur des Gebietes um die Richard-Wagner-Straße nicht grundlegend umorientieren, sondern die existierende Nutzungsstruktur der innenstadtnahen Fläche mit ihren besonderen Chancen und Aufgaben für die Stadtentwicklung weiter intensivieren. Der Austausch nicht innenstadtgeeigneter Gewerbenutzungen gegen ein integrierbares Projekt der Wohn-, Dienstleistungs-, Einzelhandels- und Kulturorientierung stellt daher - sofern die Dimensionierung, die architektonische Gestaltung und darüberhinaus die Parkraumbewirtschaftung bzw. das Verkehrsaufkommen geregelt werden können - eine

Aufwertung des östlichen Bereiches der Richard-Wagner-Straße dar. Hinsichtlich des Parkraumangebotes ist die Realisierung von Tiefgaragenlösungen zu begrüßen, eventuell begleitet von einem anzudenkenden Parkhaus an der Dürschnitz.

5.3.2 Das Gebiet des "Neuen Wegs"

Der in diesem Abschnitt behandelte Bereich, nördlich der Bayreuther Innenstadt gelegen, deckt sich im wesentlichen mit dem Gebiet mit der alten Stadtteilbezeichnung "*Naia Weech*". Der Stadtteilnahme "Neuer Weg" wird heute nicht mehr offiziell verwendet, ist aber zumindest im Sprachgebrauch alteingesessener Bayreuther noch immer zu finden. Aus Karte 32 lassen sich die Abgrenzungen des Gebietes entnehmen: betrachtet wird das Gebiet zwischen Main, Bahnhofstraße, Casselmannstraße und Feustelstraße. [65]

Das Gebiet des "Neuen Wegs" stellt in Bayreuth insofern einen wichtigen Raum für die künftige Stadtentwicklung dar, da die Lage am Rand der Bayreuther Innenstadt eine Diskussion um eine Erweiterung eben der Innenstadt in diesen Bereich in Gang kommen ließ. Der Strukturwandel in unserer Gesellschaft - hin zu einer Dienstleistungsgesellschaft - ändert das Erscheinungsbild in der Innenstadt. Es kommt zu einem Ausdünnungsprozeß, in dessen Verlauf traditionelle Funktionen der Citylagen wie Wohnen und sich Versorgen zumindest für bestimmte Bereiche in die Randbereiche der Stadt verdrängt werden. Der Kommerzialisierungsprozeß (der Begriff umschreibt die Unterwanderung von citynahen Wohngebieten durch Betriebe des tertiären Sektors; Tertiärisierung hingegen meint die Unterwanderung von Industriegebieten durch Betriebe des tertiären Sektors) soll im folgenden für das Gebiet des "Neuen Wegs" eingehender betrachtet werden.

Historisch ist dieser außerhalb der Bayreuther Stadtmauer gelegene Stadtteil aus einer spätmittelalterlichen bäuerlichen Siedlung hervorgegangen, die etwa im Bereich (nördliche) Schulstraße, Brunnengasse (heute Brunnenstraße), Peuntgasse, Mittelstraße gelegen hat. Zunächst gehörte diese Siedlung zur Gemeinde St. Georgen und kam erst im 17. Jahrhundert als Vorstadtsiedlung unter Bayreuther Verwaltung [66].

Die bauliche Struktur des Untersuchungsgebietes ist heute durch ein heterogenes Erscheinungsbild gekennzeichnet. Diese Heterogenität ist Folge einer Entwicklung, die sich über mehrere Jahrhunderte erstreckte und in unterschiedlichen Epochen der Stadtentwicklung

---

[65] vgl. Koch, H., Ein Stadtteil verändert sich - Stadtentwicklungsprozesse in Bayreuth unter besonderer Betonung von City-Erweiterung und Tertiärisierung - das Gebiet des "Neuen Wegs", in: H. 76 der Arbeitsmaterialien zur Raumordnung und Raumplanung, Bayreuth 1989
[66] Höhl, G., Bayreuth. Die Stadt und ihr Lebensraum, München 1943

zum Ausdruck kommt. Der ursprüngliche Ortskern liegt heute im Bereich Mittelstraße-Peuntgasse-Schulstraße-Brunnenstraße und ist durch eine ungeordnete, enge Bebauung und in einer ungeraden Straßenführung zu erkennen. Der Bereich Casselmannstraße-Gutenbergstraße-Wiesenstraße und Carl-Schüller-Straße wurde im ausgehenden 20.Jahrhundert bebaut, um den Arbeitern Wohnraum zu bieten, die in der angrenzenden Spinnerei arbeiteten. Hier herrschte eine einheitliche, geordnete Bebauung mit gleichförmigen Mehrfamilienwohnblöcken vor.

Grundlegend verändert hat sich das Gebiet westlich der Casselmannstraße. Einst Standort der Spinnerei F.C. Bayerlein, hat sich hier bis heute ein grundlegender Funktionswandel ergeben. Die industrielle Ausrichtung ging verloren, die Gebäude der Spinnerei wurden abgerissen.

Heute finden sich hier fast ausschließlich Einrichtungen des tertiären Sektors wie der großflächige Einzelhandel, das Arbeitsamt, das Hotel Arvena. Obwohl dieser Bereich nicht direkt zum Untersuchungsgebiet zu zählen ist, muß er mit in die Betrachtungen einbezogen werden, da die vorhandenen Einrichtungen großen Einfluß auf die Funktion des "Neuen Wegs" haben.

Um den Kommerzialisierungsprozeß genauer untersuchen zu können, wurde 1987 eine Bestandsaufnahme der Dienstleistungsbetriebe im Gebiet durchgeführt. Erfasst wurden sowohl Einrichtungen der öffentlichen Hand als auch Betriebe in privater Hand (vgl. Karte 32). Diese Bestandsaufnahme ergab für das Jahr 1987 insgesamt 297 Dienstleistungsbetriebe im "Neuen Weg". Um genauere Aufschlüsse über die Verteilungsstruktur zu erhalten, wurde eine Klassifizierung nach gemeinsamen Merkmalen vorgenommen. Diejenigen Betriebe, die nicht in einer der bezeichneten Klassen eingeordnet werden konnten, wurden in der Klasse "sonstige private Dienstleistungen" zusammengefaßt.

Tab. 33   Anzahl der Dienstleistungsbetriebe im Gebiet "Neuer Weg" in Bayreuth nach Branchen 1987

Anwälte, Notare, Steuerberater, Wirtschaftsprüfer	19
Ingenieurs-, Planungs, Architektur-, Leasingbüros	20
Bau- und Wohnungswirtschaft (Immobilien, Bauträger)	13
Arztpraxen	28
Friseure, Kosmetik, Fußpflege	15
Öffentliche Verwaltungen	4
Gastronomische Betriebe	23
Kreditgewerbe, Banken, Finanzdienstleistungen, Versicherungen, Krankenkassen	21
Vereine und Vebände	22
Einzel- und Großhandelsbetriebe	90
Handwerksbetriebe	21
sonstige private Dienstleistungen	21

Quelle: Koch, H., a.a.O., Bayreuth 1988, S. 66

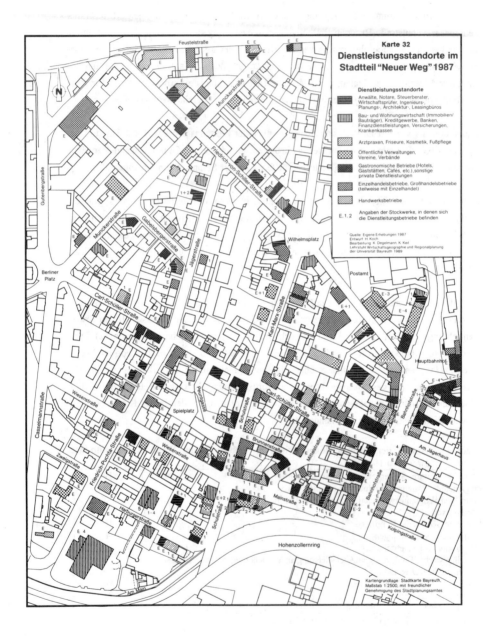

Inzwischen hat sich dieser Prozeß, etwa bei Arztpraxen und Architektur-/Ingenieur-Büros noch weiter fortgesetzt.

Die räumliche Verteilung der Dienstleistungsbetriebe weist auf Konzentrationen hin. In der Bahnhofstraße sind 64 Standorte, in der Carl-Schüller-Straße 42 Standorte, in der Mainstraße 30 Standorte und in der Schulstraße 27 Standorte des Dienstleistungssektors zu verzeichnen. Karte 32 belegt, daß die Zahl der Betriebe mit zunehmender Nähe zur Bayreuther Innenstadt immer mehr zunimmt, also die Innenstadt große Bedeutung für die Wahl des Standortes des einzelnen Betriebes hat. Besonders in der Bahnhofstraße, die die Innenstadt und Bahnhof direkt verbindet, konzentriert sich hauptsächlich das Banken- und Kreditgewerbe, das stark frequentierte und exponierte Standorte bevorzugt. Die größte Gruppe in der Bahnhofstraße bildete der Einzelhandel mit 18 Betrieben. Augenfällig ist auch die Dominanz der gastronomischen Betriebe mit insgesamt 10 Standorten. Diese Häufung ist historisch zu begründen, da in früherer Zeit der Bahnhof der wichtigste Verkehrsknotenpunkt der Stadt Bayreuth war.

Die Carl-Schüller-Straße zeigt wiederum eine Konzentration der Dienstleistungsbetriebe hin zur Bahnhofstraße, wobei hier Einzelhandelsbetriebe dominieren, die oft ein Sortiment führen, daß über die Versorgung des täglichen Bedarfs hinausgeht, z.B. Fahrräder, Antiquitäten, Waffen u.a., d.h. also Spezialbedarf abdeckt. Die Situation in der Schulstraße ähnelt der der Carl-Schüller-Straße.

Daß das Untersuchungsgebiet, zumindest der Bereich Bahnhofstraße - Carl-Schüller-Straße - Schulstraße, als Erweiterungsfläche für die Bayreuther Innenstadt gilt, ist besonders deutlich an den Gebäuden Mainstraße 3 und 5 abzulesen. In diesen Gebäuden sind 15 Dienstleistungsbetriebe untergebracht und nur eine Wohneinheit. Diese massive Betonung des gewerblichen Charkters und die gleichzeitige Vernachlässigung der Wohnfuktion eines innenstadtnahen Bereichs ist nur als gewollte stadtentwicklungspolitische Entscheidung für eine funktionale Änderung des innenstadtnahen Bereiches des "Neuen Wegs" zu deuten.

Eine Betrachtung der Bevölkerungsentwicklung im Gebiet läßt erst ab 1963 nachvollziehbare Aussagen zu, wenn es um den Einfluß der Ausdehnung der Innenstadt auf das Gebiet des "Neuen Wegs" geht, da bis zu diesem Zeitpunkt Prozesse vorherrschten, die als direkte Folge des Zweiten Weltkrieges zu erklären sind. Der Wohnungsbau hatte bis dahin den Zweck, Wohnraum für Bewohner zerstörter Häuser, für Aussiedler und Flüchtlinge zu schaffen. Erst nach 1963 sind Änderungen in der Bevölkerungsstruktur auf Vorgänge in der Stadtentwicklung zurückzuführen. Im Zeitraum von 1963 bis 1986 nahm die Bevölkerung um 43,3% zu. Dabei ist der Anstieg im wesentlichen auf einige wenige Straßenzüge beschränkt gewesen. Die höchsten Zuwächse hatte die Wiesenstraße (+ 129 Bewohner), die Carl-Schüller-Straße (+112) und die Friedrich-von-Schiller-Straße (+ 104). Die Zuwächse in der Wiesen- und der Carl-Schüller-Straße sind vor allem auf den Umstand zurückzuführen, daß etwa seit Mitte der 70-er Jahre Gastarbeiterfirmen mit überdurchschnittlicher Familiengröße in die ehemaligen Werkswohnungen der heute aufgegebenen Spinnerei einzogen. Der Zuwachs in der Friedrich-von-Schiller-Straße ist demgegenüber durch eine Verlängerung der Straße erklärbar, die zu ungunsten der Feustelstraße vollzogen wurde.

Die These, daß der Kommerzialisierungsprozeß zu einer Verdrängung der Wohnbevölkerung geführt habe, ist für den Zeitraum von 1963 bis 1986 demnach nicht zu belegen. Eine detailiertere Betrachtung für den Zeitraum von 1976 bis 1986 führt jedoch zu einem anderen Ergebnis. Die Bevölkerung nahm in diesem Zeitraum um 5,3 % ab. Von diesem Rückgang waren besonders die Bahnhofstraße (- 83), die Carl-Schüller-Straße (- 77) und die Schulstraße (- 45) betroffen. Gleichzeitig nahm die Zahl der tertiären Betriebe in der Schulstraße von 18 (1963) auf 24 (1988) zu, während in der Carl-Schüller-Straße (1963: 46; 1988: 42) und in der Bahnhofstraße (1963: 89; 1988:64) ein Rückgang zu verzeichnen war. Die Gründe für einen allgemeinen Bevölkerungsrückgang im "Neuen Weg" sind demnach nur bedingt auf eine Zunahme der Dienstleistungsbetriebe zurückzuführen. Es müssen weitere Ursachen für diesen Prozeß in die Betrachtung mit einbezogen werden. In diesem Zusammenhang ist ein Anstieg der Anforderungen an die Qualität des Wohnraums und besonders an die Größe der Wohnfläche zu erwähnen. Auch die Zunahme der Zahl der Einpersonenhaushalte und der Rückgang der durchschnittlichen Familiengröße müssen beachtet werden. Eine Vergrößerung der Betriebsräume durch die Hinzunahme benachbarter, ehemals als Wohnfläche genutzter, Räume durch die Betriebe ändert ebenfalls die Struktur der Wohnbevölkerung im "Neuen Weg". Die Tendenz in der Bevölkerungsentwicklung im Gebiet ist eindeutig rückläufig. In Straßen mit Bevölkerungszunahme seit 1976 wurden vornehmlich neue Wohnungen errichtet, z.B. in der Friedrich-von-Schiller-Straße.

Abschließend kann für den Bereich des "Neuen Wegs" festgehalten werden, daß der in den letzten Jahrzehnten zu beobachtende Strukturwandel im Sinne der Kommerzialisierungs-These einen Rückgang des Einzel- und Großhandels sowie des Handwerks und eine gleichzeitige Zunahme tertiärer Einrichtungen zur Folge hatte. Dabei ist eine Konzentration von Dienstleistungseinrichtungen im südöstlichen Gebiet gegeben, die aufzeigt, daß diese Einrichtungen die Nähe zur Innenstadt suchen. Besonders Branchen, die auf Laufkundschaft angewiesen sind (Kreditinstitute, Einzelhandel) siedelten sich in diesem Bereich an. Die steigende Attraktivität des "Neuen Wegs" kann in folgenden Standortfaktoren ausgedrückt werden: Innenstadtnähe, Nähe zu zentralen Einrichtungen (Bahnhof, Post, Rathaus, usw.), im Vergleich zu Innenstadt mit günstigeren Mietpreisen. Als problematisch könnte sich für die

Zukunft der Fragenkreis "Parken von PKWs" erweisen. Da der knapp bemessene Parkraum sowohl von der ansässigen Wohnbevölkerung als auch von den Einzelhandels- und Dienstleistungseinrichtungen in Anspruch genommen wird, ergibt sich hieraus ein Konfliktpotential, das einer Lösung für die Zukunft bedarf. Die sich abzeichnende Erweiterung von Innenstadt-typischen Funktionen erfordert ohnehin die Einbeziehung der Erweiterungsflächen in ein umfassendes Innenstadtkonzept, um eine geordnete Innenstadtentwicklung auch für die Zukunft zu gewährleisten.

5.4 Gewachsene Nebenzentren am Beispiel der Stadtteile Altstadt und St. Georgen

Die Stadtteile Altstadt und St. Georgen wurden aufgrund der Expansion der Stadt Bayreuth bereits frühzeitig in das Stadtgebiet Bayreuths integriert. Die vormals eigenständige Entwicklung der beiden Stadtteile, besonders St. Georgens, ließ jedoch im Gegensatz zu reinen Wohnvierteln, wie etwa dem Grünen Hügel oder dem Roten Hügel, Nebenzentren entstehen, die zumindest in der Versorgung der Bevölkerung mit kurzfristigen ("alltäglichen") Bedarfsgütern auch heute noch eine gewisse Bedeutung besitzen.

Ebenso wie für die im folgenden Abschnitt 5.5 behandelten Wohnviertel Grüner Hügel, Saas und Roter Hügel werden für die Altstadt und St. Georgen nach einer kurz bemessenen Abhandlung der historischen Entwicklung die wichtigsten Ergebnisse einer 1990 durchgeführten Analyse einer Auswahl Bayreuther Stadtteile dargestellt.

5.4.1 Der Stadtteil Altstadt

Der Stadtteil Altstadt entwickelte sich einst aus einem Dorf, das an der Kreuzung zweier Handelsstraßen entstand [67]. Bis Mitte des 19 Jahrhunderts war die Landwirtschaft Haupterwerbsquelle für die in "Altenstadt" lebende Bevölkerung. Doch bereits 1884 hatte sich die Erwerbsstruktur grundlegend geändert. 31,3 % der Erwerbstätigen waren Ungelernte und Tagelöhner, 41,8 % als Handwerksgesellen und Facharbeiter tätig. In der beginnenden Industrialisierungsphase wurden damals in "Altenstadt" mehrere Ziegeleien gegründet sowie zwei Brauereien. Nach dem Ersten Weltkrieg wurde die Altstadt zur Stadtrandsiedlung. Entlang der Ausfallstraße nach Bamberg vollzog sich damals die Ausdehnung der Bayreuther Kernstadt. Um den alten Dorfkern entstanden systematisch angelegte Arbeitersiedlungen, die auch heute noch den Charakter der Altstadt prägen. Bauträger waren zu diesem Zeitpunkt Bauvereine und die Stadt Bayreuth, so daß sich damals große Teile des Gebäudebestandes in genossenschaftlichem oder städtischem Besitz befanden. Nach dem Zweiten Weltkrieg

---

[67] Taubmann, W., a.a.O., Bad Godesberg 1968, S. 101

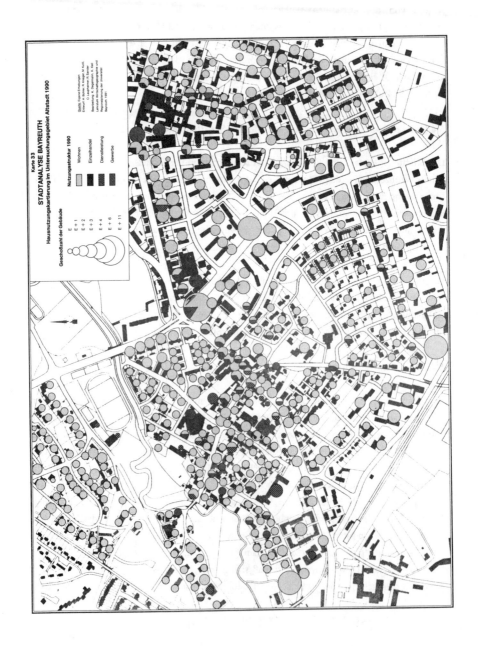

entstand so auch die Jacobssiedlung der GEWOG. In der Folgezeit blieb der Stadtteil Altstadt durch einen hohen Arbeiteranteil geprägt. TAUBMANN bezeichnete die Altstadt als konservatives Gegenstück zum Stadtkern [68], der aufgrund seiner wachsenden zentralörtlichen Funktionen in weit größerem Ausmaß strukturellen Veränderungen unterworfen ist.

Heute gehört die Altstadt zu denjenigen Stadtteilen, deren Bevölkerungszahl in den letzten Jahren stark zurückgegangen ist. Trotz der andauernden Bevölkerungsverluste zählt die Altstadt noch immer zu den wichtigsten Wohngebieten Bayreuths. Gründe für den Bevölkerungsrückgang sind vor allem in geänderten Wohnbedürfnissen und Änderungen in der Familiengröße zu suchen. Die Altersstruktur der Altstadt weist keine besonderen Abweichungen gegenüber dem Durchschnitt Bayreuths auf (vgl. Karte 5), beeinflußt demnach die Dynamik des Stadtteils nicht in besonderem Maße. Der etwas erhöhte Anteil der Gruppe der Personen unter 30 Jahren könnte auf die relativ alte Bausubstanz und die deshalb billigeren Mieten zurückzuführen sein. Die These TAUBMANNS, nach der es sich bei der Altstadt um einen konservativen Stadtteil mit wenig Eigendynamik handle, kann demnach auch heute noch bestätigt werden. Differenziert man die erwerbstätigen Einwohner des Stadtteils nach ihrer Stellung im Beruf (vg. Karte 8), so zeigt sich, daß 1990 45,7 % als Arbeiter tätig waren und nur 34,2 % im Angestelltenverhältnis standen. Die Altstadt hat demnach ihren Charakter als typische Arbeiterwohnsiedlung über die Jahrzehnte hinweg beibehalten, wenngleich sich heute Tendenzen abzeichnen, die in den kommenden Jahren auf eine langsame, aber stetige Durchmischung des Stadtteils mit anderen Bevölkerungsgruppen hindeuten.

Die Dynamik eines Stadtteils kann auch mittels des Indikators der Sozialstruktur erfaßt werden. Hierbei geht man von der Annahme aus, daß die Zugehörigkeit zu einer sozialen Schicht (Unter-, Mittel- bzw. Oberschicht) bestimmte Verhaltensweisen und Bedürfnisse hervorruft, die auch auf die Grundfunktionen menschlicher Daseinsäußerungen (Wohnen, Arbeiten, Sich-Versorgen, Sich-Bilden, Sich-Erholen, Mobilität, Leben in der Gemeinschaft) [69] Einfluß nimmt. Um Aussagen über den Stadtteil Altstadt bezüglich der Sozialstruktur seiner Einwohner machen zu können, wurde die Bevölkerung auf der Datenbasis der Volkszählung 1987 nach folgenden Merkmalen untersucht:

1. Bevölkerung am Ort der Hauptwohnung nach dem überwiegenden Lebensunterhalt durch:
- Erwerbstätigkeit,
- Arbeitslosengeld-, Arbeitslosenhilfeempfänger, Rente, Pension, u.ä.,
- Unterhalt durch Ehegatten, Eltern, u.ä.,
2. Erwerbstätigkeit am Ort der Hauptwohnung nach der Stellung im Beruf:

---

[68] Taubmann, W., a.a.O., Bad Godesberg 1968, S. 103
[69] Maier, J., Paesler, R., Ruppert, K., Schaffer, F., Sozialgeographie, Braunschweig 1977, S. 18

- Selbständige,
- Mithelfende Familienangehörige,
- Beamte, Richter, Soldaten,
- Angestellte, Auszubildende kaufmännisch/technisch,
- Arbeiter, Auszubildende gewerblich,
3. Bevölkerung am Ort der Hauptwohnung nach Schulabschluß:
- Volks-, Hauptschule,
- Realschule oder gleichwertiger Abschluß,
- Hochschul-/Fachhochschulreife.

Die Erwerbsquote lag 1987 in der Altstadt nur bei 35,2 %, eine Quote, die z.B. im Vergleich mit dem Stadtteil Saas (42,9 %) als niedrig einzustufen ist. Sehr hoch ist dagegen der Anteil der Unterhaltsbezieher (i.d.R. Studenten) mit 36,9 % und der Anteil der Gruppe der Arbeitslosengeld-/-hilfeempfänger, Rentner, Pensionäre mit 28,3 %. Der hohe Anteil der beiden letztgenannten Gruppen deutet auf Segregationsprozesse hin, die als Resultat des Suburbanisierungsprozesses gedeutet werden können. Die Suburbanisierung (also eine Wanderungsbewegung an den Stadtrand bzw. in das Umland der Stadt) wird besonders von Familien der mittleren bis höheren Einkommensschichten getragen, die sich durch einen Wechsel des Wohnstandortes eine Verbesserung der Wohn- und Lebensqualität versprechen. Die in den Städten freiwerdenden Wohnungen werden dann vorwiegend von Gruppen genutzt, die aufgrund ihres Einkommens bzw. auch ihres Alters auf billigen Wohnraum angewiesen sind. So sind im Stadtteil Altstadt die Gruppen der Rentner/Pensionäre bzw. der Studenten sehr stark vertreten. Die Dominanz dieser beiden Gruppen beeinflußt dann auch die Entwicklung des Stadtteils. Im Gegensatz zu den Familien mittleren Alters, die im Zuge des Strebens nach einer Verbesserung der eigenen Wohnqualität durch Umbau- und Renovierungsarbeiten die Gebäudesubstanz zumindest erhalten, sind Studenten und ältere Personengruppen in dieser Beziehung weniger aktiv.

Eine Differenzierung der Wohnbevölkerung nach dem Schulabschluß zeigt, daß in der Altstadt im Vergleich mit anderen Stadtteilen der Anteil der Realschul-Absolventen mit 15,6 % ein Minimum der untersuchten Stadtteile aufweist (vgl. Karte 6). Im Durchschnitt liegt der Anteil der Bewohner mit Hauptschulabschluß. Interessant ist aber die Tatsache, daß die Bewohner mit Hochschulzugangsberechtigung mit 25,3 % in der Altstadt den höchsten Anteil haben. Die Altstadt hat demnach für den Universitätsstandort Bayreuth eine große Bedeutung als Wohnstandort für Studenten.

Karte 33 zeigt die Nutzungsstruktur der Altstadt (erhoben 1990), woraus deutlich wird, daß der Stadtteil als typisches Wohnviertel mit einer Reihe von Versorgungseinrichtungen des kurzfristigen Bedarfs, als der Beleg für ein Nebenzentrum mit Schwerpunkten um den Freiheitsplatz, entlang der Bamberger Straße bzw. im noch eher dörflich strukturierten Teil sowie im Bereich der Rathenaustraße/Leuschnerstraße, zu bezeichnen ist. Die Wohngebiete im Bereich Bamberger Straße - Justus-Liebig-Straße - Spitzwegstraße sind zum Großteil von mehrgeschossigen Wohnblöcken gekennzeichnet, so daß dieser Bereich eine hohe Bevölkerungsdichte aufweist. Gewerbliche Einrichtungen sind besonders entlang der Bamberger Straße zu finden, die als wichtige Ein- und Ausfallstraße für die Stadt Bayreuth fungiert. Besonders für Tankstellen sind Standorte entlang der Bamberger Straße ausgesprochene Gunststandorte. Der Süden des Stadtteils, im Bereich Spitzwegstraße - Justus-Liebig-Straße und entlang der Ludwig-Thoma-Straße ist als Gewerbegebiet ausgewiesen. Im Zuge der Wanderung von Einzelhandelsgroßprojekten in den Stadtrandbereich hat hier besonders der Einzelhandel seinen Standort gefunden. Das Gebiet östlich der Ludwig-Thoma-Straße besitzt den Status eines Industriegebietes. Von besonderer Bedeutung für die Stadtentwicklungspolitik ist auch die Fläche der ehemaligen Röhrensee-Kaserne, die nach dem Abzug der amerikanischen Truppen frei wurde und für die noch keine abschließende Entscheidung für Nachfolgenutzungen getroffen wurde.

5.4.2 Der Stadtteil St. Georgen

Die Geschichte des Stadtteils St. Georgen ist eng mit der Geschichte der Bayreuther Markgrafen verbunden. Die Gründung der Siedlung geht ursprünglich auf das Interesse des markgräflichen Erbprinzen Georg Wilhelm zurück, der von der landschaftlichen Schönheit eines zu dieser Zeit vorhandenen Weihers fasziniert war, und hier einen See anlegen ließ. Im Jahr 1699 begann der Erbprinz mit Planungen zum Bau einer Residenz, die den barocken Charakter von Versailles zum Vorbild hatte. 1702 wurden dann schließlich die Stadt St. Georgen am See gegründet. Bis 1705 entstanden um die Residenz 24 Häuser, die in ihrer Architektur einheitlich gestaltet wurden. In diesem Jahr begann auch der Bau an dem heute wohl bekanntesten Bauwerk St. Georgens, der Sophienkirche, deren Grundriß in Form eines griechischen Kreuzes angelegt war. Die Kirche ist der erste repräsentative evangelisch-lutherische Kirchenbau der Markgrafschaft.

Die Gründung der Stadt hatte neben der Schaffung eines repräsentativen Wohnsitzes für den Erbprinzen auch die Absicht, hugenottische Flüchtlinge anzusiedeln. Beispiele aus Ansbach und Erlangen hatten gezeigt, daß das handwerkliche Geschick der Hugenotten sich positiv auf das Handwerk dieser Städte auswirkte. Diese Absicht erfüllte sich allerdings nicht, da unter den ersten Hausbesitzern in den Urkunden keine französischen Namen nachweisbar sind. Die ersten Einwohner St. Georgens stammen ausschließlich aus der Umgebung Bayreuths, nicht aber aus der Stadt Bayreuth. St. Georgen ist demnach kein Ableger der Stadt Bayreuth, sondern entwickelte sich von Beginn an selbständig in seiner Bevölkerungsstruktur. Die ersten Bewohner wurden mit Privilegien wie freiem Handels-, Bürger- und Meisterrecht, unentgeldlichem Bauplatz, 10 - 20 jähriger Steuerfreiheit angeworben und ausgestattet. Unter den Bewohnern waren vor allem Handwerker und Ackerbürger vertreten. Besonders die St. Georgner Handwerker standen mangels ausreichender Auslastung in ständiger Konkurrenz zu den Handwerkern der Kernstadt, die sich darüber beklagten. Gleichzeitig zur ersten Siedlungsphase um das Jahr 1705 enstanden in der Stadt eine Ziegelei, eine Mühle und ein erstes kommunales Brauhaus. Hinzu kam während einer zweiten größeren Bebauungsphase um das Jahr 1718 ein zweites Brauhaus. 1729 richtete der Markgraf ein Porzellanmanufaktur in St. Georgen ein, zur gleichen Zeit begann die Bebauung entlang der Markgrafenallee. Eine dritte Bauphase startete 1741. Gegenüber der Kaserne entstand das Gravenreuther Stift.

Ihren Rang als eigenständige Stadt verlor St. Georgen im Jahre 1811. Die Stadtsiedlung büßte mit dem Bau umliegender jüngerer Viertel ihre exponierte Lage ein und wuchs immer mehr mit der Kernstadt Bayreuth zusammen. Mit der Eingemeindung 1811 verlor St.Georgen nach nur knapp 100 Jahren ihre Selbständigkeit und wurde zu einem Stadtteil Bayreuths. Allerdings entwickelte sich St. Georgen zu einem voll funktionsfähigen Stadtteilzentrum, das vor allem den Bedarf nach kurz- und mittelfristigen Gütern deckt (vgl. Bild 19).

Bild 19 Der Stadtteil St. Georgen im Bereich der Brandenburger Straße

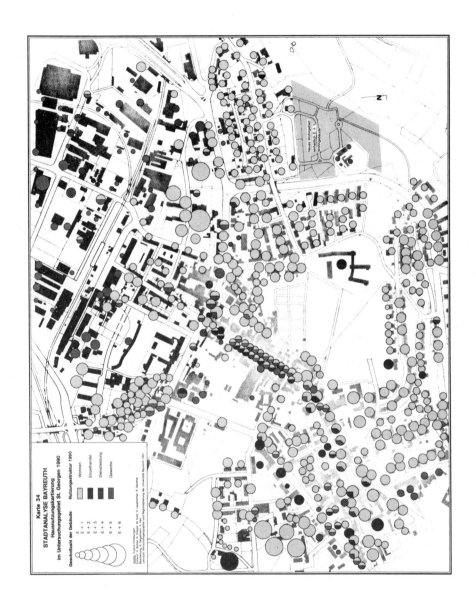

Die Altersstruktur des Stadtteils St. Georgen zeigt eine gute Durchmischung (vgl. Karte 6). Einzig die Personengruppen der unter 30-Jährigen zeigen im Vergleich zu den anderen untersuchten Stadtteilen einen etwas höheren Anteil. Die Ursache könnte darin bestehen, daß für junge Familien größere Miet- bzw. Wohnflächen zur Verfügung stehen. Der im Vergleich zum Grünen Hügel und Saas etwas niedrigere Anteil der über 60-Jährigen ist wohl in der Tatsache begründet, daß der Anteil der Eigenheime in St.Georgen und auch in der Altstadt niedriger ist als in der Saas oder am Grünen Hügel, wo viele noch während der Berufstätigkeit ein Eigenheim gebaut oder erworben haben.

Der Anteil der Erwerbstätigen liegt in St. Georgen bei 39,6 %. Dabei haben 36,7 % der Erwerbstätigen den Status eines Angestellten und 36,6 % wurden mit Arbeiterstatus erfaßt. Die Gruppe der Selbständigen ist mit nur 5,9 % im Vergleich zu den anderen Stadtteilen sehr niedrig. Bei ca. 20 % liegt der Anteil der Beamten, Richter Soldaten - ein Wert, der über alle erfaßten Stadtteile nur wenig variiert. Der Stadtteil St. Georgen weist demnach eine, im Vergleich etwa zur Altstadt, gut durchmischte Struktur hinsichtlich der Erwerbstätigkeit auf.

Eine Untersuchung über die Entwicklung und Struktur des Einzelhandels in der Stadt Bayreuth aus dem Jahr 1984 zeigte, daß St. Georgen als einziger Stadtteil in Bayreuth ein eigenes Stadtteilzentrum besitzt, das in Konkurrenz zur dominanten Bayreuther Innenstadt steht (vgl. Karten 26 und 34). Es werden Waren des kurz-, mittel- und z.T. des langfristigen Bedarfs angeboten, wobei ebenfalls vielfältige Branchen vertreten sind. Dies ist umso bemerkenswerter, als in anderen Innenstadtbereichen wie etwa im Bereich Birken/Quelhöfe oder im Bereich Birken und Königsallee/Kreuzstein/Eichelberg auffällige Ausdünnungserscheinungen des Einzelhandels zu beobachten sind. Die Verlagerung der Versorgung gerade für Güter des kurzfristigen Bedarfs in die Randbereiche und das Entstehen von Einzelhandelsgroßprojekten ist Auslöser für diese Entwicklung. Die Persistenz des Subzentrums St. Georgen ist wohl in der gewachsenen Struktur des Stadtteils zu suchen, wobei aber die Vielfalt des Angebots die Grundlage für das weitere Bestehen sein dürfte.

5.5 Sozialstrukturen, Wohnverhältnisse am Beispiel der Wohnviertel Grüner Hügel, Saas und Roter Hügel

In einer wirtschaftsgeographischen Darstellung würde man zunächst eine Diskussion von Wohnvierteln wohl weniger erwarten, auf einen zweiten Blick hin erscheint die Einbeziehung jedoch verständlich, da die dort Wohnenden einmal Konsumenten der verschiedenen Einrichtungen der privaten Wirtschaft und der öffentlichen Hand sind, zum anderen als Bürger der Stadt sowohl das Binnen- als auch das Außen-Image der Stadt mitgestalten.

Charakteristikum der Wohnviertel ist, wie bereits die Kategorisierung ausdrückt, die Dominanz der Wohnfunktion. Im Gegensatz zu den gewachsenen Nebenzentren, wo historisch bedingt eine Vermischung verschiedener städtischer Funktionen wie Wohnen und Arbeiten gegeben ist, spielen in solchen Stadtvierteln, die im Zuge der Expansion der Stadt entstehen, andere Prozesse eine prägende Rolle. Fragen der sozialen Seggregation sind hier besonders in die Betrachtung mit einzubeziehen. Gilt doch beispielsweise der Grüne Hügel als ausgesprochen hochwertiges Wohnviertel in Bayreuth, anders als die Altstadt, die als Arbeiterwohnviertel bezeichnet wird. Inwiefern diese "Kategorisierungen" haltbar sind, soll im folgenden untersucht werden.

Wichtigstes Unterscheidungskriterium zwischen reinen Wohnvierteln und den gewachsenen Nebenzentren ist das Alter der Besiedlung. Wurde St. Georgen Ende des 17. Jahrhunderts als eigenständige Siedlung vor den Toren Bayreuths gegründet und 1811 in das Stadtgebiet integriert, ist die Saas beispielsweise aus einem sozialen Wohnungsbauprojekt der 30-er Jahre entstanden. Oft ist es so, daß die Zugehörigkeit zu einer bestimmten Bevölkerungsschicht in einem Wohnviertel bereits von Anfang an vorgegeben ist (sozialer Wohnungsbau, Nähe zu repräsentativen Einrichtungen). Dabei kann die Entwicklung in den einzelnen Stadtteilen durchaus unterschiedlich sein. Der Charakter der Saas blieb aufgrund ihrer Abgeschlossenheit gegenüber dem übrigen Stadtgebiet im Großen und Ganzen unverändert. Der Charakter des Roten Hügels dagegen ist Veränderungen unterzogen. Ausgehend von der Reichsnährsiedlung in den 30-er Jahren erfolgte besonders nach dem Krieg und in einer zweiten Welle nach dem Bau der Universität und des Klinikums eine Durchmischung der Bevölkerungsstruktur, so daß der Rote Hügel heute als ein Wohngebiet mit durchaus unterscheidbaren Teilarealen hinsichtlich der Bebauung und der Wohnqualität dargestellt werden kann. Vor diesem Hintergrund sind die folgenden Ausführungen über die Wohnviertel Grüner Hügel, Saas und Roter Hügel zu betrachten.

5.5.1 Der Grüne Hügel

Der nördlich der Kernstadt gelegene Grüne Hügel war bis ins 18. Jahrhundert ein rein landwirtschaftlich genutztes Gebiet, in dem viele heute für Oberfranken nicht mehr übliche Anbausorten wie etwa Hopfen produziert wurden. Die damalige Stadtgrenze befand sich etwa an der heutigen Ecke Bahnhofstraße/Tunnelstraße, die von zwei Stadttoren markiert wurde. Das nach Norden gerichtete Tor Richtung Hohe Warte trug den Namen Cottenbacher Tor, das nach St. Georgen gerichtete Tor wurde Brandenburger Tor genannt. Vom Cottenbacher Tor aus führte ein Weg zur Hohen Warte und zum Grünen Baum, der im 19. Jahrhundert zu einer Straße ausgebaut wurde. Etwa um 1880 wurde das landwirtschaftliche Gebiet zu einem Spekulationsobjekt, das von Bayreuther Baufirmen aufgekauft, bebaut und verkauft wurde

(Bürgerreuther- und Nibelungenstraße). Der Bau des Festspielhauses wertete das Gebiet westlich dieses Bereiches stark auf. Als Folge entstand um 1890 im Bereich der Parsifalstraße ein Villenviertel, in dem sich besonders Honoratioren ansiedelten. Bei der baulichen Gestaltung der Häuser gewährte man den Bauherrn weitgehende Gestaltungsfreiheit, so daß kein einheitliches Bild der Bebauung entstand.

In den 30-er Jahren erfolgte die Bebauung des Bereichs Tannhäuserstraße im Osten des Festspielhauses. Das Gebiet unterhalb der Parsifalstraße wurde bis in die 50-er Jahre agrarisch genutzt. In der Folgezeit wurde das Gebiet in 700 bis 1.000 qm große Grundstücke aufgeteilt, auf denen vom Architekten Kummer entworfene Villen entstanden. Nach dem Zweiten Weltkrieg erfolgte vor allem in den 50-er und 60-er Jahren im Bereich südlich der Tannhäuserstraße eine Ausdehnung des Wohngebietes. Bauträger in dieser Phase war vor allem die GEWOG.

Bild 20 Villenbebauung im Bereich des Grünen Hügels

Die folgenden statistischen Daten wurden im Bereich Grüner Hügel und Grüner Baum erhoben. Der Stadtteil Grüner Hügel weist zusammen mit dem Stadtteil Saas einen relativ hohen Anteil der über 60-Jährigen auf. Über 25 % der Gesamtbewohner sind dieser Altersgruppe zuzuordnen. Der überdurchschnittlich hohe Anteil an Wohneigentum ist hierfür als Begründung anzuführen. Die Differenzierung der Bevölkrung nach dem überwiegenden Lebensunterhalt gibt an, daß 41,1 % der Bevölkerung erwerbstätig sind. Sehr gering ist der Anteil der Arbeitslosen, Rentner und Pensionäre (24,3 %). 7,5 % der Erwerbstätigen gaben bei der Befragung an, selbständig zu sein. Die Gruppe der mithelfenden Familienmitglieder ist am Grünen Hügel mit nur 0,2 % beinahe vernachlässigbar gering. Die Gruppe der Beamten, Richter, Soldaten ist hier am stärksten vertreten (18,4 %). Aufgrund des hohen Mietniveaus kann davon ausgegangen werden, daß es sich hierbei vorwiegend um Positionen in höheren Stellungen handelt. Das gleiche gilt für die Gruppe der Angestellten (48,3 %), die ebenfalls am Grünen Hügel den höchsten Wert hat. Gleichzeitig nimmt die Gruppe der Arbeiter mit 25,1 % ein Minimum ein.

Der Grüne Hügel gilt heute besonders im Teilbereich westlich des Festspielhauses als teueres und begehrtes Wohnviertel. Den Charakter des Wohngebietes prägen noch die nach dem Bau des Festspielhauses entstandenen Villen. Die Hausnutzungskartierung zeigt deutlich die Dominanz der Wohnfunktion (vgl. Karte 35). Getrennt durch den Komplex des Festspielhauses und der Realschule sind zwei voneinander abgesetzte Wohnbereiche zu erkennen. Der Bereich um die Gontardstraße östlich des Festspielhauses gilt dabei als ausgesprochen hochwertiges Wohnareal. Davon abgesetzt ist der Bereich des genossenschaftlichen Wohnungsbaus zu betrachten, der sich alleine durch die einheitliche Bebauung absetzt.

Die Fertigstellung des Nordrings im Jahr 1994 wertete das Wohngebiet Grüner Hügel noch weiter in seiner Wohnqualität auf. Der Nordring entlastet die Gravenreutherstraße, die bislang als wichtigster Zubringer der nördlichen Bereiche Bayreuths zum Industriegebiet St. Georgen fungierte. Entlang dieser wichtigen Verkehrsader siedelten sich in den letzten Jahren im Bereich der Porzellanfabirk Wallküre mehrere gewerbetreibende Betriebe an, wie z.B. ein Fachmarkt und mehrere Dienstleistungsunternehmen.

5.5.2 Der Stadtteil Saas

Die im Süden der Stadt Bayreuth gelegene vorstädtische Kleinsiedlung Saas entstand nach 1933 im Zuge von sozialpolitischen Förderungsmaßnahmen der nationalsozialistischen Regierung. Es muß allerdings betont werden, daß die Siedlung nicht als reine Siedlungsplanung der Nationalsozialisten betrachtet werden kann, da die ersten Siedlerstellen noch vor der nationalsozialistischen Machtergreifung bewilligt wurden. Die damalige Reichsregierung förderte den Bau der vorstädtischen Kleinsiedlung mit 40 Mio. Reichsmark. Der soziale Charakter dieser Siedlungsmaßnahme ist an den bevorzugt angesiedelten Gruppen zu erkennen. Als Siedler wurden in erster Linie Erwerbslose, unterstützte Kurzarbeiter, Kriegsgeschädigte und kinderreiche Familien vorgesehen. Diesen sozialen Gruppen sollte die Möglichkeit der Siedlung an einer Stelle gegeben werden, wo die Verbesserung der eigenen Situation durch die Nähe zum Arbeitsplatz gegeben war.

Die vorgesehene Größe einer Siedlerstelle schwankte zwischen 700 bis 5.000 qm. Auf ihr sollte ein Haus mit Stall sowie ein Nutzgarten Platz finden. Um die Wirtschaftlichkeit der Wohnstellen nicht zu gefährden, mußten die Kosten für die Anlage der Siedlerstellen gering gehalten werden, d.h. der Bau der Siedlung sollte soweit als möglich in Eigenarbeit und unter Verwendung günstiger Baumaterialien vonstatten gehen. Zur Finanzierung wurde neben den Reichsmitteln auch vorhandenens Vermögen der Siedler sowie Fremdkapital verwandt. Im März 1933 wurde aus dem Fördertopf der Reichsregierung von der deutschen Gesellschaft für öffentliches Arbeiten AG, Berlin, zu Erschließungsarbeiten der vorstädtischen Kleinsiedlung Saas ein Darlehen in Höhe von 33.000 Reichsmark bewilligt. Der erste Spatenstich der Siedlung erfolgte am 8. Juni 1933. Zu diesem Zeitpunkt waren Darlehen für 36 Siedlungsstellen genehmigt, hinzu kamen noch Zusatzdarlehen für kinderreiche Familien, kleinere Zuschüsse des Stadtrates sowie Barzuschüsse. Das vorgesehene Baugelände reichte für 36 Siedlungsstellen mit einer Größe von jeweils 700 qm. Der Baugrund stammte aus dem Besitz der Hospitalstiftung, die ihn im Erbbaurecht an die Siedler abgab. In einer ersten Bauphase wurden bis 1937 180 Siedlerstellen errichtet. Die zweite große Bauphase begann 1953. Der bestehenden Siedlung wurde eine Heimkehrersiedlung angegliedert, die laut Planung aus etwa 184 Wohngebäuden mit 368 Wohnungen bestehen sollte. Bevorzugte Siedler waren Kriegsheimkehrer, Kriegsgeschädigte und Heimatvertriebene, denen zur Errichtung der Häuser eine Eigenleistung an Arbeitsstunden im Wert von 4.000 DM vorgeschrieben wurde. Beendet wurde dieser Bauabschnitt im Sommer 1955. Erst in den 80-er Jahren entstand im Bereich des Enzianwegs ein neuer Siedlungsteil.

Auch heute, rd. 60 Jahre nach dem ersten Bauabschnitt, zeigt sich der Stadtteil Saas als eigenständiger Siedlungsbereich vor dem eigentlichen Stadtgebiet. Die einheitliche Planung der Gebäude während der beiden Bauphasen gibt dem Stadtteil ein für Bayreuth eigenes Bild. An- und Umbauten der Gebäudesubstanz haben zwar das einheitliche Erscheinungsbild der Siedlungshäuser etwas verändert, doch blieb der Charakter der einstigen Bebauung weitgehend erhalten (vgl. Bild 21).

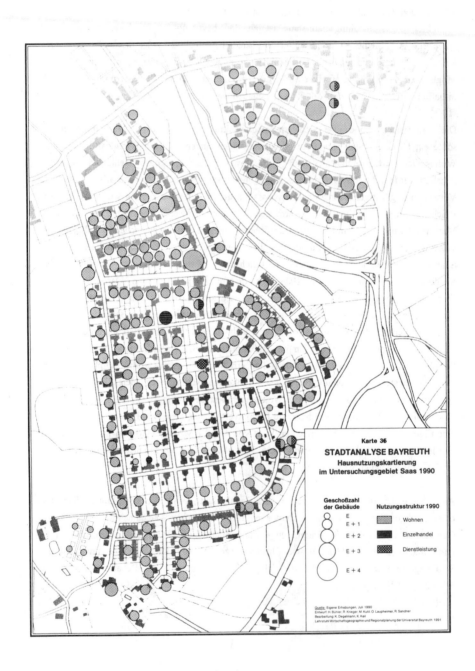

Bild 21 Der Stadtteil Saas - deutlich ist dessen Homogenität auf dem Bild zu erkennen

Ein Vergleich der Altersstruktur der Einwohner des Stadtteils Saas mit den vorab diskutierten Stadtteilen zeigt einen erhöhten Anteil der über 60-Jährigen. Der Grund hierfür ist ebenso wie beim Stadtteil Grüner Hügel, der geschichtlich bedingte überdurchschnittlich hohe Anteil an Eigenheimen in der Saas sowie die Tatsache, daß in den meisten Familien nun die Kinder durch Ausbildung und Berufstätigkeit an anderen Standorten tätig sind. Der Anteil der Erwerbstätigen an der Wohnbevölkerung nimmt im Stadtteil Saas mit 42,9 % in Bayreuth einen Spitzenplatz ein. Der Anteil der durch Eltern, u.a. unterhaltenen Personen ist dementsprechend niedrig und beträgt in der Saas 35,8 %. Auch die Quote der Arbeitslosen, Rentner, Pensionäre ist hier mit ca. 21 % sehr niedrig. Nach der beruflichen Stellung differenziert, erweist sich die Gruppe der Angestellten mit 40,4 % als die wichtigste, gefolgt von der Gruppe der Arbeiter mit 32,6 %. Die Gruppe der Selbständigen ist in der Saas im Vergleich zu den anderen untersuchten Stadtteilen mit 8,5 % am stärksten vertreten. Der Wert der mithelfenden Familienmitglieder verdient einer genaueren Betrachtung. 6,1 % der Befragten gaben an, im familieneigenen Betrieb mitzuhelfen. Am Grünen Hügel, in St. Georgen und der Altstadt lagen die entsprechenden Werte wesentlich niedriger (0,2 %, 0,7 %, 1,3 %). Naheliegend ist ein Zusammenhang der Personengruppen Selbständige und mithelfende Familienmitglieder. Je höher der Anteil der Selbständigen, desto größer die Chance für

Familienangehörige im Unternehmen mitzuarbeiten. Daß dabei auch andere Bestimmungsgrößen in diesen Zusammenhang mit einfließen müssen, zeigt das Beispiel des Grünen Hügels. Auch hier ist der Anteil der Selbständigen mit 7,5 % relativ hoch, doch der Anteil der mithelfenden Familienangehörigen mit 0,2 % sehr gering. Der Einfluß des Schulabschlusses sowie des durchschnittlich erzielbaren Einkommens sind wohl ebenso von Bedeutung.

Karte 36 zeigt die Nutzungsstruktur des Stadtteiles Saas. Nur wenige Einzelhandelsbetriebe finden sich in diesem "reinen" Wohnviertel. Deutlich hebt sich auch die neueste Erweiterungsfläche im Süden des Stadtteils im Bereich des Enzianwegs von der Bebauung der vorhergehenden Bebauungsphasen ab.

5.5.3 Der Stadtteil Roter Hügel

Der Stadtteil Roter Hügel ist ein typischer Vertreter eines Stadtteils, der sich erst in den letzten Jahrzehnten im Zuge der Expansion der Kernstadt im Randbereich Bayreuths entwickelt hat.

Der Bereich des heutigen Stadtteils Roter Hügel wurde erstmalig um 1850 als Siedlungsgebiet erwähnt. Es entstand ein einzelnes Gehöft, das zur Siedlung Obsang gehörte. Die Stadtgrenze Bayreuths lag zu diesem Zeitpunkt noch weiter westlich. Eine erste größere Besiedlungswelle wurde in den 30-er Jahren am Roten Hügel eingeleitet. Es entstand die sogenannte "SA Dankopfersiedlung" im Bereich südlich bzw. nördlich des Kiefern- bzw. Ahornwegs. Erstellt wurden Einfamilienhäuser, die hauptsächlich von Arbeitern bewohnt wurden.

Nach dem Zweiten Weltkrieg änderte sich die Struktur der Bewohner. Einfache und mittlere Beamte nutzten in immer stärkeren Maße das Siedlungsgebiet, so daß um 1960 die Beamten und Verwaltungsangestellten die Haupterwerbsgruppe unter der Wohnbevölkerung des Roten Hügels stellten. Diese Durchmischung zeigte sich auch im Baustil der Häuser. War die Arbeitersiedlung aus den 30-er Jahren durch gleichförmige Bebauung gekennzeichnet, so fanden nun individuelle Wohnwünsche stärker Eingang in den Neubau und die Umgestaltung von Häusern. Der Grünstreifen im Bereich zwischen Kiefern- und Ahornweg diente den Bewohnern der ehemaligen Dankopfersiedlung als Naherholungsraum und Treffpunkt. 1951 wurde jedoch gegen die Proteste des Mieterverbandes ein Bauvorhaben der GEWOG genehmigt, die hier 28 Einfamilienhäuser errichten ließ. Um 1960 begann allmählich die Ausdehnung der Siedlung in Richtung Süden. Zunächst wurde das Dreieck zwischen Bergweg - Preuschwitzer Straße - Am Waldrand erschlossen und bebaut. Die Bebauung zwischen Preuschwitzer Straße, Holunderweg und entlang der Rheinstraße zeigte bereits in den 60-er Jahren erste Tendenzen für den zukünftigen Charakter des Stadtteils Roter Hügel. Im

Gegensatz zum nördlichen Teil des Roten Hügels, wo untere und mittlere Einkommensgruppen als Bewohner dominierten, liesen sich in den neueren Wohngebieten im Süden vornehmlich höhere Beamte und Angestellte sowie Unternehmer nieder.

Auch in den 70-er Jahren wurde das Siedlungsgebiet weiter nach Süden ausgedehnt. Waren bis zu diesem Zeitpunkt Einfamilienhäuser prägend für den Roten Hügel, trat in dieser Periode eine grundlegend neue Form der Bebauung auf: rund um die Moselstraße und im Bereich des Bodenseerings, zwischen Meranierring und Graf-Bertholdstraße entstanden die für die 70-er Jahre typischen, unter funktionellen Gesichtspunkten geplanten Hochhaussiedlungen. Die stetige Zunahme der Wohnbevölkerung am Roten Hügel schuf Nachfragepotentiale im Grundversorgungsbereich. Um dieses Nachfragepotential zu nutzen, entstand im Bereich Preuschwitzer Straße - Meranierring ein Versorgungszentrum mit einem Lebensmittel-Discounter sowie einer Bankfiliale und einigen kleinen Dienstleistungseinrichtungen.

Bild 22 Verdichtetes Wohnen im Bereich des Bodenseerings am Roten Hügel

Auch in den 80-er Jahren expandierte der Stadtteil Roter Hügel. Die Bautätigkeit konzentrierte sich vor allem auf das Gebiet um den Bodenseering. Es entstanden vornehmlich

Reihenhauszeilen und in zunehmenden Maße Einfamilienhäuser gehobenen Standarts. Durch die Eröffnung der Universität Bayreuth und des Klinikums am Roten Hügel bestand Bedarf an qualitativ hochwertigem Wohnraum in entsprechend ausgelegten Baugebieten. Der Wohnungsmangel zu Beginn der 90-er Jahre änderte die Art der Bebauung am Roten Hügel. Besonders die freien Flächen im Gebiet innerhalb des Bodenseerings standen und stehen zur weiteren Bebauung an. In Mehrfamilienhäusern werden nun zunehmend Ein- und Zweizimmerwohnungen errichtet, die den geänderten Ansprüchen der Bevölkerung an die Ausgestaltung der Wohnungen Rechnung tragen - immer mehr Ein- bis Zweipersonenhaushalte bei gleichzeitig erhöhtem Raumbedarf pro Person (vgl. Bild 22).

5.6 Das Image der Stadtteile Altstadt, St. Georgen, Grüner Hügel und Saas

Durch die Auswerung einer Haushaltsbefragung sollte dem Fragenkreis "Image" einzelner Stadtteile nachgegangen werden. Die Abfrage von Meinungen und Einstellungen der Wohnbevölkerung bezüglich ausgewählter Angebotsmerkmale, Wohnpräferenzen, sozialer Kontakte und dem Wohnstandard in den einzelnen Stadtteilen dient zur Abschätzung der Beliebtheit der Stadtteile.

Auf die Frage, welche Charkteristika des Stadtteiles von seiten der jeweiligen Bewohner als besonders positiv bewertet werden, stehen in der Altstadt, am Grünen Hügel und in der Saas die ruhige Wohnlage und die Grünflächen sowie die Zentrumsnähe (in der Altstadt) an erster Stelle der Nennungen. In St. Georgen wird demgegenüber die hohe Versorgungsqualität, insbesondere im Einzelhandel besonders positiv bewertet, zurückzuführen auf die entsprechende gute Ausstattung mit Einzelhandelsgeschäften. Auch sollte hierbei der Aspekt der Dienstleistungsversorgung (z.B. Kreditinstitute und Poststelle) nicht außer Acht gelassen werden (vgl. Abb. 38).

Differenzierter fielen die Meinungen in bezug auf negative Kennzeichen des Stadtteils aus. So wurde in der Altstadt insbesondere das Freizeitangebot kritisiert, gefolgt von der Verkehrsbelastung, am Grünen Hügel die Verkehrsbelastung und die mangelnden Kontakte zwischen den Haushalten, in der Saas das mangelnde Einzelhandels- und Freizeitangebot und in St. Georgen wiederum die Verkehrsbelastung (vgl. Abb. 38).

Auf die anschließende Frage, ob die Befragten Kontakte zu anderen Bewohner des Stadtteiles haben, war eine durchgehend positive Antwort festzustellen (vgl. Abb. 39). In der Altstadt wohnt sogar der überwiegende Teil des Freundeskreises innerhalb des Stadtteils, was hier auf ein stärker ausgeprägtes "Stadtteilbewußtsein" als in den anderen Stadtteilen hindeutet .

Abb. 38 Das Image der Stadtteile Altstadt, St. Georgen, Grüner Hügel und Saas

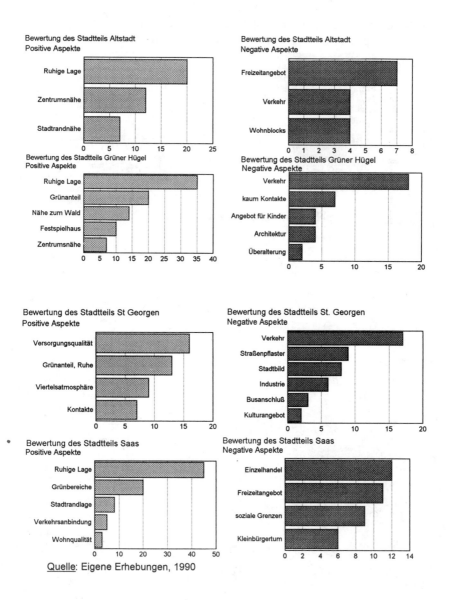

Quelle: Eigene Erhebungen, 1990

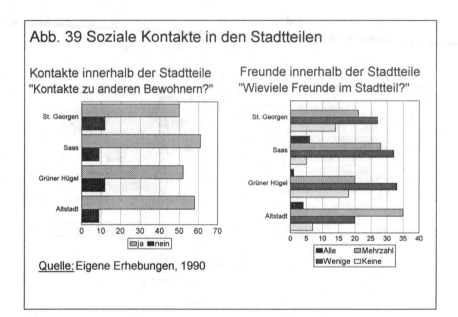

6. Zukünftige Stadtentwicklung und Visionen

Die bisherigen Ausführungen beschäftigten sich mit den abgelaufenen Stadtentwicklungsprozessen des letzten Vierteljahrhunderts in Bayreuth. Im folgenden soll nun der Blick auf die Zukunft gerichtet werden.

6.1 Rolle von Szenarien und Visionen in der Stadtentwicklungspolitik

Der Strukturwandel der Städte im Rahmen der gesamtgesellschaftlichen Veränderungsprozesse wird in Zukunft diese noch mehr herausfordern, eine aktive Stadtentwicklungspolitik zu betreiben, denn der Wettbewerb zwischen den Städten wird an Intensität zunehmen. Schlagwörter wie "City-Management"[70], "City-Marketing" oder eine "neue, kommunale Wirtschaftspolitik" belebten und beleben immer noch die Diskussion darüber, wie die Städte sich neuen, kommunalpolitischen und stadtplanerischen Anforderungen stellen sollen. Traditionelle Stadtentwicklungspolitik der Kommunen, wie sie bis Anfang der 80-er Jahre, in einigen Städten noch heute, betrieben wird, beschränkt sich auf ein bloßes Reagieren und reines "Verwalten" der anstehenden Entwicklungsprobleme. Hierbei dominieren klassische, "harte" Instrumente der Stadtverwaltung, wie Überwachung der Bauleitplanung und Regelung der Einnahmen über die Hebesätze der kommunalen Realsteuer (Grund- und Gewerbesteuer). Die Stadtentwicklungsplanung beschränkt sich im wesentlichen auf eine ad hoc-Planung und reagiert nur auf anfallende Planungsvorhaben ("Feuerwehrplanung").

Aufgrund der mangelnden Aufgabenerfüllung dieser reaktiven, traditionellen Stadtentwicklungspolitik, die den angesprochenen neuen, heutigen Herausforderungen der Städte hin zu mehr Standortkonkurrenz und Flexibilität nicht mehr entsprechen kann, werden neue Ausgestaltungsformen der Stadtplanung diskutiert. Dabei spielt auch eine vermehrte Zusammenarbeit der Kommunen im Bereich der Stadtplanung mit privaten Unternehmen - nicht zuletzt aufgrund der akuten Finanznot der öffentlichen Hand - eine Rolle. Die ersten Beispiele dieser "Public-Private-Partnership" (PPP) sind aus den USA und Großbritannien übernommen worden. Zur Öffnung der Verwaltung muß ein Wirken nach außen im Sinne einer kommunalen Marketingstrategie erfolgen, so daß der Austauschprozeß von Bürgern und Unternehmen auf der einen Seite und der Kommune auf der anderen Seite gefördert wird. Die Zielsetzung dieses Städtemarketings muß darin liegen, "die (Dienst)Leistungen der Kommune stärker auf die Bürger- und Kundenbelange auszurichten" [71]. Dies erfordert ein Umdenken der Stadtverwaltung zur Erklärung bestimmter Zielgruppen und marktsegmentspezifischer Bearbeitung. Zuerst

---

[70] vgl. z.B. Hatzfeld, U./Junker, R., City-Management - Anything goes?, in: RaumPlanung 45, 1989, S. 116-119,
[71] Braun, G.E., Töpfer, A., Marketing im kommunalen Bereich, Stuttgart 1989, S. 12

erfolgt nach innen die Entwicklung einer eigenen Stadtidentität (Binnenmarketing), bevor mit Außenmarketing geworben werden kann.

Dazu muß eine Umorientierung auf die eigenen, bestehenden Potentiale erfolgen, wobei die eigenen Potentiale und Möglichkeiten der Stadt im Rahmen einer Stärken- und Schwächen-Analyse dargestellt und daraus Folgerungen für die Stadtentwicklungspolitik gezogen werden können.

Zukunftsorientierte Stadtplanung heißt selbst agieren statt wie bisher nur reagieren. Sie ist integriert in eine gesamte Stadtentwicklungsplanung, für die es ein eigenes Leitbild und Zielsystem aufzubauen gilt. Die traditionellen Instrumente werden erweitert und eingebunden in eine querschnittsorientierte, ressortübergreifende Planung. Zukunftsorientierung heißt auch, sich Gedanken darüber zu machen, in welchen Bahnen eine Stadtentwicklung verlaufen kann. Deshalb ist es sinnvoll, sich mit "Visionen" i.S. von möglichen Entwicklungsabläufen zu beschäftigen. "Eine gute Vision erwächst aus der Balance zwischen Realitätssinn und Utopie. Vision ist das gerade noch machbare". Dieses Statement des Managementforschers SIMON zeigt auf, was eine Vision leisten kann und soll. Visionen sollen eine mögliche zukünftige Stadtentwicklung aufzeigen, die auf realistischen Annahmen basiert. Aus der Kenntnis einer gewollten, zukünftigen Situation lassen sich sodann Strategien erarbeiten, die Grundlage der Umsetzung zur Erreichung des Soll-Zustandes sind. Aus dem Charakter von Visionen ergibt sich, daß unterschiedliche Ausgangsvoraussetzungen zu unterschiedlichen Endpunkten führen können.

6.2 Problemstellung für Bayreuth, oder: "Global denken, lokal handeln!"

Vor dem Hintergrund der Europäischen Integration, dem fortschreitenden Prozeß der deutschen Wiedervereinigung und den Grenzöffnungen in Osteuropa hat sich die regionale ebenso wie die kommunale Ebene diesen veränderten Rahmenbedingungen zu stellen, da sie ihre Entwicklung in Zukunft maßgeblich beeinflussen. Einerseits erwachsen daraus Risiken für die Kommunen, wie z.B. die Verschärfung kommunaler Konkurrenzen im Hinblick auf staatliche Fördermittel, Infrastrukturen, Veranstaltungen oder die Ansiedlungs- und Standortkonkurrenzen in Städten und Gemeinden. Andererseits ergeben sich auch Chancen durch die wachsende europäische Integration, die Öffnung des osteuropäischen Raumes und die damit verbundene veränderte Raumentwicklung, gerade für Oberfranken.

Neben diesen globalen Veränderungen erhält die raum- und landesplanerische Rahmensetzung einen besonderen Stellenwert, denn die Entwicklungschancen von Städten mittlerer Größe werden auch im 21. Jahrhundert sehr eng mit deren Attraktivität und damit deren zentralörtlicher Bedeutung verbunden sein. Die Höherstufung der Stadt Bayreuth zu einem Oberzentrum durch die bayerische Landesplanung gibt demzufolge einen neuen Rahmen vor. Genauer betrachtet besteht die Zentralität gemäß der landesplanerischen Vorgaben zum einen aus einer Reihe von funktionalen Teilzentralitäten (Infrastruktur, Wirtschaft, Arbeitsmarkt, Bildungswesen, Versorgung, Kultur und Freizeit, usw.), deren jeweilige qualitative und/oder quantitative Entwicklung die zentralörtliche Bedeutung der Stadt Bayreuth erhöht. Als Projekte auf oberzentralem Niveau sind derzeit beispielsweise der zu erwartende Ausbau der Universität Bayreuth um eine 6. Fakultät für angewandte Naturwissenschaften und für angewandte Materialforschung, die Erweiterung des Klinikums durch die Herzchirurgie sowie die Reha-Klinik oder die Aufwertung der Einzelhandelsattraktivität durch die Nutzung des ehemaligen Schlachthofgeländes anzuführen. Zum anderen sieht ein erweiterter Bewertungsansatz die Berücksichtigung von Sonderfunktionen hinsichtlich der zentralen Lage Bayerns vor. D.h. es ist zu prüfen, welche Sonderfunktionen Bayreuth in bezug auf die Entwicklungen und Beziehungsgeflechte im europäischen Raum und insbesondere zu den Reformländern im Osten wahrnehmen kann.

Im Hinblick auf den geschilderten Hintergrund muß es in den kommenden 10 Jahren darum gehen, im Rahmen einer angemessenen Reaktion auf die Herausforderung "Bayreuth als Oberzentrum" sowohl von öffentlicher als auch von privatwirtschaftlicher Seite konsensfähige, zukunftsorientierte Leitbilder der weiteren Stadtentwicklung festzulegen, und aus diesen die notwendigen Handlungsfelder abzuleiten. Ein Schritt in diese Richtung sollen die folgenden Überlegungen sein, die zunächst in einem Überblick die derzeitige Situation, d.h. die Stärken und Schwächen der Stadt Bayreuth analysieren und darauf aufbauend Strategien und Maßnahmen - abgeleitet aus übergeordneten Leitbildern und Visionen - für die Stadtentwicklung von Bayreuth bis zum Jahre 2004 entworfen werden.

Ausgangspunkt sind demnach folgende Fragen:

- Welche Zielsetzungen könnte die Stadt Bayreuth mittel- und langfristig anstreben bzw. welche "Unternehmensphilosophie" wäre festzulegen?

- Wie sollte, abgeleitet aus der Philosophie- und Zielbestimmung, das "Produkt Bayreuth" bzw. das Leistungsspektrum von Bayreuth definiert werden?

- Worin liegen die Stärken bzw. Wettbewerbsvorteile der Stadt Bayreuth zur Erreichung dieser Ziele, und welche Schwächen bzw. Defizite gilt es hierzu abzubauen, differenziert nach zeitlichen Fristigkeiten?

- Welche konkreten Projekte bieten sich an, um die innerhalb der kommenden 10 Jahre gewünschte Entwicklung der Stadt Bayreuth realisieren zu können?

6.3. Stärken der Stadt Bayreuth, insbesondere in bezug auf die oberzentralen Einrichtungen

Als wesentliche Stärken der Stadt können angesehen werden:

- Aus kultureller Sicht gilt es die Einmaligkeit des Festspielhauses mit den alljährlich stattfindenden Richard-Wagner-Festspielen zu unterstützen.

- Bayreuth kann als Sportstadt mit attraktiven Angeboten bis hin zum national erfolgreichen Spitzensport durchaus überzeugen.

- Als weiterer Baustein der Zukunft ist die umweltorientierte Forschungsausrichtung der Universität durch die Entwicklung und Anwendung umweltschonender Technologien zu bewerten. Über die Ausbildung hinaus findet durch zahlreiche Forschungs- und Transferstellen, z.B. in den Bereichen Mittelstandsforschung erdgebundene Ökosysteme (BITÖK), Materialforschung oder im Bereich Stadt- und Regionalforschung bzw. Regionalplanung eine Verknüpfung der Universität Bayreuth mit der Region statt.

- Neben der dynamischen Entwicklung der Universität stehen die ebenfalls expandierenden, leistungsstarken Einrichtungen der beruflichen Aus- und Weiterbildung, allen voran das IHK-Bildungszentrum und das Berufsbildungs- und Technologiezentrum der Handwerkskammer Oberfranken.

- Ein Blick auf die medizinische Versorgung weist Bayreuth eine Spitzenposition in Oberfranken zu. Das umfangreiche bestehende Krankenhaus- und Rehabilitationsangebot wird durch eine Herzchirurgische Klinik sowie eine Geriatrische Tagesklinik ausgebaut und strebt durch einen Verbund der ansässigen Kliniken die IV. Versorgungsstufe an.

- Schließlich zeichnet Bayreuth das Angebot an höherrangigen staatlichen Leistungen wie Regierung, Landratsamt, Landgericht, Fach- und Sonderverwaltungen sowie sonstigen zentralen Einrichtungen wie Industrie- und Handelskammer und Handwerkskammer aus.

6.4 Leitbilder und Visionen für die zukünftige Entwicklung des Oberzentrums Bayreuth

Die Leitbilder einer technologie- und ökologieorientierten Stadtentwicklung gehen als Grundlage in die Entwürfe von Zukunftsbildern der Stadt Bayreuth im Jahr 2004 ein. Diese beziehen sich thematisch auf die Bereiche "Gesundheit-Mensch-Technik", "Brückenkopf nach

Osten", "Wissenschafts- und Bildungsstadt" sowie eine Konsensvision, welche die vorangegangenen Visionen zu einer ganzheitlichen Entwicklungsperspektive zusammenfaßt.

Als strategischer Ansatz wird die Schaffung eines sog. "kreativen Milieus" vorgeschlagen, indem durch die Mobilisierung des sozialen, kulturellen wie ökonomischen Potentials ein fruchtbarer Boden für die Dynamik zukünftiger Entwicklungen besteht, also langfristig die Innovationsfähigkeit gestärkt wird. Diese Strategie setzt bei den Akteuren, den materiellen und finanziellen Ressourcen sowie einer Kultur der Konkurrenz, Kooperation, Kommunikation, Kreativität, Konfliktlösungsfähigkeit an, d.h. die betont die eigenständige Entwicklung der Stadt Bayreuth.

Im Vordergrund der Visionen komplexer Zukunftsbilder der Stadt Bayreuth im Jahr 2004 stehen die Potentiale, aber auch die Schwächen von Bayreuth. Hinter diesen Zukunftsbildern steht der Entwurf "wünschbarer Zukünfte" bzw. die Frage, "was wollen wir im Jahr 2004 sein?", die in die Strategien- und Maßnahmenplanung eingehen und so zu "möglichen Zukünften" bzw. der Frage "was können wir sein?" führen. Die entworfenen Visionen sind dabei als Situationsberichte aus dem Jahr 2004 zu verstehen.

Vision I "Mensch-Gesundheit-Technik"

In dieser Vision werden die durch das wachsende Umwelt- und Gesundheitsbewußtsein geprägten neuen Lebensformen der Bevölkerung mit einer Gewerbepolitik verknüpft, die medizintechnische Betriebe forciert und für eine enge Einbindung der sonstigen gesundheitsorientierten Ausbildungs- und Angebotsformen sorgt. Was das Gesundheitswesen anbetrifft, erreichten im Klinikbereich sowohl die geriatrische Tagesklinik als auch die herzchirurgische Klinik nach kurzer Betriebszeit bereits ihre Kapazitätsgrenzen. Durch den Verbund der ansässigen Kliniken zu einem Angebot der Versorgungsstufe IV mit einer zentralen Klinikverwaltung erweiterte sich der Einzugsbereich bzw. erhöhte sich die Zahl der Patienten. Aufgrund der anhaltenden Tendenz der Überalterung der deutschen Bevölkerung stieg die Nachfrage nach Seniorenhilfe- und Pflegedienstleistungen seit den 90-er Jahren weiter an. Durch das Angebot einer spezialisierten Ausbildung als Altenpfleger(in), die in die Berufsfachschule für Krankenpflege integriert wurde, antwortete die Stadt Bayreuth auf dieses Defizit. Damit behält Bayreuth aufgrund der Vielzahl von Ausbildungsmöglichkeiten in der Krankenpflege sowie dem spezialisierten Krankenhausangebot seine Sonderstellung in der Region.

In dem Maße wie die Erweiterung der Kliniken in Bayreuth feste Formen annahm, forcierte die Wirtschaftsförderung die Ansiedlung von Unternehmen im medizintechnischen Bereich. Ein Erfolg dieser Bemühungen zeigt sich heute in Unternehmen mit innovativem Charakter, beispielsweise im Bereich herzchirurgischer Apparate und Geräte. Die Qualität der medizintechnischen Leistungen wird nicht zuletzt durch eine Koordinationsstelle gewährleistet, die für einen ständigen Austauschprozeß über Ansprüche und Lösungsmöglichkeiten zwischen Mediziner, Patienten und Ingenieuren sorgt. Ein an diese Koordinationsstelle angeschlossener Verein von Vertretern der Ärzteschaft wie der medizintechnischen Unternehmerschaft sorgt darüber hinaus für die überregionale Vertretung auf Fachkongressen und -messen.

Von den spezialisierten Fachkliniken im Bereich Herzchirurgie, Geriatrie, Psychiatrie sowie Rehabilitation profitierte auch das Kongreßwesen in Bayreuth. Trotz der Konkurrenz zahlreicher Städte hat sich der Standort Bayreuth in der Veranstaltung von medizinischen Fachtagungen mittlerweile etabliert, nicht zuletzt aufgrund des hohen Bedarfs an Kontakten und Informationsaustausch zwischen dem ost- und westeuropäischen Medizinsektor.

Seit das wachsende Ernährungs- und Gesundheitsbewußtsein der Bevölkerung in den 90-er Jahren einen neuen Stellenwert bekam, häuften sich die Nachfragen nach Dienstleistungen in diesem Sektor. Diesen Trend nahm Bayreuth dahingehend wahr, daß an die Landwirtschaftsschule des Amtes für Landwirtschaft und Bodenkultur eine Fachakademie für Ernährungswissenschaften angegliedert wurde, die eng mit dem Nahrungsmittelsektor (u.a. der Brauereibranche) bzw. der Landwirtschaft kooperiert. Diese Zusammenarbeit äußert sich zum einen in den gemeinsamen wissenschaftlichen Arbeiten im Bereich der Lebensmittelforschung, zum anderen in der Koordination neuer technischer/naturwissenschaftlicher/ökologischer Entwicklungen mit den veränderten Ernährungsgewohnheiten. So konnte beispielsweise der Anbau spezieller hochwertiger Produkte in der Region für den heimischen Markt (Gewürze, Kräuter, Kunststoffersatz) verstärkt werden. Als ein weiteres Ergebnis dieses Projektes werden die neuen qualifizierten Arbeitsplätze im Beratungswesen für Ernährung, angelagert an das Landwirtschaftsamt betrachtet, die das u.a. durch die europäische Agrarpolitik verursachte Freiwerden von landwirtschaftlichen Arbeitskräften in der kleinbäuerlich strukturierten Region mitauffingen.

Die Gesundheit stand auch im Mittelpunkt bei der Bewertung der Stadt bzw. der Region als Lebensraum, die in der Gesellschaft der 90-er Jahre immer mehr als gefährdetes Ökosystem begriffen wurden. Daraus entwickelten sich langfristig neue, umweltentlastende Lebens- und Wohnformen, die seitdem durch die Bewilligung privater Initiativen oder mittels der Infrastrukturförderung von der Stadt Bayreuth aktiv unterstützt werden: neben dem erwähnten Gesundheitswesen zählen dazu regionsindividuelle Kultureinrichtungen, der Spiel-, Sport- und Freizeitberich oder Teile der Verkehrsinfrastruktur (v.a. die Vermeidung und Beruhigung des innerstädtischen Verkehrs). Elemente, die auch als wesentliche Betandteile in das Gesamtkonzept für die Innenstadt eingingen. Nach sorgfältiger Prüfung der Verwendungsvielfalt und der spezifischen Wirkungsgrade wurde auch dezentralen Ver- und Entsorgungskonzepten wie z.B. Energiesystemen, die entwicklungsfähige regenerative Energiepotentiale berücksichtigen, der Vorzug gegeben. Neue Formen zeigen sich zudem im Wohnungswesen, durch die Durchmischung kleinerer und größerer Wohnungen bei zwei- bis dreigeschossiger Bauweise innerhalb einzelner Wohnanlagen, die bauliche Verdichtung, die günstige räumliche Zuordnung von Funktionsstandorten, die ÖPNV-Anbindung oder die Berücksichtigung ökologischer Gesichtspunkte wie Baubiologie, Energiesysteme, flächensparende Erschließung bzw. geringstmögliche Bodenversiegelung.

Vision II "Bayreuth - Brückenkopf nach Osten"

Kernpunkt dieser Vision ist die Entwicklung von Bayreuth zu einem Ost-West-Handelszentrum durch die Konzentration distributiver Dienste. Begünstigt durch die enge Nachbarschaft und Wirtschaftspartnerschaft zum aufstrebenden Wirtschaftsraum Westböhmen ebenso wie Verbindungen zum weiteren osteuropäischen Raum bewährt sich Bayreuth als "Experte" für den Außenhandel aus Ost und West. Als zentrale Einrichtung bietet das Informations- und Beratungszentrum für Osthandel generelle Informationen über die politische, wirtschaftliche und soziale Situation in den einzelnen Ostländern, Beratungsleistungen in speziellen Fragen, Vermittlungsdienste bei konkreten Kontakten zu Unternehmen im Osten sowie fachliche Betreuung in osthandelsspezifischen Wirtschafts- und Rechtsfragen. Die Dolmetscher- und Übersetzerdienste, die besonders von kleinen und mittelständischen Unternehmen beansprucht werden, ergänzen das Angebot des Dienstleistungszentrums, dem als Wirtschafts- und Imagefaktor der Stadt Bayreuth eine tragende Rolle zukommt.

Die Konzentration von Wissen und Erfahrung in Ost-West-Beziehungen wird darüber hinaus im Ausbildungs- und Forschungskonzept der Universität aktiv unterstützt. Zum einen setzen sich die Fachbereiche Wirtschaft, Recht, Geographie sowie Slawistik mit östlichen Fragen bzw. Sprachen, vertieft durch einen regen Praktikanten- und Studentenaustausch auseinander, zum anderen tragen gemeinsame Forschungsprojekte und Partnerschaften mit Universitäten bzw. Akademien der Wissenschaften in der Tschechei, der Slowakei, Ungarn, den GUS-Staaten zu einem einmaligen wissenschaftlichen Austausch zwischen Ost und West bei, der durch regelmäßig abgehaltene Symposien und Kongresse intensiviert wird.

Durch die Verbesserung der straßen- und schienengebundenen Verkehrsmagistralen in Ost-West-Richtung avanciert Bayreuth zu einem zentralen Standort auf der europäischen Entwicklungsachse. Aufgrund der Angleichung der Transportkosten innerhalb Europas und mit den osteuropäischen EU-Anwärtern kann sich ein Logistikzentrum zur Durchführung logistischer Dienstleistungen zwischen Ost und West durch seine zentrale Lage an der Autobahn behaupten. Darüber hinaus erhielt Bayreuth den Zuschlag für das Frachtpostzentrum der Deutschen Bundespost, mit dem Ziel, daß Oberfranken in bezug auf die Verteilung der Paketfracht gegenüber den Ballungsräumen konkurrenzfähig bleibt.

Mit der Entwicklung zu einem bedeutenden Handelszentrum sind weitreichende sonstige wirtschaftliche Impulse verbunden. Neben dem Ausbau der unternehmensnahen Dienstleistungen wie beispielsweise Unternehmensberatern, Rechtsanwälten, Spediteuren oder privaten Datenbanken sind einmal die Zuwächse im Tagungs- bzw. Geschäftsreisetourismus mit Gästen aus ganz Europa und zum anderen der erfolgreiche Aufbau einer Tourismuszentrale für Reisen nach Osteuropa besonders zu erwähnen.

Vision III "Bayreuth als Wissenschafts- und Bildungsstadt"

Nachdem man in den 90-er Jahren Defizite im universitären Bereich feststellte, dahingehend, daß v.a. die angewandte Forschungstätigkeit weiter gestärkt werden muß, der Technologietransfer intensiviert und schneller erfolgen muß sowie die Aus- und Fortbildung im technischen Bereich erweitert werden muß, kann man heute auf folgende Erfolge zurückblicken. Die länderübergreifende, aber auch internationale Reputation von Bayreuth als Universitätsstandort konnte durch die Fertigstellung der 6. Fakultät "Angewandte Naturwissenschaften" und den erfolgten Ausbau der Ingenieurwissenschaften nochmals gesteigert werden. Somit konnte die bereits in den 90-er Jahren vorhandene Umweltorientierung durch die Forschung und Ausbildung auf dem Gebiet der Materialwissenschaften und des ökologisch technischen Umweltschutzes weiter optimiert werden. Einen wesentlichen Beitrag zur innovativen Kooperation zwischen Wissenschaft und Wirtschaft leistet u.a. das in die 6. Fakultät eingebundene Institut für Materialwissenschaften (IMA), das anwendungsbezogene Grundlagen für neue Verbundwerkstoffe erarbeitet und durch zahlreiche Forschungskooperationen aktiv zum Technologie-Transfer mit kleinen und mittelständischen Unternehmen beiträgt.

Um die Berührungsängste von Unternehmen mit den Innovations- und Technologie-Transfer-Agenturen abzubauen, wurden weitere Agenturen bei bereits existierenden unternehmensnahen Institutionen (Kammern, Universität usw.) angesiedelt. Unter diesem Vorzeichen fand die Verwirklichung des Konzepts "Wissenschaftspark Bayreuth" statt, der formal und operational in Verbindung mit der Universität Bayreuth steht. Die Wissenschaftspark-GmbH übernahm eine Brückenfunktion zwischen der regionalen Wirtschaft und der Wissenschaft, dadurch, daß einerseits hochqualifizierten Absolventen sowie Angestellten der Universität der Schritt ins Unternehmerdasein erleichtert wird sowie andererseits der Technologie- und Wissenschaftstransfer für FuE-intensive Unternehmen aus der Region gefördert werden kann.

Als langfristige Zielsetzung verfolgte die Stadt Bayreuth das Konzept der offenen Aus- und Weiterbildung, das die unablässige Anpassung der einmal errungenen Qualifikationen in weiteren Ausbildungsstufen oder Lern-Intervallen erfordert. Hierbei wurde ein regionalisiertes Ausbildungs- und Weiterbildungssystem propagiert, das jedem einzelnen zunächst eine breite Grundausbildung - die gemäß den laufenden Anforderungen, Techniken und Verfahren aktualisiert wird - ermöglicht und durch eine (berufs-)lebensbegleitende Weiterbildungs und Qualifizierung ergänzt ist. Diese Seminare und Lehrgänge werden von privaten Schulen, Fachakademien, Verbänden, den Kammern sowie im Rahmen überbetrieblicher Forschungs- und Weiterbildungskooperationen abgehalten. Hierbei orientierte man sich thematisch an den zukunftsorientierten, leistungsfähigen Bereichen Umwelt, Medien, Kommunikation, Ernährungswissenschaften und Touristik. Mit Hilfe dieses Konzepts konnten arbeitsmarktstrukturelle Disparitäten abgebaut und Sockel- bzw. Schlüsselqualifikationen wie Planungs-, Entscheidungs- und Methodenkompetenz vermittelt werden. Die wachsende Zahl gut ausgebildeter Arbeitnehmer im oberfränkischen Raum stellen seitdem einen wichtigen Standortfaktor für junge und innovative Unternehmen dar. Des weiteren wurde die Hervorbringung von sog. "Jungunternehmern" und innovationsorientierten Unternehmen nicht dem Zufall überlassen: regelmäßig werden Betriebsgründerschulungen und -seminare sowie die Qualifizierung von Betriebsleitern und Managern durchgeführt. Da das Handwerk im Raum Bayreuth die Funktionen sowohl einer "Brutstätte" für Innovationen und Unternehmensgründungen sowie als Ausbilder erfolgreich innehat, wurde ergänzend ein Handwerkerhof gegründet, der jungen Handwerkern den Schritt in die Selbständigkeit erleichtert bzw. die Nutzung von Synergieeffekten ermöglicht.

Allerdings hatten diese Maßnahmen zur Aus- und Weiterbildung neben erheblichen Investitionen im infrastrukturellen Bereich zur Folge, daß qualifikationsadäquate Einsatzmöglichkeiten einer Abwanderung Höher- und Hochqualifizierter entgegenzusetzen waren. Dabei griff man auf eine mittel- bis langfristige Strategie der regionalen Entwicklung zurück, mit dem Ziel, durch die Schaffung eines "kreativen Milieus" eine sukzessive Generierung von Innovationen und eine Verbesserung der Diffusion zu erreichen. Diese setzt an der Produktionsfaktorenausstattung des Raumes Bayreuth an, d.h. der Bereitstellung von qualifizierter Arbeit (und damit einer Mehrnachfrage nach innovationsrelevanten Informationen), von Informationen (Innovationsberatungs- und Technologie-Transfer-Einrichtungen) und von Finanzkapital (Risiko-Kapital-Fonds).

Vision IV "Konsensvision"

Die Konsensvision stellt einen Versuch dar, die vorangegangenen Visionen zu einer ganzheitlichen Entwicklungsperspektive zusammenzufassen. Als Ausgangsbasis der Konsensvision dient mehr oder weniger das Bild der Wissenschafts- und Bildungsstadt, das der bisherigen Bedeutung der Universität Bayreuth mit ihren positiven struktur- und regionalpolitischen Auswirkungen Rechnung trägt. In ähnlicher Weise beeinflussen zudem die expandierenden Einrichtungen der beruflichen Aus- und Weiterbildung die gesamte Entwicklung des Raumes Bayreuth. Die Verwirklichung einer Wissenschafts- und Bildungsstadt schließt dabei das Ziel eines zukunftsorientierten Wirtschaftsstandortes mit engen Beziehungen zu den mittel- und osteuropäischen Regionen sowie die Orientierung am neuen Umwelt- und Gesundheitsbewußtsein zur Steigerung der Attraktivität als Lebens- und Wohnraum mit ein. Demzufolge kann man sich die Situation in Bayreuth im Jahr 2004 wie folgt vorstellen:

Die Stadt Bayreuth konnte ihr Entwicklungspotential sowohl im Hinblick auf den Wirtschafts- wie auch auf den Wohnstandort in vielfältiger Weise nutzen. Als Kristallisationspunkte der weiteren Entwicklung von Bayreuth erkannte man in den 90-er Jahren die Bedeutung von Bildung und Wissenschaft als Antwort auf den Qualifikationswandel durch die neuen Techniken. Durch das Konzept der offenen Aus- und Weiterbildung erhöhte sich die Zahl der fachübergreifend ausgebildeten Arbeitnehmer auf "high-tech-Niveau", v.a. in zukunftsorientierten Berufssparten, wie Ernährungswissenschaften, Medien, Kommunikation, Umwelt und stellt heute einen wichtigen Standortfaktor für die Unternehmen dar. Den gezielten Ausbau der umweltorientierten, angewandten Forschungstätigkeiten, verbunden mit der Stärkung des technischen Bereichs, verschafft der Universität Bayreuth einen Vorsprung, der sowohl von seiten der ansässigen Wirtschaft in Form einer hohen Kooperationsbereitschaft als auch in wissenschaftlichen Kreisen seine Anerkennung findet. Hier zeichnet sich besonders der Erfolg der einzelnen Technologie-Transferstellen und allen voran des Wissenschaftsparks Bayreuth ab, wodurch eine technologische und wissenschaftliche Partnerschaft den mittelständischen Betrieben, als Keimzellen des neuen Wirtschaftspotentials, einen raschen Zugang zum neuesten Stand wissenschaftlicher Erkenntnisse für die praktischen Anwendung sichert. Im Zuge der Liberalisierung der osteuropäischen Länder gelang es der Universität Bayreuth darüber hinaus, einen regen Austausch auf den Gebieten Forschung und Lehre aufzubauen, die sich heute als Ressourcen positiv auf Bayreuth als Ost-West-Zentrum auswirken.

Im Wirtschaftssektor kann mithin auf eine positive Entwicklung der qualifizierten Arbeitsplätze zurückgeblickt werden, einmal in bezug auf die Etablierung des Ost-West-Handelszentrums, welches durch die Verbesserung der Verkehrsanbindung neue Anziehungskräfte ausstrahlt, und damit verbundenen unternehmensnahen Dienstleistungen. Zum anderen führen die langfristigen Maßnahmen zur Steigerung der Anpassungs- und Wettbewerbsfähigkeit, allen voran die Beschleunigung der Diffusion von Prozeßinnovation, zu einer erhöhten Nachfrage nach qualifizierten Arbeitsplätzen. Dabei hat sich das Branchenspektrum einerseits zugunsten von Zweigen verschoben, die hochwertige Güter überwiegend im High-Tech-Bereich produzieren (Maschinenbau bzw. Umwelttechnik, Energietechnik, Medizintechnik). Andererseits konnte sich das Handwerk in bezug auf seine Stellung als Innovator und durch seine spin-off-Effekte, die durch den Junghandwerkerhof weitere Impulse erfuhren, mit einer Zunahme an Arbeitsplätzen behaupten. Letztlich wuchs die Bedeutung des tertiären Sektors, allen voran des Gesundheitswesens als Wirtschaftsfaktor durch die Erweiterung des Klinikkomplexes und die damit in Beziehung stehende Ansiedlung von Unternehmen im Sektor Medizintechnik, aber ebenso durch das erweiterte Angebot an sonstigen Dienstleistungen im Gesundheits- und Ernährungssektor.

Auf dem Tourismussektor erhielt v.a. der Tagungs- und Kongreßtourismus Anschübe durch die neuen Ost-West-Verbindungen, die Fachtagungen im Bereich Medizin sowie die mit der Universität in Verbindung stehenden wissenschaftlichen Symposien und Tagungsveranstaltungen, während der Städte- und Kulturourismus von der allgemeinen dynamischen Stimmung Bayreuths, die u.a. durch die Imagekampagne nach außen getragen wurde, profitiert.

Von diesen Rahmenbedingungen gingen postive Impulse auf die Lebensqualität im Raum Bayreuth aus, d.h. es entstand ein neues Bewußtsein im Hinblick auf die Wohn- und Lebensformen. Als Stichpunkte seien hier die Zunahme an dezentralen Ver- und Entsorgungskonzepten, regionsindividuelle Kultur-, Sport- und Freizeiteinrichtungen, eine verstärkte Funktionsmischung innerhalb der Stadt oder die konsquente Umsetzung sozialer wie ökologischer Gesichtspunkte im Wohnungswesen angeführt.

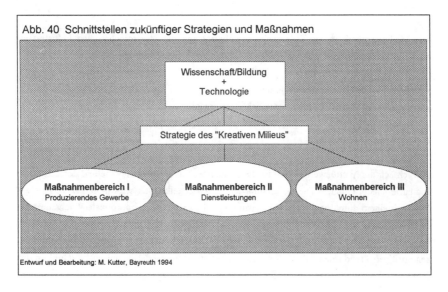

6.5 Strategien und Maßnahmen zur Umsetzung der Konsens-Vision

Eine Stärkung der (Standort-)Attraktivität von Bayreuth ist zu erwarten, wenn die Defizite und die vorhandenen Stärken aufgedeckt und angepaßte Handlungskonzepte abgeleitet werden. Bei der Konkretisierung der Konsensvision für die Stadt Bayreuth werden ausgewählte Schnittstellen zwischen den Bereichen Bildung/Wissenschaft/Technologie und dem Wirtschafts-/Wohnstandort Bayreuth herausgearbeitet, die mit Strategien und Maßnahmen belegt werden sollen.

6.5.1 Förderung konkreter Maßnahmen - das Beispiel der Teilbranche Medizintechnik als mittel- bis langfristiges Ansiedlungskonzept

Um die allgemeinen Ausführungen etwas deutlicher werden zu lassen, sei als ein Beispiel die Teilbranche Medizintechnik als mittel- bis langfristiges Ansiedlungskonzept ausgewählt. Durch die beschlossene Erweiterung des Klinikwesens in Bayreuth um die Fachbereiche Herzchirurgie und Geriatrie wächst auch die Bedeutung des medizinisch-technischen Sektors im Bereich Diagnostik, der Therapie und der Rehabilitation weiter an. Der Anteil der Gesundheitsausgaben am Bruttosozialprodukt erhöhte sich in Deutschland von 0,4 % im Jahr 1970 auf ca. 10 % im Jahr 1998. Das steigende Gesundheitsbewußtsein der Bevölkerung und die Zunahme von (chronischen) Zivilisationskrankheiten lassen die Ausgaben im Gesundheitswesen auch im 21. Jahrhundert weiter ansteigen. Die Nachfrage nach Erzeugnissen der Medizintechnik wächst dynamisch mit.

Die Medizintechnik ist als Teilbranche sowohl eng mit der elektrotechnischen Industrie als auch der Feinmechanik/Optik verbunden und umfaßt folgende Produkte:

- Medizinische Untersuchungsgeräte,
- ärztliche, zahnärztliche und tierärztliche Instrumente,
- Behandlungsgeräte,
- orthopädische Erzeugnisse.

Hinsichtlich der Wettbewerbsstärke ist die Medizintechnik im oberen Mittelfeld der deutschen Industrie wiederzufinden. Die Gesamtbranche Feinmechanik/Optik wies in den Jahren 1978 - 1986 mit einem durchschnittlichen Wachstum von 7 % eine überproportionale Wachstumsrate in Deutschland auf. Der Anteil der sehr exportorientierten Medizintechnik hat sich innerhalb der Gesamtbranche in Deutschland im Zeitraum 1978 - 1986 um rd. 5 % auf 33 % erhöht. Diesen positiven Trend setzten die in Bayreuth ansässigen Betriebe der Feinmechanik/Optik in den Jahren 1988 - 1992 mit einem Beschäftigtenzuwachs von insgesamt 36 % fort. Selbst im Jahr

1993 konnte die Sparte Medizintechnik in ganz Deutschland einen Zuwachs von 0,8 % gegenüber dem Vorjahresumsatz erwirtschaften. Die Einrichtungen in Krankenhäusern und Arztpraxen, die in den letzten 10 Jahren einem Wertzuwachs von rd. 29 % unterlagen, werden durch die zunehmende Technisierung der Medizin zunehmend teurer. Durch innovative Leistungen sorgt die Branche selbst für ein dynamisches Wachstum und sichert sich als Qualitätsführer komparative Wettbewerbsvorteile gegenüber Anbietern aus dem Ausland.

Als "Science base industry" ist die Medizintechnik sehr von folgenden Standortvorteilen abhängig: hochentwickelte Infrastruktur und Qualifikation der Arbeitnehmer, in weiten Bereichen geprägt von einer handwerklichen Arbeitsweise; Faktoren, die am Standort Bayreuth vorgehalten werden, und durch mögliche Synergie-Effekte der bereits ansässigen Betriebe insbesondere der Branchen Feinmechanik/Optik und Elektrotechnik optimiert werden können. Darüber hinaus bietet das Umfeld in Bayreuth zahlreiche Synergismen zwischen medizintechnischen Betrieben und den Anwendern in Arztpraxen und v.a. in Krankenhäusern bzw. den Patienten selbst. Aufgabe von seiten der Stadtverwaltung wäre es, durch die gezielte Bereitstellung von Flächen und Infrastruktur, am besten in Kliniknähe, die Entwicklung kleiner und mittlerer Unternehmen der Medizintechnik und Mechanik zu forcieren. Zu prüfen wäre die Errichtung eines Gründer- und Technologiezentrums in Zusammenarbeit mit dem Klinikmanagement und einer medizintechnischen Ausrichtung zur Lösung individueller Detailprobleme. Aufbauend auf der bereits vorhandenen Handwerksstruktur und durch spin-off-Effekte seitens elektrotechnisch/feinmechanisch qualifizierter Arbeitnehmer könnten durch das Gründerzentrum beispielsweise die Bereiche Orthopädietechnik oder elektromedizinische Gerätetechnik nachhaltig gestärkt werden. In Anlehnung an eine Profilierung der Medizintechnik werden sich Beratungsdienstleistungen wie z.B. in den Bereichen EDV, Marketing oder Schulungsmaßnahmen von medizinischen Pflegekräften zur Bewältigung der neuen Herausforderung ansiedeln.

6.5.2 Ausgewählte Konzepte und Maßnahmen im Bereich der Dienstleistungen

Der strukturelle Wandel in der Wirtschaft und Gesellschaft ist ohne entsprechende Dienstleistungen nicht denkbar. Dies bestätigt sich zum einen in der Zahl der Erwerbstätigen, die 1993 in Deutschland einen Zuwachs bei den privaten Dienstleistungsunternehmen von 2,1 % erfuhren, während insgesamt ein Beschäftigungsrückgang von 1,7 % eingetreten ist. Zum anderen haben die deutschen Dienstleistungsunternehmen ihre Bruttowertschöpfung im Jahr 1993 um 2,5 % gesteigert und damit das Produzierende Gewerbe (-1 %) weit abgehängt. Um die Entwicklung dieses Sektors nachhaltig zu stärken sind folgende Ziele maßgeblich, die anschließend anhand von zwei ausgewählten konzeptionellen Beispielen umgesetzt werden:

- Stärkung des überbetrieblichen Aus- und Weiterbildungsangebots,

- Unterstützung von Betriebsgründungen,
- Technologie- und innovationsorientierte Wirtschaftsförderung,
- Stärkung der Leistungskraft und Wettbewerbsfähigkeit ansässiger Betriebe.

Ein Blick nach Japan, USA oder auch Holland unterstreicht das für Unternehmer selbstverständlich gewordene "outsourcing", d.h. die Delegation von Dienstleistungen oder Produktionsaufgaben an fremde, darauf spezialisierte Unternehmen. Vor diesem Hintergrund bestehen in Bayreuth zweifelsohne Defizite, z.B. auf dem Gebiet Verkehr und Nachrichtenübermittlung, was allein die Prozentanteile der in diesem Dienstleistungsbereich Beschäftigten von 7,3 % in Bayreuth gegenüber den Nachbarstädten Bamberg mit 11,1 % und Hof mit 16 % bestätigen. Um der Zunahme der strategischen Bedeutung der Logistik sowie der Schnittstellenfunktion zu osteuropäischen Märkten Rechnung zu tragen, wird ein auf Ost-Transporte spezialisiertes Logistikzentrum in Verbindung mit dem Frachtpostzentrum der Deutschen Bundespost vorgeschlagen.

In Form eines logistischen Gewerbeparks soll in Bayreuth eine sich gegenseitig begünstigende Standortgemeinschaft von Logistikunternehmen erreicht werden. Der Gewerbepark sei dabei als ein zusammenhängendes Areal definiert, das zur Förderung der Ansiedlung kleiner und mittlerer Betriebe bereits mit privat oder öffentlich finanzierten Ver- und Entsorgungseinrichtungen ausgestattet ist. Wesentlich für den Betrieb eines Logistik-Gewerbeparks ist die optimale Kommunikationsinfrastruktur. Neben den rein verladenden Tätigkeiten stehen in diesem Logistik-Park auf die Europäische Union (EU) und Osteuropa spezialisierte Betreuungsmaßnahmen der Kunden im Mittelpunkt. Die Logistikunternehmen übernahmen u.a. folgende Arbeitsbereiche:

- Lagerhaltung,
- Verpackung und Preisauszeichnung,
- Abrechnung mit den Kunden,
- Qualitätskontrolle,
- Auftragsannahme.

Der Logistik-Gewerbepark Bayreuth hebt sich von den Konkurrenten durch das Ost-West-Handelszentrum ab, das den Speditionen vor Ort folgende Dienstleistungen anbietet:

- Datenverarbeitungszentrum, an dem die einzelnen Speditionen
- on-line angebunden sind,
- Dolmetscher- und Übersetzungsdienste,
- Versicherungsagentur,

- Wirtschafts- und Rechtsberatung, die auf die allgemeinen Deutschen Spediteurbedingungen und Fragen des Binnenmarktes sowie des Osthandels spezialisiert sind,
- Kommunikations- und Logistikleitstelle, um ein europaweit funktionsfähiges Kommunikationsnetz zwischen den Speditionen untereinander, den Auftraggebern und den einzelnen Fahrzeugen des Fuhrparks zu gewährleisten.

Darüber hinaus ermöglicht die erfolgreiche Ansiedlung des vom IHK-Verkehrsausschuß befürworteten eigenen Frachtpostzentrums für Oberfranken die Nutzung von Synergie-Effekten. Aus Sicht der Stadtentwicklung wäre es sinnvoll zu prüfen, inwieweit mit dem Logistik-Gewerbepark ein City-Logistik-System verbunden werden kann, um die Belastung des innerstädtischen Wirtschaftsverkehrs in Bayreuth zu reduzieren. Als Standort bietet sich eine Fläche in der Nähe der Autobahnausfahrt Bayreuth-Süd an der B 85 an, während ein Standort an der Autobahnausfahrt-Nord v.a. an der fehlenden Fläche scheitern wird.

Letztlich ist hervorzuheben, daß die Errichtung eines Logistik-Gewerbeparks unbedingt in Verbindung mit einem Dienstleistungszentrum stehen muß. Denn durch den Aufbau des Ost-West-Handelszentrums werden qualifizierte Arbeitsplätze geschaffen, die damit die Errichtung eines Logistik-Gewerbeparks im Hinblick auf die wirtschaftspolitische Zielsetzung legitimieren.

6.5.3 Bildungs- und Qualifizierungsansatz im Bereich der Ernährungswissenschaften

Als ein strategischer Grundbereich, der sich in einem tiefgreifenden, raschen Wandel befindet, sei hier die Ernährung herausgegriffen, aus der sich neue gewerbliche Tätigkeiten bilden und entsprechende gemeinsame Politiken erforderlich sind, um unter anderem ein Arbeitskräftepotential mit einem hohen Qualifizierungsniveau bereitzustellen. Die Ernährungswissenschaften erlangen zunehmende Bedeutung, sei es aus Sicht der Nachfrager, der gewerblichen Nahrungsmittelhersteller oder der landwirtschaftlichen Erzeuger. Genauer sind die Anbieter von Nahrungs- und Lebensmittel immer mehr auf hochtechnologisches Wissen, z.B. im Fachgebiet Biochemie bzw. Biotechnologie angewiesen, um die Produktionsanforderungen zu erfüllen. Andererseits ändert sich das Ernährungsbewußtsein der Bevölkerung, die Ernährung wird als (Mit-)Auslöser von (chronischen) Erkrankungen erkannt und erfährt einen höheren Stellenwert. Damit steigt der Bedarf an Informationen ebenso wie an Qualitätsmerkmalen der Nahrungsmittel von seiten der Verbraucher.

Um dieser Entwicklung Rechnung zu tragen, sind Maßnahmen im Ausbildungsbereich zu ergreifen, um qualifizierte Arbeitskräfte im Bereich Ernährungswissenschaften in Bayreuth und der Region zur Verfügung zu stellen. Dies rechtfertigt sich bereits heute dadurch, daß Bayreuth im Sektor Ernährungsgewerbe/Tabakverarbeitung einen wichtigen Anteil von 18,8 %

an den Beschäftigten im Verarbeitenden Gewerbe verzeichnet gegenüber einem Anteil von 11,6 % in Hof, von 9,6 % in Coburg und von 7,1 % in Bamberg.

Als naheliegende Lösung steht entweder die Erweiterung der Landwirtschaftsschule des Amtes für Landwirtschaft und Bodenkultur oder die landwirtschaftlichen Lehranstalten des Bezirks Oberfranken in Form eins Institutes oder einer Fachakademie für Ernährungswissenschaften zur Diskussion. Durch die Kombination der Landwirtschafts- und Ernährungswissenschaften können einerseits Synergismen, beispielsweise auf lebensmitteltechnologischem Gebiet, genutzt werden und andererseits landwirtschaftliche Aus- bzw. Fortzubildenden eine Zusatzqualifikation angeboten werden. Letztere dürfte gerade im Hinblick auf den Wandel der agrarwirtschaftlichen Betriebsstrukturen eine interessante Perspektive darstellen. Der Aufbau dieser Ausbildungsstätte soll unter einem anwendungsorientierten Vorzeichen stehen, d.h. eine enge Kooperation mit den zahlreichen in Bayreuth ansässigen Nahrungsmittelherstellern wie z.B. den Brauereien ist Voraussetzung. Als weiterer Schwerpunkt sollten Aus- bzw. Fortbildungsmaßnahmen in den Diziplinen Beratung und Marketing erfolgen, um eine fachgerechte Vermarktung von Produkten ebenso wie das Angebot an Beratungsdienstleistungen zu gewährleisten.

6.5.4 Maßnahmen im Bereich Wohnen

Die landschaftliche Attraktivität sowie die im Verhältnis zu den Verdichtungsräumen relativ günstigen Grundstücks- und Wohnungspreise machen Bayreuth als Wohnstandort interessant. Um dieses Attribut bis zum Jahr 2004 und darüber hinaus zu erhalten, sind auch im Wohnungswesen zukunftsorientierte Elemente aufzugreifen und umzusetzen.

Geht man von einer wachsenden Bevölkerungszahl in Bayreuth aus, spielt die Verfügbarkeit von geeignetem Wohnbauland eine zentrale Rolle, um der hohen Nachfrage nach Wohnungen bzw. dem Trend zum Eigenheimbau nachzukommen. Allerdings sollte das Hauptaugenmerk anstelle der Neuausweisung von Wohngebieten zunächst auf der Nutzung und Erhaltung bestehender Wohneinheiten sowie der Innenentwicklung liegen, um die Versiegelung neuer Flächen zu minimieren.

Ein zentrales Ziel stellt der Erhalt der Wohnfunktion in der Bayreuther Innenstadt dar, welches durch die neue Wertschätzung innerstädtischer Wohnstandorte - v.a. auch durch studentische Wohngemeinschaften und Senioren mit einer eingeschränkten Mobilität - in Zukunft leichter zu realisieren sein wird. Eingebunden in ein Gesamtkonzept der Innenstadtentwicklung unter Berücksichtigung sozio-kultureller (Freizeit-)Einrichtungen, des Einzelhandels, der Dienstleistungen und v.a. des Verkehrs soll bei innerstädtischen Entwicklungsvorhaben durchgesetzt werden, daß die oberen Stockwerke als Wohnungen genutzt werden.

Als Möglichkeiten der Innenentwicklung bzw. einer behutsamen Flächenwirtschaft differenziert man folgende Baulandpotentiale: Brachflächen, Baulücken und die Nachverdichtung ("Bau in zweiter Reihe"). So könnten z.B. auf einem Teil der noch genutzten Gelände und Gebäude der US-Army oder der Bundeswehr sowie innerstädtischen Gewerbebrachen Wohnungen nach dem Prinzip des individuell-verdichteten Wohnens errichtet werden. In der Umsetzung bedeutet dies, neben einer abgeschlossenen Wohnung die gemeinsame Nutzung bestimmter Räume, wie Waschküche, Werkstatt, Hobbyraum, usw. und Grünflächen vorzusehen. Derartige Modelle stellen Lösungen dar, kurzfristig und relativ günstig Wohnraum für einkommensschwächere Gruppen zu erschließen.

Wesentlich ist in Zukunft die Überwindung der räumlichen Trennung von Arbeiten und Wohnen. D.h. die Siedlungsausweitungen sind unter dem Vorsatz einer günstigeren räumlichen Zuordnung von Funktionsstandorten vorzunehmen. Darüber hinaus muß die Dimensionierung der Flächenausweisungen einerseits stärker unter dem Gesichtspunkt der Tragfähigkeit der Infrastrukturausstattung und der ÖPNV-Anbindung erfolgen und andererseits ein zusammenhängendes System von Freiflächen zwischen der Stadt und dem stadtnahen Umland gewährleisten (UVP). Eine Ausdehnung der Siedlungsflächen unter diesen Prämissen wäre dann beispielsweise in Richtung Heinersreuth oder Oberpreuschwitz denkbar.

Um die Wohnattraktivität Bayreuths zu erhöhen, sollte sowohl bei Sanierungen als auch auf neu ausgewiesenen Wohnbauflächen das kosten- und flächensparende Bauen unter Einbeziehung innovatorischer Impulse obenan stehen. Dabei stehen folgende Ziele im Mittelpunkt:

- Schaffung eines gesunden, ökologisch orientierten Wohnumfeldes sowie
- Einsatz energie- und ressourcensparender Techniken im Bereich Raumwärme, Wasserversorgung einschließlich der Verwendung umweltverträglicher Baustoffe.

An erster Stelle stehen die Minimierung der Flächeninanspruchnahme, z.B. durch eine zentrale Anordnung der Garagen und Stellplätze im Eingangsbereich der Wohngruppen, und der Bodenschutz, z.B. durch offene Oberflächenbelege. Als Bestandteil einer umweltverträglichen Grundausstattung gilt im Handlungsfeld Energie die Stellung der Gebäude zur bestmöglichen Ausnutzung der Sonnenenergie, die Hierarchisierung der Grundrisse nach wärmeenergetischen Grundsätzen, ein Optimum an Wärmebewahrungsmaßnahmen sowie der Einsatz moderner Heizungssysteme mit einer Reduzierung des Primärenergiebedarfs. In bezug auf die Wasserversorgung der Haushalte ist die Bauweise mit subsidiaren Wasserkreisläufen, bei denen das reine Trinwasser nach Gebrauch erst in einen Brauchkreiswasserlauf gelangt und dann nach nochmaliger Verwendung erst letztlich über die WC-Spülung in die Kanalisation gelangt. Eine weitere Alternative ist das Auffangen und Sammeln von Regenwasser für Einsatzbereiche, die keine Trinkwasserqualität erfordern, wie z.B. Freiflächenbewässerung, Wasch- und Reinigungsvorgänge im Außenbereich sowie eingeschränkt im Innenbereich. Die Nutzung von Regenwasser bzw. Brauchwassersystemen sollte in Neubaugebieten und nach Möglichkeit auch in Sanierungsgebieten konsequent gefördert werden. Konkrete Planungserfahrungen sammelt hier die Gemeinde Neudrossenfeld im Rahmen eines staatlich unterstützten Modellprojekts für ökologischen Wohnungsbau.

7. Zusammenfassung

Vor dem Hintergrund der Globalisierung in Wirtschaft und Politik, der Europäischen Integration, dem Prozeß der deutschen Wiedervereinigung und den Grenzöffnungen in Osteuropa hat sich die regionale ebenso wie die kommunale Ebene diesen Rahmenbedingungen, die ihre Entwicklung bis in das 21. Jahrhundert maßgeblich beeinflussen werden, zu stellen. Neue Herausforderungen ergeben sich darüber hinaus durch den Wandel in der wirtschaftlichen Struktur, der sich v.a. in Verschiebungen in der Technologie wie im Wandel der Tätigkeitsfelder ausdrückt. Neben diesen globalen Veränderungen schafft die raum- und landesplanerische Rahmensetzung Entwicklungschancen, die der Stadt Bayreuth durch die Höherstufung zu einem Oberzentrum eine positive Zukunftsperspektive eröffnen.

Um dieser Rahmensetzung Rechnung zu tragen, sind die stadtentwicklungspolitischen Ziele von Bayreuth auf die Funktion eines Oberzentrums auszurichten. Konkret muß es in den kommenden 10 Jahren darum gehen, sowohl von öffentlicher als auch von privatwirtschaftlicher Seite konsensfähige, zukunftsorientierte Leitbilder der weiteren Stadtentwicklung festzulegen und aus diesen mittel- und langfristige Konzepte und Projekte abzuleiten. Einen Schritt in diese Richtung unternimmt diese Untersuchung, die zunächst in einem Überblick die derzeitige Situation, d.h. die Strukturen sowie die Stärken und Schwächen der Stadt Bayreuth analysiert und darauf aufbauend Strategien und Maßnahmen - abgeleitet aus übergeordneten Leitbildern und Visionen - für die Stadtentwicklung bis zum Jahr 2004 entwirft.

Die Strukturanalyse bzw. die Stärken-Schwäche-Analyse wurde unter besonderer Berücksichtigung der Gegebenheiten in den vier oberfränkischen Oberzentren Bamberg, Coburg und Hof durchgeführt und der Vergleich ergab für Bayreuth folgende Stärken, auf die in Zukunft aufgebaut werden kann:

- Aus kultureller Sicht gilt es weiterhin die Einmaligkeit des Festspielhauses mit den alljährlich stattfindenden Richard-Wagner-Festspielen zu unterstützen.
- Bayreuth kann als Sportstadt mit attraktiven Angeboten bis hin zum national erfolgreichen Spitzensport durchaus überzeugen.
- Über die Ausbildung und Forschung hinaus verknüpfen zahlreiche Forschungs- und Transferstellen (z.B. BF/M, BITÖK, IMA, RRV) die Universität Bayreuth mit der Region.
- Praxisorientierte Einrichtungen der beruflichen Aus- und Weiterbildung, allen voran das IHK-Bildungszentrum und das Berufsbildungs- und Technologiezentrum der Handwerkskammer Oberfranken befinden sich in der Expansion.

- Das umfangreiche bestehende Krankenhaus- und Rehabilitationsangebot wird durch eine Herzchirurgische Klinik sowie eine Geriatrische Tagesklinik ausgebaut und strebt durch einen Verbund der ansässigen Kliniken die IV. Versorgungsstufe an.
- Bayreuth zeichnet sich durch das Angebot an höherrangigen staatlichen Leistungen (Regierung, Landratsamt, Landgericht usw.) sowie sonstigen zentralen Einrichtungen wie Industrie- und Handelskammer aus.

Unter Bezug auf die Stärken und Schwächen sowie die stadtentwicklungspolitischen Ziele wird letztlich ein Leitbild für das Oberzentrum Bayreuth entwickelt. Die Leitbilder einer technologie- und ökologieorientierten Stadtentwicklung gehen als Grundlage in die Entwürfe von Zukunftsbildern der Stadt Bayreuth im Jahr 2004 ein. Diese beziehen sich thematisch auf die Bereiche "Gesundheit-Mensch-Technik", "Brückenkopf nach Osten", "Wissenschafts- und Bildungsstadt" sowie eine Konsensvision, welche die vorangegangenen Visionen zu einer ganzheitlichen Entwicklungsperspektive zusammenfaßt. In einem dritten Teil wird die Konkretisierung der Konsensvision vorgenommen, indem ausgewählte Schnittstellen zwischen den Bereichen Bildung/Wissenschaft/Technologie und der Stärktung der Attraktivität von Bayreuth als Wohn- und Arbeitsstandort herausgearbeitet werden, die mit Strategien und Maßnahmen ausgestaltet werden.

Als strategischer Ansatz wird die Schaffung eines sog. "kreativen Milieus" vorgeschlagen, indem durch die Mobilisierung des sozialen, kulturellen wie ökonomischen Potentials ein fruchtbarer Boden für die Dynamik zukünftiger Entwicklungen entsteht, also langfristig die Innovationsfähigkeit gestärkt wird. Diese Strategie setzt bei den Akteuren, den materiellen und finanziellen Ressourcen sowie einer Kultur der Konkurrenz, Kooperation, Kommunikation, Kreativität, Konfliktlösungsfähigkeit an, d.h. sie betont die eigenständige Entwicklung der Stadt Bayreuth.

Die Maßnahmen zur Realisierung der Zukunftsvorstellungen von Bayreuth im Jahr 2004 beziehen sich auf die Förderung des Technologiebereichs in Form einer kurzfristigen Konzeption eines Handwerker- und Gewerbehofs, der mittelfristig ausgelegten Konzeption eines Wissenschaftsparks sowie eines langfristigen Ansiedlungskonzepts für die Teilbranche Medizintechnik. Als wesentlich wurden zudem Maßnahmen im weiter anwachsenden Dienstleistungssektoren erachtet und die Stärkung des Bereichs Verkehr und Nachrichtenübermittlung anhand der Konzeption eines Osteuropa-Logistikzentrums illustriert. Der zentrale Aspekt der überbetrieblichen, praxisorientierten Humankapitalförderung findet in Qualifizierungsmaßnahmen im strategischen Grundbereich der Ernährungswissenschaften durch den Ausbau einer Fachakademie Berücksichtigung. Abschließend werden im Wohnungswesen zukunftsorientierte Elemente aufgegriffen, um die Attraktivität von Bayreuth als Wohnstandort zu stärken.

Literaturverzeichnis

Adden, P., Kommunale Wirtschaftsförderung und öffentliches Marketing unter besonderer Berücksichtigung eines Standort-Marketing für ausgewählte Flächen in der Stadt Bayreuth, unveröffentl. Diplomarbeit am Lehrstuhl Wirtschaftsgeographie und Regionalplanung der Universität Bayreuth, Bayreuth 1992

Baumgart, S., Busse, P.M., Fachmarktansiedlung - Erlebniskauf am Stadtrand, in: RuR 1/1990

Bayerischer Einzelhandelsverband (Hrsg.), HDE - Strukturatlas für die kreisfreie Stadt Bayreuth, Bayreuth 1988

Bayerisches Landesamt für Statistik und Datenverarbeitung (Hrsg.), Die Beherbergungskapazität in Bayern, München, versch. Jahrgänge

diesel., Bayerische Agrarberichterstattung, München, versch. Jahrgänge

Bayerisches Staatsministerium für Landesentwicklung und Umweltfragen (Hrsg.), Landesentwicklungsprogramm Bayern 1984, München 1984

diesel., Landesentwicklungsprogramm Bayern 1994, München 1994

Berger, S., Ladenverschleiß - Ein Beitrag zur Theorie des Lebenszyklus von Einzelhandelsgeschäften, Göttingen 1977

Braun, G.E., Töpfer, A., Marketing im kommunalen Bereich, Stuttgart 1989

Doni, W., Die Bedeutung der Wirtschaftsförderung als Teil kommunaler Entwicklungsplanung - Ziele und Maßnahmen, in: DIfU (Hrsg.), Aufgaben und Probleme kommunaler Wirtschaftsförderung, Tagungsbericht Berlin 1975

Finzel, G., Bayreuth im 21. Jahrhundert - Konzept einer zukunftsorientierten Stadtentwicklung: Visionen und Ziele, unveröffentl. Diplomarbeit am Lehrstuhl Wirtschaftsgeographie und Regionalplanung der Universität Bayreuth, Bayreuth 1991

Fremdenverkehrsverein Bayreuth (Hrsg.), Stadtgeschichten, Bayreuth 1988

Friedrichs, J., Stadtanalyse, 2. Aufl., Opladen 1981

Ganser, K., Die regionalpolitische Bedeutung der neu gegründeten Hochschulen, unveröffentl. Manus-kript, Bonn - Augsburg 1979

Gesellschaft für Konsumgüterforschung (GfK), Basiszahlen zur Berechnung regionaler Absatzkennziffern, Nürnberg versch. Jahrgänge

Gehrke, M., Open Air Kultur: Imagepflege oder Firlefanz?, in: der Städtetag, H. 1, 1988

Grabow, B., Einzelhandel und Stadtentwicklung, in: der Städtetag, H. 6, 1990

Häfner, Th., Marktanalyse und Konzept des Städtetourismus in Bayreuth, Arbeitsmaterialien zur Raumordnung und Raumplanung, H. 82, Bayreuth 1989

Häfner, Th., Maier, J., Entwicklungssituation und denkbare Strategien für das Beherbergungsgewerbe in Bayreuth, in: Bayreuth und sein Hotel-Markt, Unternehmer-Club Oberfranken (Hrsg.), Bayreuth 1989

Hartung, C., Bayreuth - Freizeiteinrichtungen und Freizeitwert einer Mittelstadt, Arbeitsmaterialien zur Raumordnung und Raumplanung, H. 17, Bayreuth 1981

Hatzfeld, U., Städtebau und Einzelhandel, Bonn 1987

dersel., Einzelhandel in Nordrhein-Westfalen - Strukturwandel und seine Bedeutung für die Stadtentwicklung, Dortmund 1988

Hatzfeld, U., Junker, R., City-Management - Anything Goes? in: RaumPlanung 45, 1989

Hautau, H., Handel in der City und Umland, in: structur 5/1982

Helbrecht, I., Das Ende der Gestaltbarkeit? Zu Funktionswandel und Zukunftsperspektiven räumlicher Planung, Wahrnehmungsgeographische Studien zur Regionalentwicklung, H. 10, Universität Oldenburg, 1991

Höhl, G., Bayreuth - Die Stadt und ihr Lebensraum, München 1943

Industrie- und Handelskammer für Oberfranken (Hrsg.), Oberfränkische Wirtschaft, versch. Ausgaben, Bayreuth

Maier, J., Paesler, R., Ruppert, K., Schaffer, F., Sozialgeographie, Braunschweig 1977

Maier, J., Bodenschatz, Th., Der Beitrag der Flüchtlingsindustrie für die Entwicklung der Wirtschaft Bayreuths, Bayreuth 1987

Maier, J., u.a., Bayreuth im 21. Jahrhundert - Visionen zur Stadtentwicklung, unveröffentl. Bericht zum Projektseminar, Bayreuth 1989

Maier, J., u.a., Ist Bayreuth ein Oberzentrum? Grundlagen für die Höherstufung im Rahmen der Novellierung des Bayerischen Landesentwicklungsprogrammes, Arbeitsmaterialien zur Raumordnung und Raumplanung, H. 89, Bayreuth 1990

Maier, J., u.a., Strukturen, Prozesse und Probleme der Stadtentwicklung in Bayreuth unter besonderer Berücksichtigung der Bevölkerungsstruktur und sozialer Segregationserscheinungen - die Beispiele der Stadtteile Altstadt, Grüner Hügel, Saas und St. Georgen, unveröffentl. Bericht zum Geländepraktikum, Lehrstuhl Wirtschaftsgeographie und Regionalplanung der Universität Bayreuth, Bayreuth 1992

Maier, J., Überlegungen zur zukünftigen Gestaltung der Bayreuther Innenstadt, unveröffentl. Manus-kript, Bayreuth 1993

Maier, J., u.a., Strukturwandel im Handwerk der Stadt Bayreuth, unveröffentl. Bericht zum Projektseminar, Lehrstuhl Wirtschaftsgeographie und Regionalplanung der Universität Bayreuth, Bayreuth 1993

Maier, J., u.a., Suburbanisierung im Raum Bayreuth, unveröffentl. Bericht zum Geländepraktikum. Lehrstuhl Wirtschaftsgeographie und Regionalplanung der Universität Bayreuth, Bayreuth 1993

Maier, J., Räumliche Auswirkungen einer Universität, Erfahrungen aus den alten Bundesländern und Übertragung auf den Raum Greifswald, Greifswald 1993

Gebrüder Maisel (Hrsg.), Presse-Information, März 1991, Bayreuth 1991

Knemeyer, F.L., Kommunale Wirtschaftsförderung, in: Deutsche Verwaltungsblätter 1981

Koch, H., Ein Stadtteil verändert sich - Stadtentwicklungsprozesse in Bayreuth unter besonderer Betonung von City-Erweiterung und Tertiärisierung - das Gebiet des "Neuen Wegs", in: H. 76 der Arbeitsmaterialien zur Raumordnung und Raumplanung, Bayreuth 1989

Landratsamt Bayreuth (Hrsg.), Nahverkehrskonzeption für den Landkreis Bayreuth, Bayreuth 1991

Neander, E., Strukturwandel in der Landwirtschaft der Bundesrepublik Deutschland und seine Wirkungen in ländlichen Räumen, in: Klohn, W. (Hrsg.), Strukturen und Ökologie von Agrarwirtschaftsräumen, Bd. 5 der Vechtaer Studien zur Angewandten Geographie und Regionalwissenschaft, Vechta 1992

Peschl, J., Die sektoralen und regionalen Strukturen der Schweine- und Geflügelhaltung in Bayern, Vechta 1992

Regierung von Oberfranken (Hrsg.), Die Landwirtschaft im Regierungsbezirk Oberfranken, Bayreuth 1992

Sauber, U., Die Stadtentwicklung von Bayreuth im 19. und 20. Jahrhundert, Disseratation, Bayreuth 1989

Schaffer, F., Angewandte Stadtgeographie, Forschungen zur deutschen Landeskunde, Bd. 226, Augsburg 1986

Schätzl, L., u.a., Wirtschaftsgeographie in Hannover, Geographische Arbeitsmaterialien, Bd. 6, Hannover 1988

Schmidt, F., Entwicklungskonzept für den Landkreis Bayreuth unter besonderer Berücksichtigung des "5b-Programmes" der EG-Kommission, unveröffentl. Diplomarbeit am Lehrstuhl Wirtschaftsgeographie und Regioanlplanung der Universität Bayreuth, Bayreuth 1992

Schneider, O., Möglichkeiten und Grenzen der kommunalen Wirtschaftspolitik, Hohenheim 1975

Schöneich, M., Kultur für wen - Kultur wozu? in: der Städtetag, H. 6, 1988

Stadt Bayreuth (Hrsg.), Amtsbatt der Stadt Bayreuth, Juli 1976

Stadt Bayreuth (Hrsg.), Erläuterungsbericht zum gemeinsamen Flächennutzungsplan, Bayreuth 1978

Stadt Bayreuth (Hrsg.), Rathaus Information Nr. 6, Bayreuth 1982

Stadt Bayreuth (Hrsg.), Statistisches Jahrbuch der Stadt Bayreuth, Bayreuth, versch. Jahrgänge

Taubmann, W., Bayreuth und sein Verflechtungsbereich, Forschungen zur deutschen Landeskunde, Bd. 163, Bad Godesberg 1968

Von Ungern-Sternberg, D., Das Image der peripheren Räume, Arbeitsmaterialien zur Raumordnung und Raumplanung, H. 78, Bayreuth 1989

Von Wahl, D., Maier, J., Weber, J., Zur Raumwirksamkeit der Universität Bayreuth, Arbeitsmaterialien zur Raumordnung und Raumplanung, H. 2, Bayreuth 1979

Universität Bayreuth (Hrsg.), Vorlesungsverzeichnis der Universität Bayreuth, versch. Jahrgänge

Wiedemuth, J., Zöller, H., Konzerne beherrschen den Stadthandel, Frankfurt/Main 1983